时装厂纸样师讲座
服装实用技术·应用提高

服装精确制板与工艺：棉服·羽绒服

卜明锋　罗志根／编著

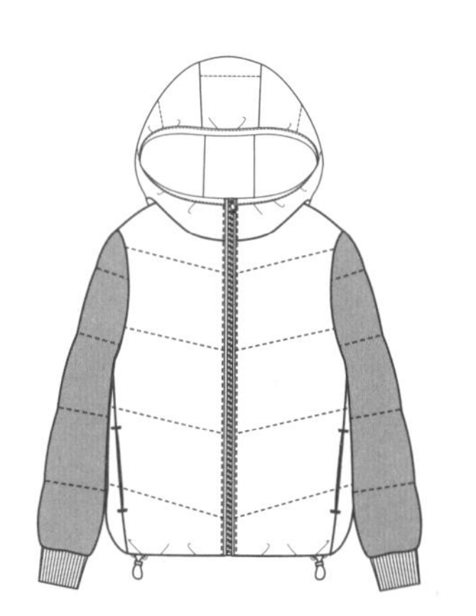

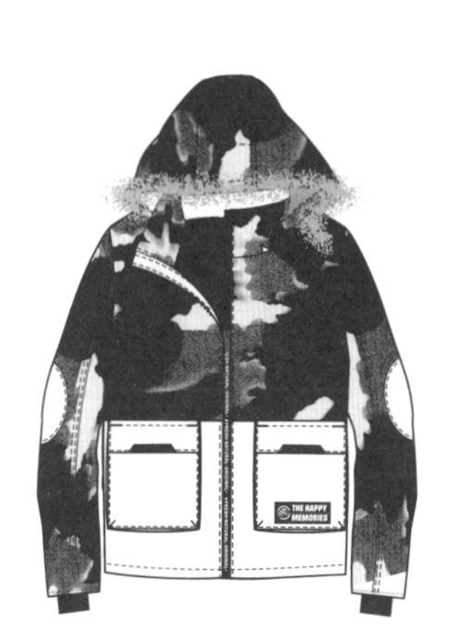

中国纺织出版社

内容提要

棉服、羽绒服是服装重要品类之一，具有特定的技术要求。本书讲解了棉服、羽绒服的结构设计方法与制作工艺，内容涉及棉服、羽绒服的造型设计、内部结构设计、材料选用、填充量设计、结构制图、缝制工艺等。为了便于学习，还配有大量代表性实例以及技术指标数据，并对产品风险防范进行了讲解，提高了可操作性。

全书图文并茂，案例丰富，具有较强的实用性，对服装专业师生、企业技术人员具有较好的参考价值。

图书在版编目（CIP）数据

服装精确制板与工艺：棉服・羽绒服 / 卜明锋，罗志根编著．-- 北京：中国纺织出版社，2017.6（2022.6 重印）

（时装厂纸样师讲座．服装实用技术・应用提高）

ISBN 978-7-5180-3294-5

Ⅰ．①服⋯　Ⅱ．①卜⋯ ②罗⋯　Ⅲ．①抗寒服—服装量裁 ②羽绒服装—服装量裁　Ⅳ．① TS941.731 ② TS941.775

中国版本图书馆 CIP 数据核字（2017）第 025609 号

策划编辑：李春奕　　责任编辑：杨　勇　　责任校对：寇晨晨

责任印制：王艳丽

中国纺织出版社出版发行

地址：北京市朝阳区百子湾东里 A407 号楼　邮政编码：100124

销售电话：010—67004422　传真：010—87155801

http：//www.c-textilep.com

E-mail：faxing@c-textilep.com

中国纺织出版社天猫旗舰店

官方微博 http：//weibo.com/2119887771

北京华联印刷有限公司印刷　各地新华书店经销

2017 年 6 月第 1 版　2022 年 6 月第 5 次印刷

开本：889×1194　1/16　印张：13.5

字数：250 千字　定价：49.80 元

前　言

棉服、羽绒服是秋、冬季服装中最重要、常用的品类，具有优良的保暖御寒效果，良好的性价比与耐穿性，这是其他服装不可比拟的。随着人们生活水平的提高，对棉服、羽绒服的品质、款式、性能要求也越来越高。而新型面料、新型填充物、自动化缝制设备等的广泛应用，促使棉服、羽绒服的设计与生产水平大大提高，其造型更加丰富、工艺更加精准、性能更加优良，并向生产智能化、品质高端化、产品个性化的方向发展。

行业的发展离不开专业人才与技术支撑。棉服、羽绒服，由于内部结构复杂，因此对造型与工艺的技术要求较高，但是掌握专业技术的人才比较匮乏。目前无论是服装专业教育还是专业图书市场，缺乏针对棉服、羽绒服专业知识的讲解与传授，专业师生、企业技术人员很难找到合适的学习资料。针对这一现状，本书对棉服、羽绒服的结构和工艺进行了较为系统、详细的介绍。

全书共分三个部分：第一部分是基础知识，简要介绍了有关棉服、羽绒服的造型、内部结构、材料选用等；第二部分是结构设计实训，系统介绍了棉服、羽绒服的尺寸测量方法、规格设计、填充量设计、基本型结构制图，同时，还重点列举了具有代表性的男女款式结构设计实例；第三部分是制作工艺实训，从服装制作生产的角度详细介绍了服装的缝制工艺，重点介绍重点部件及成衣缝制的实例。此外，针对实际生产，专门在附录中介绍了羽绒相关术语，钻棉、钻绒原由及处理方法，检验包装、产品标识制作等。

本书第一章、第二章由卜明锋、罗志根共同编写；第三章、第四章由罗志根编写；第五章、第六章、第七章、附录由卜明锋编写。全书由卜明锋负责统稿。

本书编写人员均来自一线工作的资深企业技术人员，在服装行业工作二十余年，近十年就职于浙江森马服饰股份有限公司，从事技术研发工作，具有丰富的工作经验与技术实践。为提高本书的实用性和指导性，本书从实际生产出发，以操作性为主，将实践与理论结合，有利于读者了解技术处理与规律，在一定程度上，填补了专业书籍的空白。

本书在编写过程中参阅了多种书籍和资料，在此特向相关编著者表示诚挚的谢意，并对浙江森马服饰股份有限公司各位领导与同事给予的指导与帮助表示衷心感谢。

由于编者水平有限，书中难免存在缺点和错误，欢迎广大读者批评指正。邮箱：bomingfeng@aliyun.com 。

编著者

2017 年 2 月

目　录

第一部分　基础知识

第二部分　结构设计实训

第三部分　制作工艺实训

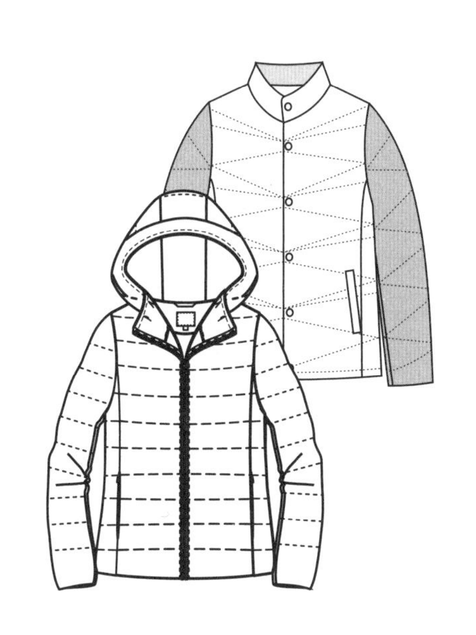

第一部分　基础知识

> 第一章　绪论

第一章 绪 论

一、棉服、羽绒服的发展与趋势

棉服、羽绒服作为重要的衣着品类，其历史悠久，早在周代，人们就用鸟兽的毛羽制成羽衣（也称毳衣），用于冬天御寒穿用。而在汉代，人们采用牦牛毛作为衣服的填充絮料。到唐代，又出现了用鹅的毛绒作为填充絮料制作的衣被。这些都可以认为是棉服、羽绒服的早期雏形。

1920 年，中国羽绒工业创始人丁鹏翥在长沙创建中国第一家羽绒企业——长沙市华新羽绒公司。1927 年，上海成立了永盛福记羽绒毛厂，1945 年，成立了国华羽绒制品厂，这些都是中国早期具有一定规模的羽绒生产企业。国华羽绒制品厂制造的优质消毒羽毛羽绒能与国外产品相媲美，品种有鹅毛、鸭毛、鹅绒、鸭绒。在 1947 年又试制各种坐垫、靠垫、沙发、鹅绒鸭绒被褥等，但是当时所生产的羽绒制品存在钻绒的缺陷。

20 世纪 80 年代以前我国人民主要以棉花为填充物来制作棉服（图 1–1）。随着化纤工业的发展，80 年代以后棉服的填充物材料增加了喷胶棉，这种新型的棉服逐渐成为人们冬季主要的日常服装。改革开放后，随着化纤织物涂层工艺的出现，使羽绒易钻绒的缺点得以克服，从而促使羽绒服流行起来。开始，羽绒服装使用的面料档次较低，加工技术水平差，款式造型简单。由于含绒率低，为了达到保暖效果而填充大量的羽绒，造成外观的臃肿，被人们形象地称为“面包服”，成为冬季御寒的珍品，当时主要的穿用对象是滑冰、登山运动员等，并未大规模进入百姓的生活中。

20 世纪 90 年代，随着中国经济高速发展，人民生活水平得到了明显提高，人们对服装的要求也越来越高。羽绒服经过不断的改良，轻柔蓬松，具备良好的保暖性，且洗涤方便、天然环保，使羽绒服得到越来越多人的青睐，市场的发展空间也逐渐放大，羽绒服真正成为普通百姓的日常服装。

进入 21 世纪以后，随着服装工业化生产的发展，高科技环保面料、新型填充物、自动化缝制设备的广泛应用，企业越来越重视棉服、羽绒服的科技含量与功能性，产品由传统的“厚、重、肿”变成“薄、轻、美”，如摒弃传统防绒的内胆，直接填充羽绒，使羽绒服结构由原来的四层（面料、胆料、胆料、里料）变成现在的两层（面料、里料），服装变薄，重量减轻一半，可以团起来塞进小包、便于携带（图 1–2）。此外，还陆

图 1–1 改革开放前棉服

续推出了发热保暖棉服、生态抑菌型羽绒服、轻薄型羽绒服等新型的功能性棉服、羽绒服。如德国阿迪达斯（Adidas）公司已成功推出的充电保温运动裤（Hotpants），加拿大滑铁卢大学研发的智能传感服装，可以监测呼吸水平、心率、肌肉群状态。这类服装能与互联网、云技术大数据相连接，给消费者的生活带来更便捷、舒适、智慧的体验。功能化、智能化、时装化、运动化、轻薄化是棉服、羽绒服未来的发展方向。

图 1-2 21 世纪新羽绒服

二、棉服、羽绒服的造型设计

棉服、羽绒服的造型设计需充分考虑产品的功能性，主要涉及廓型设计、绗线设计、开口部件设计等。

（一）廓型设计

廓型设计是指整件服装的外部轮廓形状。棉服、羽绒服为达到良好的保暖性，要在面料与填充物之间、衣服与皮肤之间形成空气层，使热传导减少。款式不宜设计过紧、贴身，也不宜设计过于夸张的宽松型，较为适用的廓型有 H 型、A 型、X 型、O 型等（图 1-3）。

（1）H 型
宽腰式，弱化肩、腰、臀的宽度差异，多用于男装及宽松型女装

（2）A 型
上窄下宽造型，廓型活泼，多用于童装或童化女装

（3）X 型
肩宽、细腰、丰臀和宽下摆的造型，接近于女性体型的自然线条，窈窕优美

（4）O 型
下摆收拢，中间膨胀，一般在肩、腰、下摆等处无明显分界和大幅度变化

图 1-3 常用廓型

（二）绗线设计

棉服、羽绒服由于其内部有填充物，为防止填充物坠落、堆积不均匀，需加以固定，最常用的工艺就是绗线处理，这是棉服、羽绒服一个重要特点。

绗线根据方向或形状，可分为水平绗线、曲线绗线、斜向绗线、几何型绗线、方格绗线、菱形绗线等（图 1–4）。绗线本身就是造型线，通过改变绗线之间的形状、间距等，可产生不同的视觉效果。

（1）水平绗线　（2）曲线绗线　（3）斜向绗线

（4）几何型绗线　（5）方格绗线　（6）菱形绗线

图 1–4　常见绗线

在实际使用中，要结合充绒量来决定绗线间距。根据实验室测试及实际经验，一般绗线间距为 6 ~ 13cm，蓬松度及保暖性较为理想。

如因款式需要，面布及里布均不出现绗线，则需进行暗绗线固定填充物。否则填充物会下坠、堆积，影响外观及保暖效果。

随着纺织技术的发展，不用机缝绗线也能固定填充物，主要是通过双层面料黏合或交叉织造而成，但表面也会产生印痕。

（三）开口部件设计

棉服、羽绒服的开口部件主要包括领、帽、袖、口袋、门襟、下摆等，在造型设计中，防风、保暖因素占重要地位。

1. 领

棉服、羽绒服常用领型有立领、罗纹领、翻领（图 1–5），主要作用是挡风、保暖。领内层可用抓绒布或针织罗纹织物，触感温暖、舒适。棉服、羽绒服无领设计较少，消费者一般搭配脱卸毛领或围巾穿着。

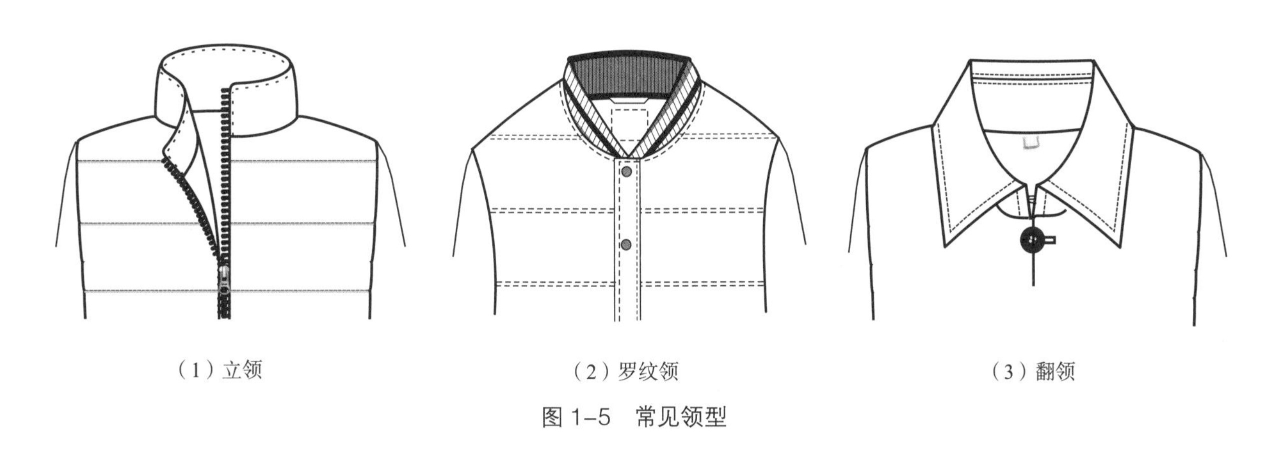

图 1–5　常见领型

2. 帽

帽可以与领口直接拼接，也可以做成可脱卸型。通常帽檐口上有调节扣，可以调节帽檐大小、形状，以便更好地与头型吻合，贴在脸颊及下颏，起到较好的固定及保暖效果（图 1–6）。帽口镶毛边，更显活泼、时尚漂亮。

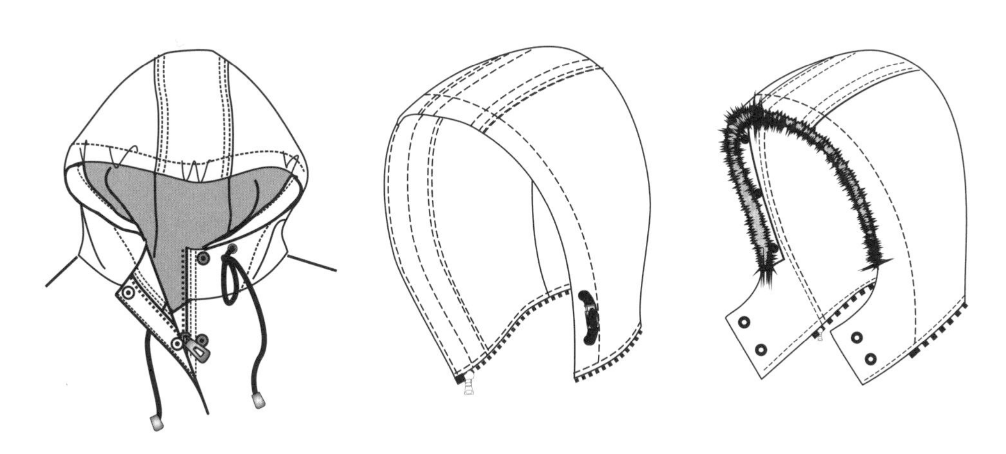

图 1–6　常见帽型

3. 袖

袖除了要与衣身相匹配，达到平衡、美观外，还需要特别关注穿着得舒适性、易活动等。日常服中多采用绱袖，较为合体舒适；户外服则多采用插肩袖，活动松量较大；此外还有无袖造型，如背心，袖窿采用罗纹或弹力带，保暖贴身、活动自如（图 1–7）。

设计棉服、羽绒服的袖口时，应多考虑防风保暖性，常见使用罗纹布、弹力织带、袖内加防风袖口、袖口内缝橡筋带、袖口装调节扣（图 1–8）。

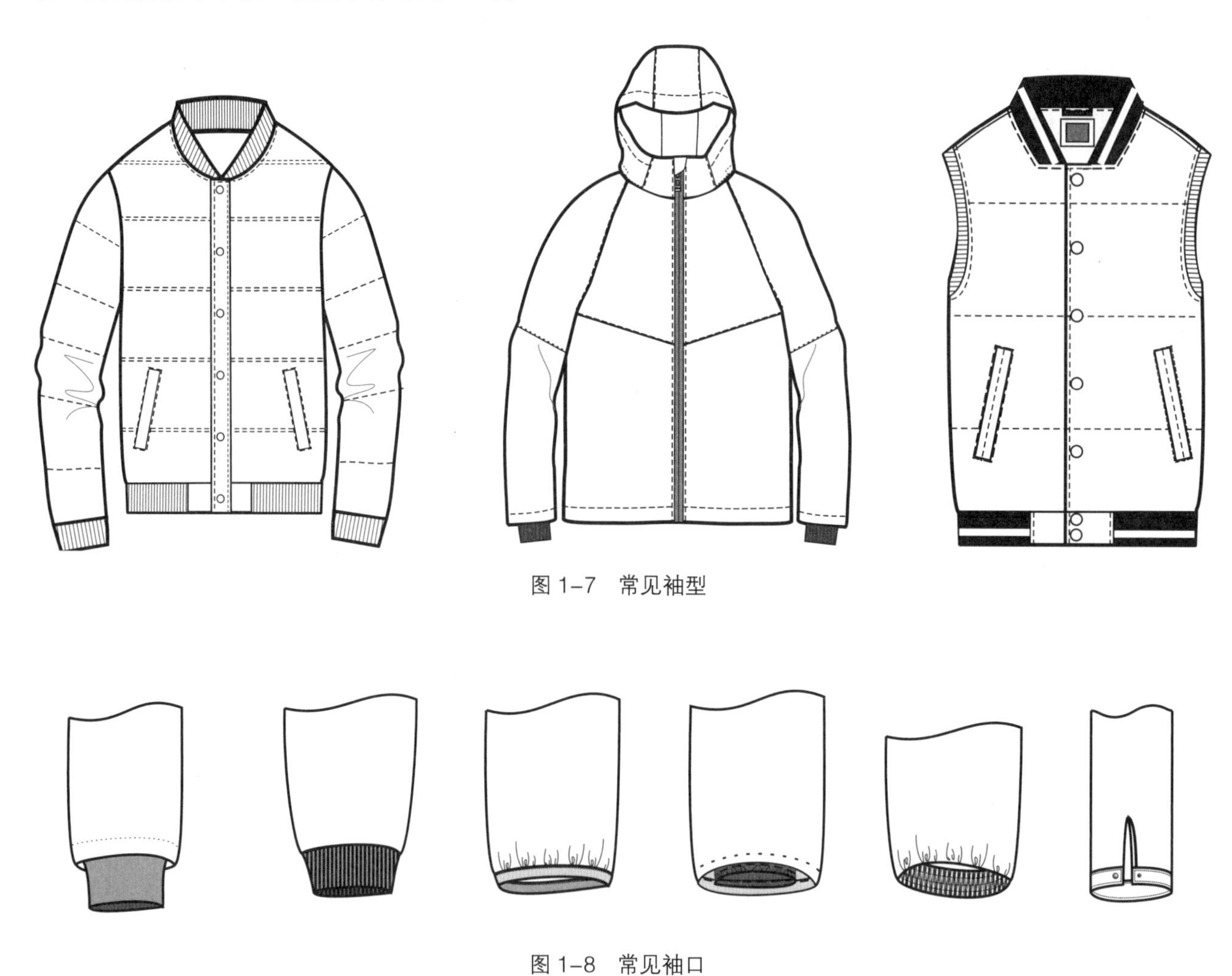

图 1–7 常见袖型

图 1–8 常见袖口

4. 口袋

棉服、羽绒服一般需设计口袋，兼具实用和装饰功能。棉服、羽绒服口袋主要有贴袋和插袋两类，配以袋盖、拉链或四合扣，起到关闭袋口、保暖的作用（图 1–9）。

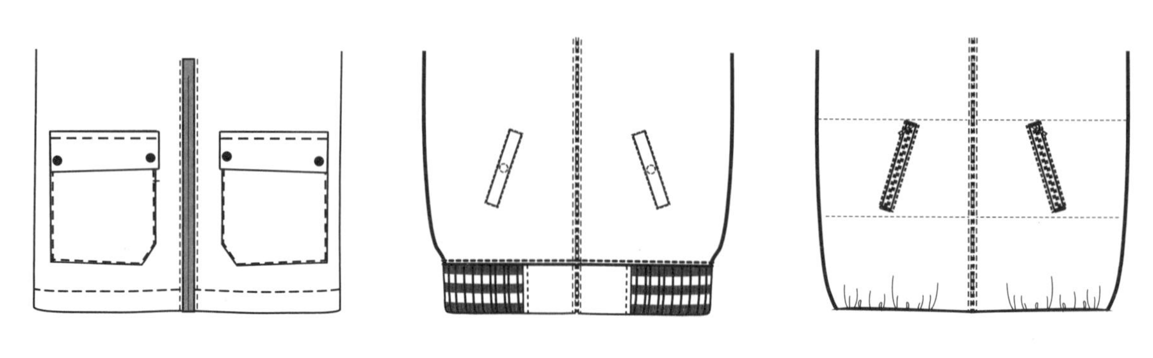

图 1–9 常见口袋

5. 门襟

门襟分明门襟、暗门襟，通常设计在前中线位置，既方便开合，又能使外观达到平衡对称，一般加明防风门襟或暗防风门襟起防风、装饰作用。常使用拉链开合，也有使用四合扣开合（图 1–10）。

图 1–10 常见门襟

6. 下摆

棉服、羽绒服的下摆开口较大，应考虑防风保暖性。下摆边常使用罗纹布，或内缝橡筋带、内装调节抽绳等，既保证活动性又有利于保暖。一些户外服的后下摆长于前下摆，能避免人体向前运动时，后身偏短露背而产生钻风现象（图 1–11）。

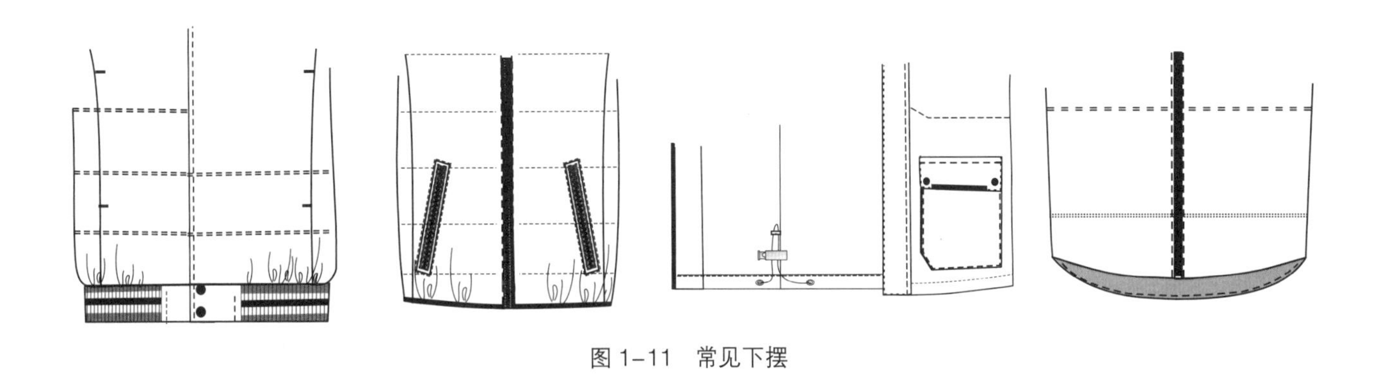

图 1–11 常见下摆

三、棉服、羽绒服内部结构设计

棉服、羽绒服一般由面布、里布、胆布构成封闭空间，常见二层、三层、四层结构设计（结构层数不包含填充物），配以不同的绗缝工艺以固定填充物，常见内部结构设计如表 1–1 所示

表 1–1　棉服、羽绒服常见内部结构设计

服装	填充物	图示	结构层数	结构组成	面布、里布、胆布的使用要求	工艺特点
棉服	片材类填充物	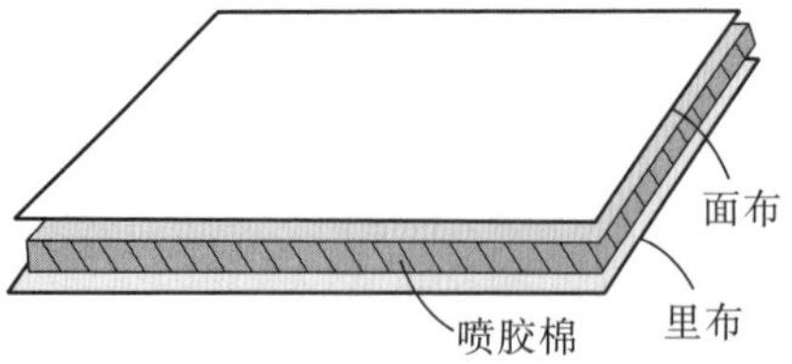 面布 喷胶棉 里布	两层结构（没有绗线）	面布+喷胶棉+里布	面布、里布比较致密或经过特殊处理，不钻棉	面布、里布均不绗线，适合小部件使用
		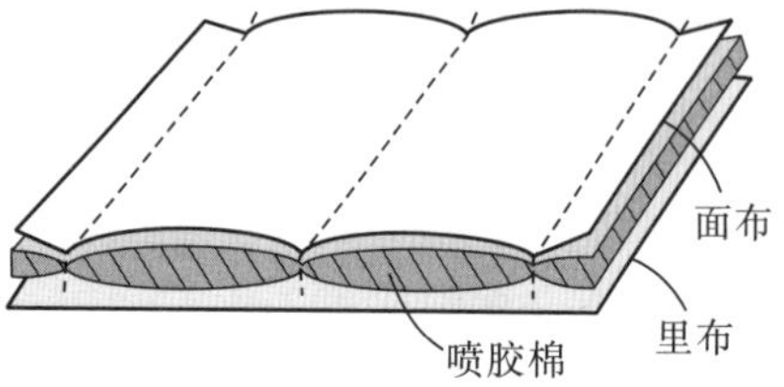 面布 喷胶棉 里布	两层结构（绗线过面布）	面布+喷胶棉+里布	面布、里布比较致密或经过特殊处理，不钻棉	面布绗线
		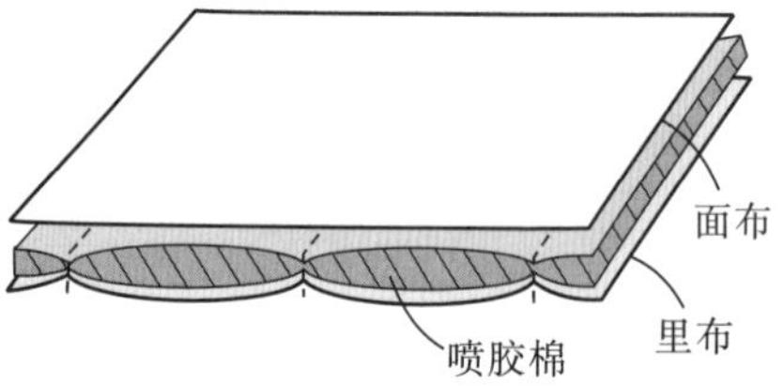 面布 喷胶棉 里布	两层结构（绗线过里布）	面布+喷胶棉+里布	面布、里布比较致密或经过特殊处理，不钻棉	里布绗线
		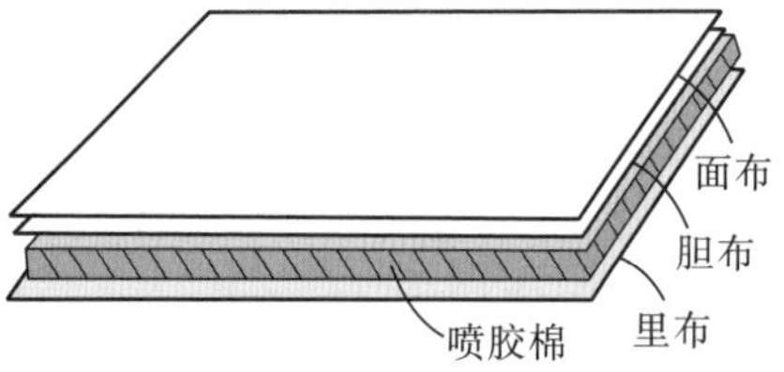 面布 胆布 喷胶棉 里布	三层结构（绗线可过面布、里布，或不绗线）	面布+胆布+喷胶棉+里布	面布（里布）不够致密，可能发生钻棉，故面布（里布）内增加一层胆布，通常以无纺布为胆布	可以面布、里布绗线或面布、里布均不绗线
		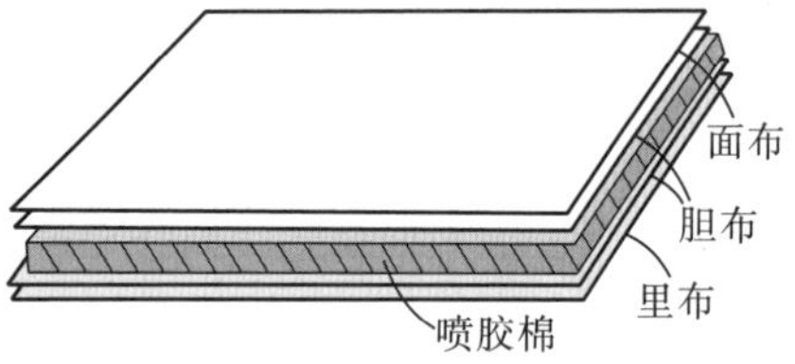 面布 胆布 喷胶棉 里布	四层结构（绗线可过面布、里布，或不绗线）	面布+胆布+喷胶棉+胆布+里布	面布、里布均不够致密，可能会产生钻棉现象，面布内、里布内各增加一层胆料；通常可使用无纺布作为胆料	可以面布、里布绗线或面布、里布均不绗线
羽绒服、仿羽绒棉服	絮类填充物	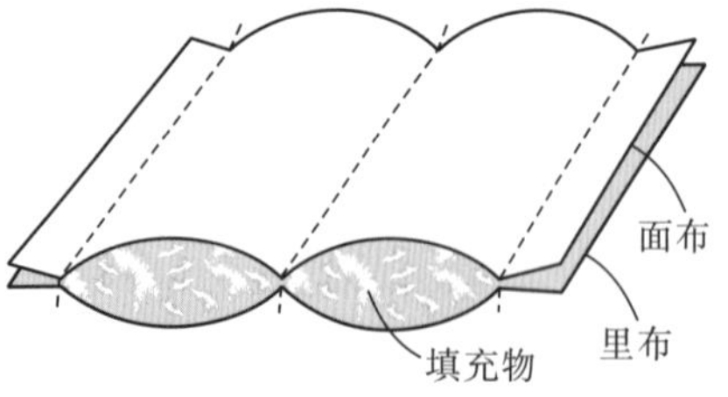 面布 填充物 里布	两层结构（绗线过面布、里布）	面布+填充物+里布	面布和里布内均无胆布，要求面布、里布致密，不钻绒、钻棉，填充羽绒要求含绒量 90% 以上	面布、里布绗线。通常是先绗缝，后充填充物
		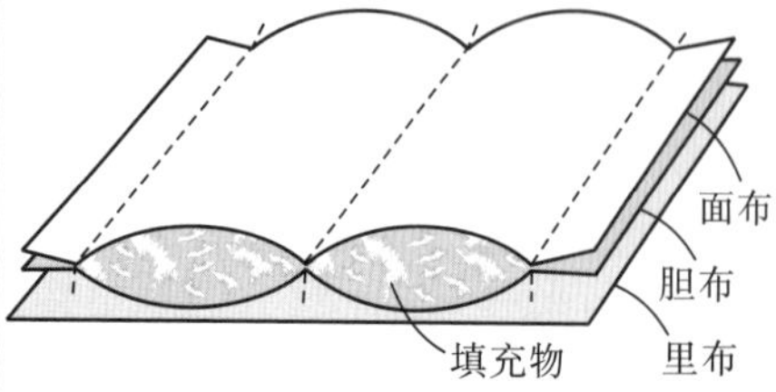 面布 胆布 填充物 里布	三层结构（绗线过面布）	面布+填充物+胆布+里布	面布下层无胆布，面布充当上层胆布，要求面布致密，不钻绒、钻棉，填充羽绒要求含绒量 90% 以上	面布、胆布绗线。通常先绗缝，后充填充物

续表

服装	填充物	图示	结构层数	结构组成	面布、里布、胆布的使用要求	工艺特点
羽绒服、仿羽绒棉服	絮类填充物	面布 胆布 填充物 里布	三层结构（绗线过面布、里布）	面布+填充物+胆布+里布	面布下层无胆布，面布充当上层胆布，要求面布致密，不钻绒、钻棉，填充羽绒要求含绒量90%以上	三层面布、胆布、里布一起绗线。通常是先绗缝，后充填充物
		面布 胆布 填充物 里布	四层结构（暗绗线）	面布+胆布+填充物+胆布+里布	因有胆布作保护层，面布、里布可不防钻绒、钻棉。羽绒服胆布常用高密度的涤丝纺，棉服胆布可使用无纺布	仅两层胆布绗线
		面布 胆布 填充物 里布	四层结构（绗线过面布）	面布+胆布+填充物+胆布+里布	因有胆布作保护层，面布、里布可不防钻绒、钻棉。羽绒服胆布常用高密度的涤丝纺，棉服胆布可使用无纺布	面布、两层胆布一起绗线
		面布 胆布 填充物 里布	四层结构（绗线过里布）	面布+胆布+填充物+胆布+里布	因有胆布作保护层，面布、里布可不防钻绒、钻棉。羽绒服胆布常用高密度的涤丝纺，棉服胆布可使用无纺衬	两层胆布、里布一起绗线
		面布 胆布 填充物 里布	四层结构（绗线过面布、里布）	面布+胆布+填充物+胆布+里布	因有胆布作保护层，面布、里布可不防钻绒、钻棉。羽绒服胆布常用高密度的涤丝纺，棉服胆布可使用无纺衬	面布、两层胆布、里布一起绗线

四、棉服、羽绒服的材料选用

(一) 面布

棉服、羽绒服由于具有特殊功能性，在选择面布时要着重关注面料的性能，其次考虑面料的风格、市场定位等。

1. 面布要求

(1) 轻盈、防风、透气。在保证必要透气性的前提下，通过提高织物的密度或特殊涂层（如特氟隆）

来达到防风保暖要求。

（2）防钻棉、钻绒。主要处理方法有：面布覆膜或涂层；面布压光处理（将高密度织物通过机器轧光处理，使纱线成扁平状态，纱线间更紧密，提高防钻绒性）；直接在面布下添加一层防钻棉、防钻绒胆布。

（3）其他特殊要求。如防泼水、防污、防水。防泼水面料，针对专业运动棉服、羽绒服和较寒冷多雪地区的羽绒服，面料经防泼水透湿剂加工，可使水滴形成圆珠状，不产生渗透（图 1–12），这类面料一般具有良好的防污性，用水可洗掉污渍。为防止拼缝针眼处透水，要对针眼处压胶，密封接缝，杜绝渗水。而防水面料，采用防水透湿膜复合，防止水分子渗入，并且能有效把穿着者的汗气导向体外，避免闷热。防水面料需做耐水压测试，比防泼水面料有更高的耐水压指标（图 1–13、图 1–14）。

图 1–12　防泼水面料

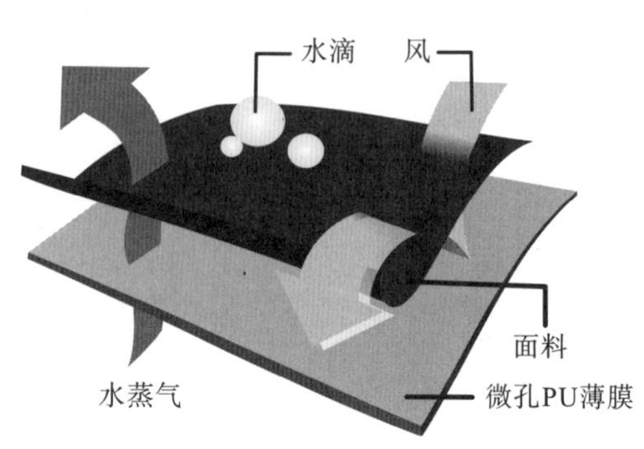

图 1–13　防水面料的结构

图 1–14　防水面料测试仪

2. 常用面布（表 1–2）

表 1–2　常用面布

种类	性能
春亚纺	以涤纶为原料，一般选用平纹组织在喷水织机上交织而成，坯布经过软化、减量、染色、定型等工艺，手感柔软滑爽、不易纰裂、不易褪色、光泽亮丽
塔丝隆（也称塔丝纶）	是锦纶长丝和锦纶空气变形丝织成的织物，具有不易起皱、色牢度强、保暖佳、透气性好等优点
尼丝纺（也称尼龙纺）	用锦纶长丝织成的纺绸，质地坚韧、手感柔软、强力较好。表面经涂层处理，外观光亮、滑润、均匀。防钻绒、防风及透气性能良好，可制作滑雪衣。羽绒服常使用 350T、380T、400T 尼丝纺
其他	随着防钻绒胆布的应用，面料选用更加多样化，可用锦缎、细帆布、灯芯绒、棉锦布、呢料、PU 仿皮等

注　T 在纺织品市场流通中常用来表示丝织品的规格，它是英制单位制，即在 1 平方英寸（$2.54cm^2$）内经纱数和纬纱数之和。如 210T 尼丝纺的经密为 482 根 /10cm，纬密为 340 根 /10cm，则其 T 数为（48.2+34）×2.54 ≈ 210，即称 210T。

（二）里布

1. 里布的要求

（1）密度高，防止细小的棉绒、羽绒钻出。

（2）抗静电处理（里布经抗静电处理），可适当减少针孔钻绒、钻棉现象。

2. 常用里布（表 1–3）

表 1–3 常用里布

种类	性能
涤塔夫	涤纶丝织物，平纹变化组织，常用密度在（250 ~ 290）T，色泽柔和
涤纶斜纹里布	涤纶丝织物，二上一下斜纹组织，一般密度在 240T 以上。正面斜纹明显，手感柔软、透气。但受生产工艺影响，纱支易产生滑移现象
平纹涂层里布	涤纶丝织物，一般密度在 200T 以上，布面细洁光滑，透气性良好，经压光涂层处理，有良好的牢固度及抗静电性
抓绒布	也称为抓毛绒、摇粒绒、拉毛绒。主要采用涤纶纤维通过经编机或圆机织造出坯布，再进行拉毛、梳毛、剪毛、定型等后整理。具有质量轻、保暖性好，不霉蛀等优点。一般用于普通棉服的夹里、羽绒服的帽里、领里（一般配合复合衬使用，避免钻棉）等

（三）胆布

1. 胆布的要求

不防钻绒的羽绒服面料以及内部为絮状填充物的棉服需要使用胆布。胆布的要求是防钻绒、防钻棉，同时还要柔软、轻薄，保证填充物能够自然蓬松。但是不可以使用不透气的薄膜材料，以确保人体舒适性。

2. 常用胆布（表 1–4）

表 1–4 常用胆布

种类	性能
压光涤丝纺胆布	290T 涤丝纺（50 旦 ×50 旦），厚度一般，用于四层结构的普通款羽绒服，成本较低
	300T 涤丝纺（40 旦 ×40 旦），较薄、较软，用于三层结构或四层结构、面料柔软的羽绒服，成本适中
	350T 涤丝纺（30 旦 ×30 旦），薄、软，用于三层结构、高含绒量的羽绒服，成本较高
贴膜针织胆布	用于针织羽绒服或有弹性的面料，柔软、有弹性，但不能用力拉扯，会有钻绒风险
普通无纺布	在羽绒服上，针对使用软棉与羽绒部位产生的色差，可作隔色衬；在棉服上，可作防钻棉隔离层，价格较低廉

（四）填充物

1. 填充物的要求

填充物主要作用是保暖，因此，对填充物要求首先是热的不良导体，其次是要轻柔、蓬松。

2. 常用填充物（表 1–5、图 1–15）

表 1–5　常用填充物

类型	种类	性能
片状填充物	喷胶棉	多以聚酯纤维为原料制成的块片软棉，柔软蓬松、厚薄均匀、高回弹性、防霉耐洗、无异味，价格实惠，使用普遍。常见有普通喷胶棉、松棉、耐洗水棉、复合型喷胶棉（表面与薄型非织造布复合，提高强力，防止纤维钻出）等
	针棉	属于无纺布的一种，以聚酯纤维为原料经过开松、梳理铺成纤维网，然后对纤维网多次针刺加固或加以适当热轧。特点：具有一定的强力，定型性好，厚度较薄。裁剪及缝纫非常方便，一般使用在服装零部件
	毛皮	多使用兔毛皮或人造毛皮，高档华丽、保暖效果好。为突出装饰效果，一般直接用于表层
絮状填充物	棉絮（也称棉花）	松软，保暖性强，透气、透湿，可作为棉衣、棉裤的填料，婴幼儿服装多使用
	羊毛絮片	采用针刺加工方式，纤维排列方向无定向。保暖性好，吸湿性强，蓬松度佳
	仿羽绒蓬松棉	运用无纺，选用聚酯纤维制成不成形的絮状填充物，蓬松柔软，比羽绒更细腻滑爽，回潮率远低于羽绒，潮湿环境下保暖性较好，不霉变虫蛀，性价比较高，是羽绒理想的替代品
	珍珠棉	采用舒弹丝、高科技生物基弹性短纤维，通过成球工艺制成，外形呈球状似珍珠，特定的立体结构提供了持续永久的蓬松性和回弹性
	羽绒	立体球状动物纤维，蓬松轻柔、舒适保暖，一般分白鹅绒、灰鹅绒、白鸭绒、灰鸭绒。在含绒量、充绒量、工艺处理一致的条件下，鹅绒保暖性优于鸭绒

普通喷胶棉

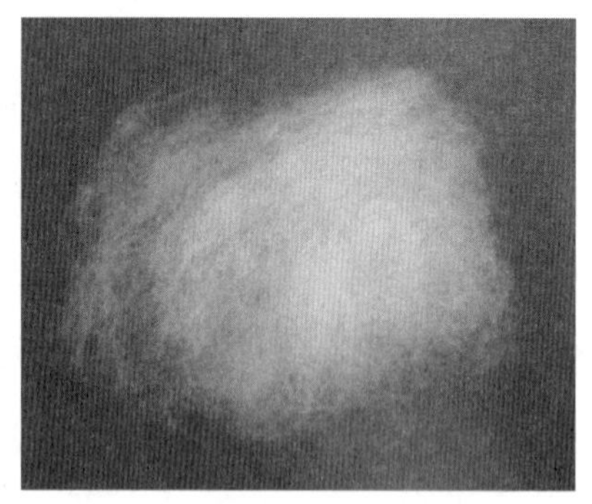

仿羽绒蓬松棉

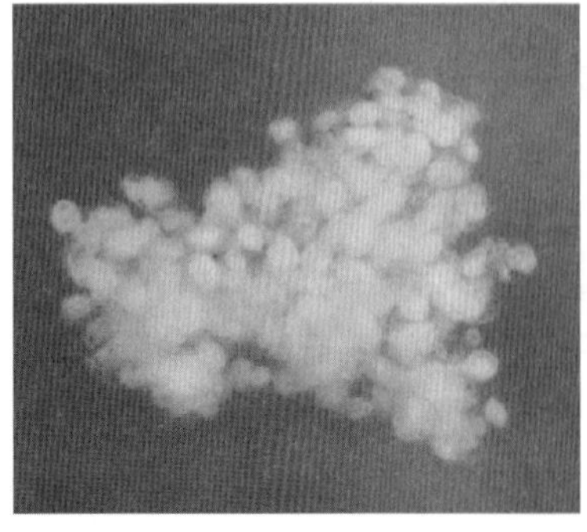

珍珠棉

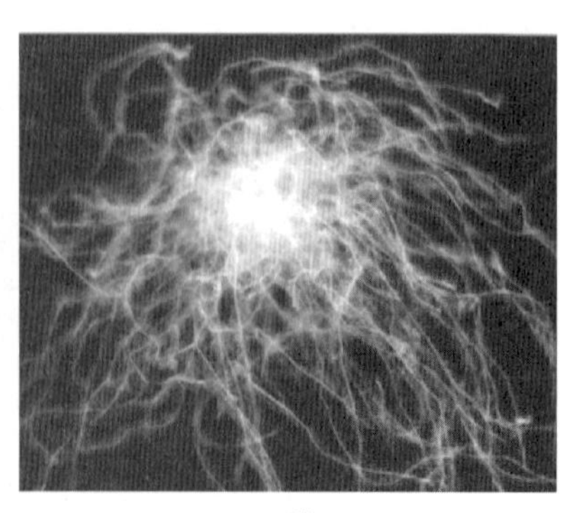

羽绒

图 1–15　常用填充物

3. 填充物颜色选用

（1）喷胶棉颜色的选用：常规棉服中使用的喷胶棉为本白色。如果整件衣服采用不同型号、克重的喷胶棉，颜色应当统一。

（2）羽绒颜色的选用：羽绒分为白绒、灰绒，灰绒相对产量较高，价格较低，在生产中，为了提高产品的性价比，需对颜色区分应用。选用时，应根据表层面料的品质、颜色而定，以成衣不透出灰绒中黑点为原则，避免影响外观（表 1–6）。

表 1–6 羽绒颜色的选用

序号	成衣面辅料特征	用绒颜色
1	面料深色系，厚重、密度高、有涂层、不透光	灰绒
2	面料深色系，纱支薄、透光性好	白绒
3	面料浅色系，纱支厚重、密度高、有涂层、不透光	灰绒
4	面料浅色系，纱支组织薄、透光性好	白绒
5	面料深色系，里布浅色系，里布出现透羽绒现象	白绒
6	撞色拼接部位出现透羽绒现象	白绒，全身用绒统一

4. 色差处理方法

因款式设计需要或为方便生产、降低成本、提高产品性价比，棉服、羽绒服的各部位可能采用不同的填充物，如行业常规羽绒服生产，大身、袖子一般填充羽绒，而帽子、领子、门襟、嵌线、袋盖、袖克夫、下摆克夫、腰带、襻等小部件用喷胶棉或针棉作填充物。

受面料透光及结构层数的影响，整件衣服不同部位使用不同的填充物，可能出现不同的色差。为使整件衣服颜色统一、协调，需另加隔色衬。判断是否使用隔色衬的方法为：做填充羽绒的羽绒包（按实际衣服的结构层次），与其他填充物（喷胶棉、针棉）的拼块拼接在一起对比，在 D65 光源（标准光源中最常用的人工日光）或自然光线下，色差程度在四级以下为不合格，需使用隔色衬（图 1–16）。隔色衬材料一般为价廉的里布、防绒胆布、无纺布等。

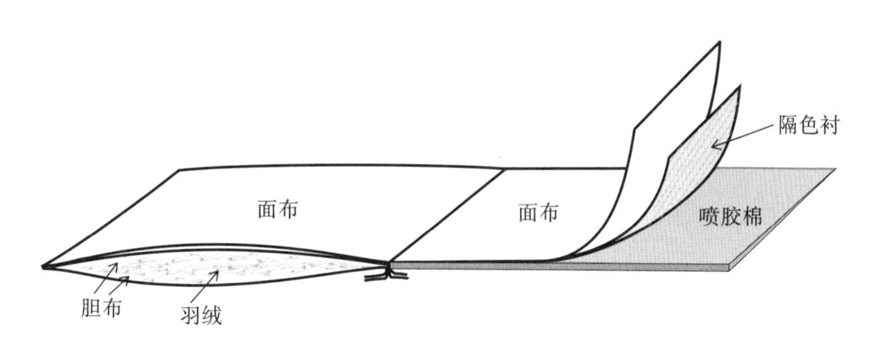

图 1–16 选用隔色衬对比方法

棉服、羽绒服色差产生原因很多，具体处理方法如表 1-7 所示。

表 1-7 色差处理方法

品类	成衣面辅料特征	色差处理方法
棉服	不同部位使用棉的品类不相同，出现色差	所用填充物颜色要统一
	絮状棉，面料为浅色系、易透光，填充物不能均匀填充	需加隔色衬
羽绒服	填充羽绒部位与使用喷胶棉、针棉部位出现色差	调整棉的颜色或加隔色衬
	浅色、薄透面料，拼缝处透内缝份	需加隔色衬
	双层重叠面料，出现颜色改变	需加隔色衬

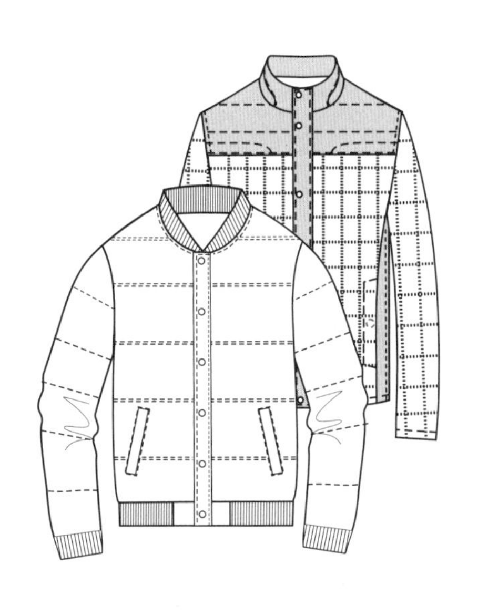

第二部分 结构设计实训

第二章　棉服、羽绒服结构设计基础

一、服装号型及中间体参考尺寸

棉服、羽绒服的规格标示方法通常采用“号 / 型 体型”的格式。

男上装：170/88A，其中 170 代表号，88 代表型（胸围），A 代表体型分类。

男下装：170/74A，其中 170 代表号，74 代表型（腰围），A 代表体型分类。

女上装：160/84A，其中 160 代表号，84 代表型（胸围），A 代表体型分类。

女下装：160/66A，其中 160 代表号，66 代表型（腰围），A 代表体型分类。

目前，国内男女服装号型标准分别为 GB/T 1335.1—2008《服装号型　男子》、GB/T 1335.2—2008《服装号型　女子》。标准提供了各体型的主要部位数据，但由于是作为指导性文件，所涉及的测量部位相对较少，在实际应用中要进行数据补充与调整。本书以中国、日本等基础体型数据为依据，结合国内各品牌人台数据，并对中间体真人模特进行详细测量，制作出一组比较实用的 A 体型中间体各部位数据（表 2-1、图 2-1、图 2-2），以供参考。

表 2-1　男子、女子中间体尺寸　　单位：cm（肩斜除外）

分类	部位	测量说明	男子 170/88A	女子 160/84A
垂直方向（长度）	身高	头顶至脚底	170	160
	头高	头顶至第 7 颈椎骨	25	24
	颈椎点高	第 7 颈椎骨至脚底	145	136
	臂根底深	第 7 颈椎骨至手臂根部最低点	19	17
	背长	第 7 颈椎骨至腰围线	42	38
	腰围高	腰围线到脚底	103	98
	腰至臀高	腰围线至臀围线	17	18
	股上长（裆深）	腰围线至裆底	24	26
	膝围高	膝围线到脚底	35.5	33.5
	臂长	肩端点至腕关节	57	52
水平方向（围度）	头围	过前额丘、后枕骨水平一周	59	56
	颈根围	过前颈点、侧颈点、后颈椎点水平一周	41	37.5
	胸围	过乳高点水平一周	88	84
	下胸围	过乳房下端水平一周	—	74

续表

分类	部位	测量说明	男子 170/88A	女子 160/84A
水平方向（围度）	腰围	过腰最凹处（与手肘平齐）水平一周	74	68
	臀围	过臀最凸处（大转子点）水平一周	90	90
	腿根围	裆底大腿根水平一周	55	54
	膝围	过膝盖（髌骨）水平一周	37	35
	小腿围	过小腿最凸处水平一周	36	34
	脚踝围	过踝关节水平一周	24	22.5
	臂围	过手臂最凸处水平一周	30	28
	肘围	过手肘关节水平一周	28	27
	腕围	过腕关节水平一周	18	16
水平方向（宽度）	肩宽	左右肩端点水平间距	43	38
	前胸宽	左右前腋点间距	35	32
	后背宽	左右后腋点间距	38	33
	乳间距	左右乳点间距	—	18
其他方向	乳上长	侧颈点至乳点	—	24.5
角度	肩斜	侧颈点水平线与肩线的角度	19°	21°

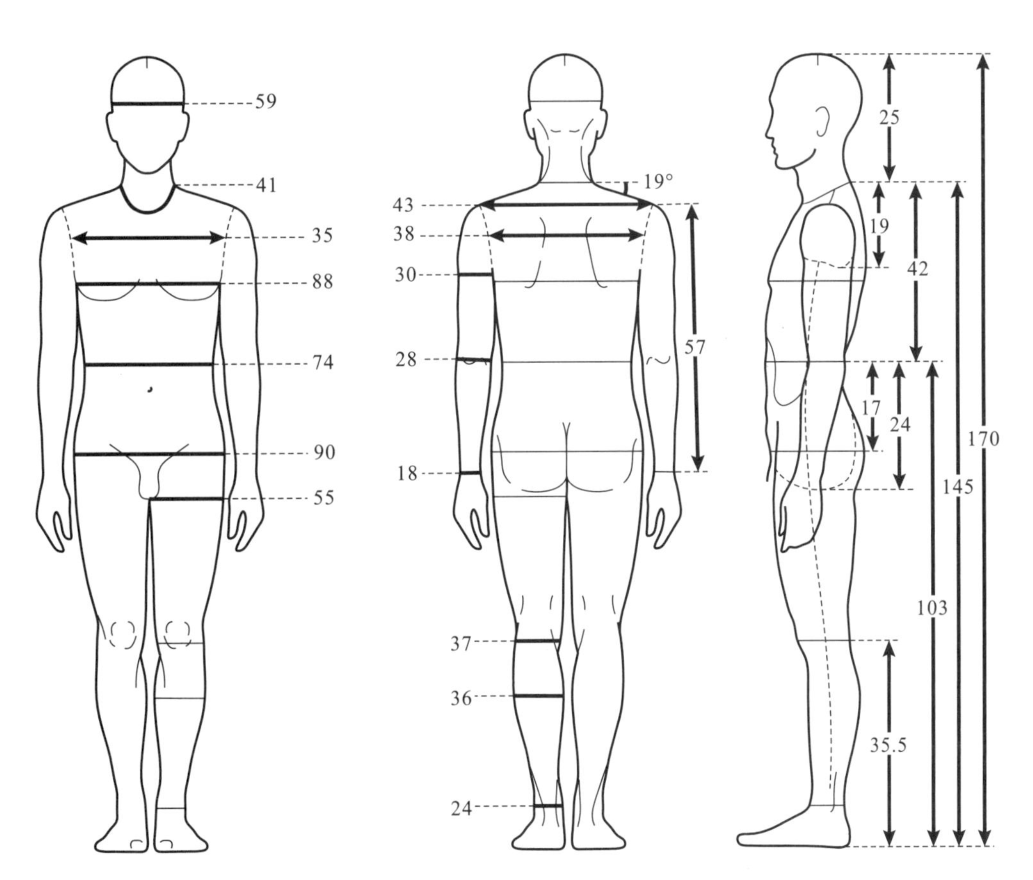

图 2-1　男子中间体（图中无箭头的粗实线表示围度，有箭头的粗实线表示长度或宽度）

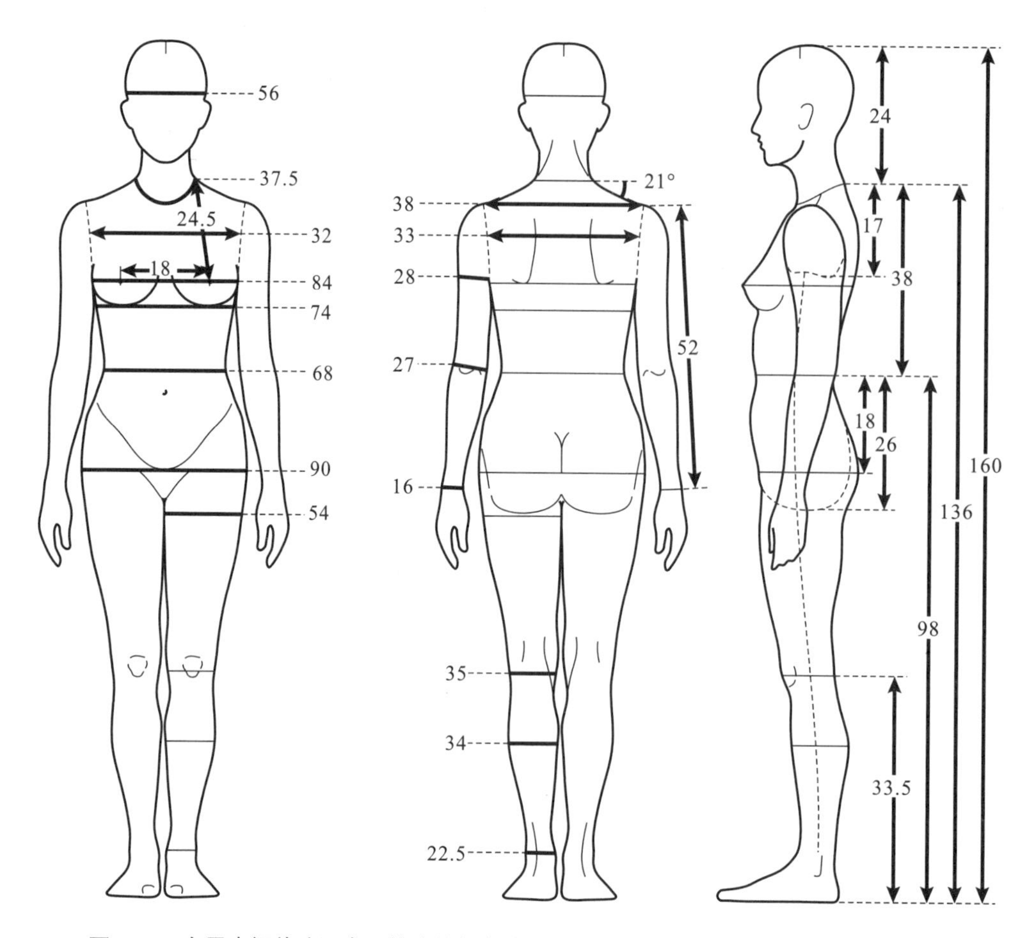

图 2-2　女子中间体（图中无箭头的粗实线表示围度，有箭头的粗实线表示长度或宽度）

二、成衣尺寸测量方法

成衣尺寸是指服装制作完成后，手工测量成品各部位的尺寸。需要按照统一的测量方法进行测量，以确保测量结果的一致性。

（一）不同测量手法的差异

由于棉服、羽绒服会蓬松泡起，采用放松测量、拉开测量两种不同手法所得的尺寸数值区别较大，差值可能达到 5cm 以上，所以一般在测量方法中要特别注明是放松测量还是拉开测量，以保证生产过程中成衣尺寸的控制。

1. 放松测量

把服装放平，不施加拉力，在自然状态下进行测量，按此方法，不同的人测量的结果差异较大，不太适合工业化生产的要求。

2. 拉平测量

把服装放平，在测量点施加拉力，将衣服在拉平状态下进行测量，按此方法，不同的人测量的结果差异较小，比较适合工业化生产的要求。本书无特殊说明时，成衣尺寸均采用拉平测量的方法。以下为采用不同测量方法的大身截面图（图 2-3）：

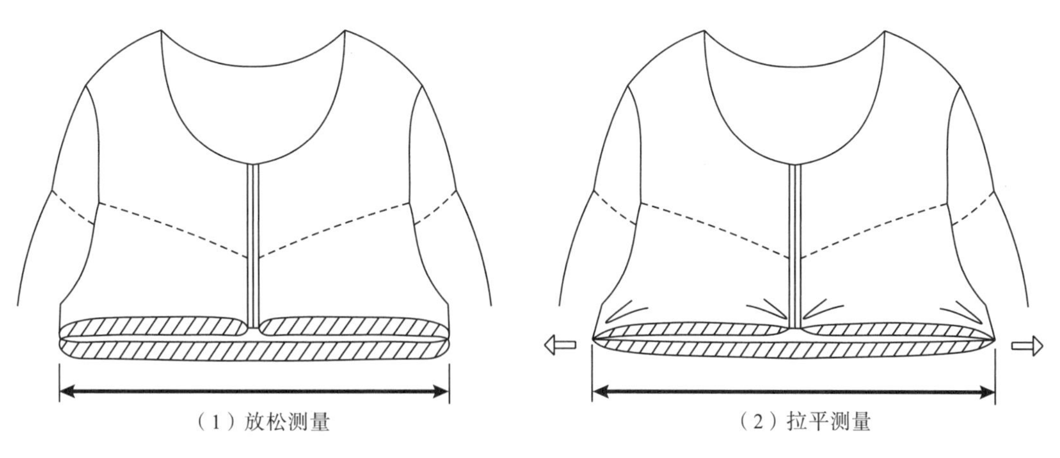

图 2-3　不同测量方法

（二）上衣测量方法（表 2-2、图 2-4）

表 2-2　上衣测量方法

序号	成衣部位	测量方法	测量方法说明
1	后中长	后中线拉平	从后领圈的中点测量至后下摆中点，拉平测量
2	肩宽	水平测量	从一肩端点测量至另一肩端点，拉开测量
3	后背宽	水平测量	男：距离后领圈中点下 16cm 的位置，左右袖窿水平拉平测量 女：距离后领圈中点下 12cm 的位置，左右袖窿水平拉平测量
4	前胸宽	水平测量	男：距离侧颈点下 18cm 的位置，左右袖窿水平拉平测量 女：距离侧颈点下 14cm 的位置，左右袖窿水平拉平测量
5	胸围	拉平测量	距离袖窿底下 2.5cm 处，左右两侧水平拉平测量
6	腰节长	后中线拉平	从后领圈中点测量至后腰节点，拉平测量（此尺寸用于确定腰节位置）
7	腰围	腰节位测量	腰节位置处，左右拉平，水平测量
8	摆围	水平测量	下摆两侧点，左右拉平，水平测量
9	袖长	肩端点下拉平	从肩端点处测量至袖口，拉平测量
10	袖窿围	沿袖窿测量	沿前、后袖窿测量一周
11	袖肥	拉平测量	距离袖窿底 2.5cm 处，左右两侧水平拉平测量
12	袖口围	水平测量	袖口放平，左右两侧拉平测量
13	领围	沿领测量	沿绱领缝位处测量（包含拉链部分）
14	帽高	垂直测量	沿帽檐方向垂直拉平测量
15	帽宽	拉平测量	男：距帽顶下 16cm 的位置，水平拉平测量 女：距帽顶下 15cm 的位置，水平拉平测量
16	口袋	拉平测量	长 × 宽：一般用于细长的口袋，如单嵌线袋、双嵌线袋 宽 × 高：一般用于矩形的口袋，如贴袋

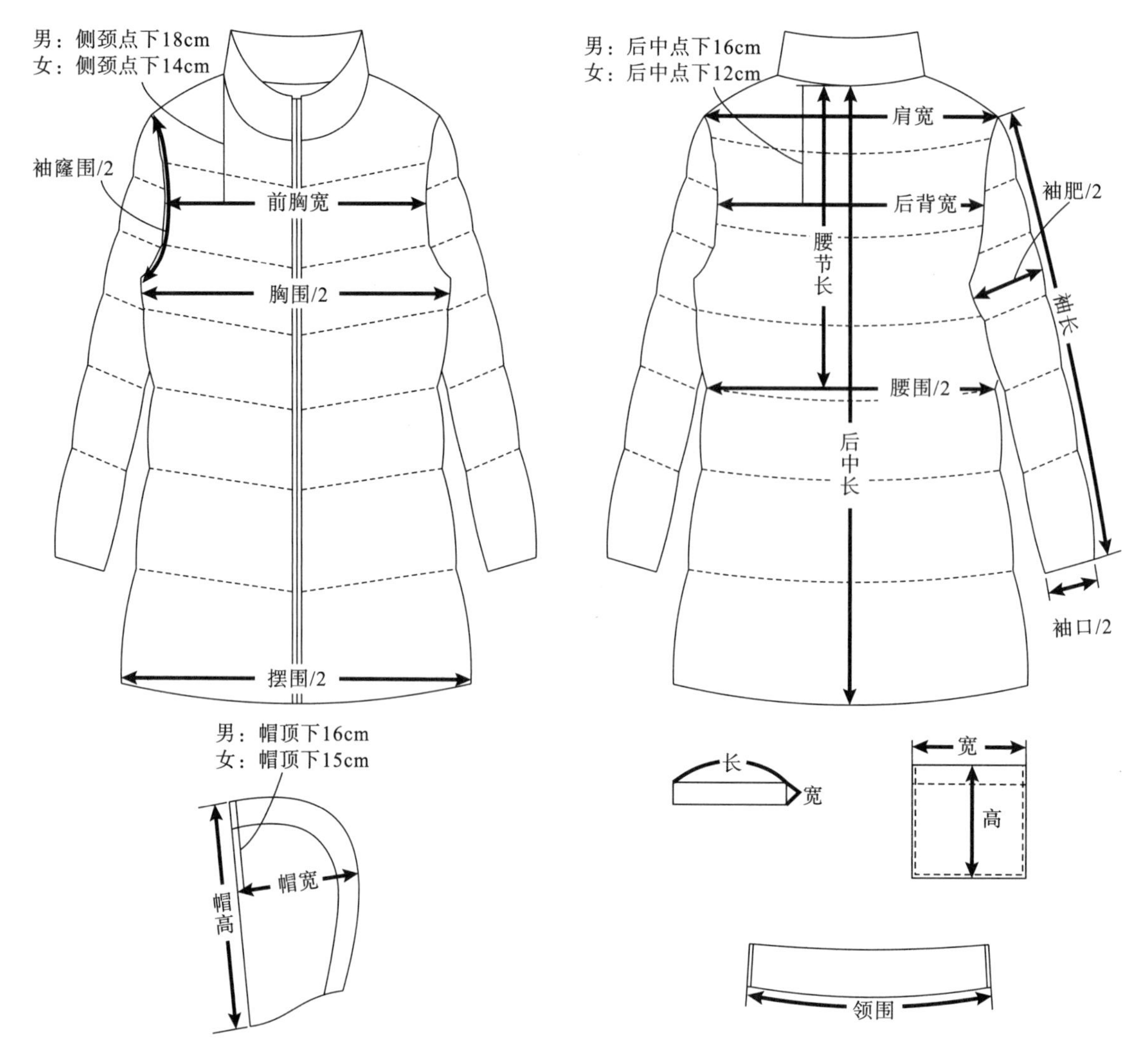

图 2–4　上衣测量方法

（三）裤装测量方法（表 2–3、图 2–5）

表 2–3　裤装测量方法

序号	成衣部位	测量方法	测量方法说明
1	裤长	拉平测量	从侧腰点至脚口外侧，沿裤子外侧拉平测量（包含腰头）
2	腰围	拉平测量	前后腰头对齐，沿腰口拉平测量
3	臀围	拉平测量	男：前裆距离腰头顶部 17cm，垂直于两侧缝拉平测量 女：前裆距离腰头顶部 18cm，垂直于两侧缝拉平测量
4	腿围	水平测量	距离裆底 2.5cm 处，左右两侧水平拉平测量
5	膝位	裆底拉平	从裆底部，至膝围位置（此尺寸用于确定膝围线位置）
6	膝围	水平测量	在膝盖处，左右两侧水平拉平测量
7	裤口围	水平测量	裤脚口放平，左右两侧水平拉平测量
8	前裆	沿前裆测量	沿前裆缝测量（包含腰头）
9	后裆	沿后裆测量	沿后裆缝测量（包含腰头）

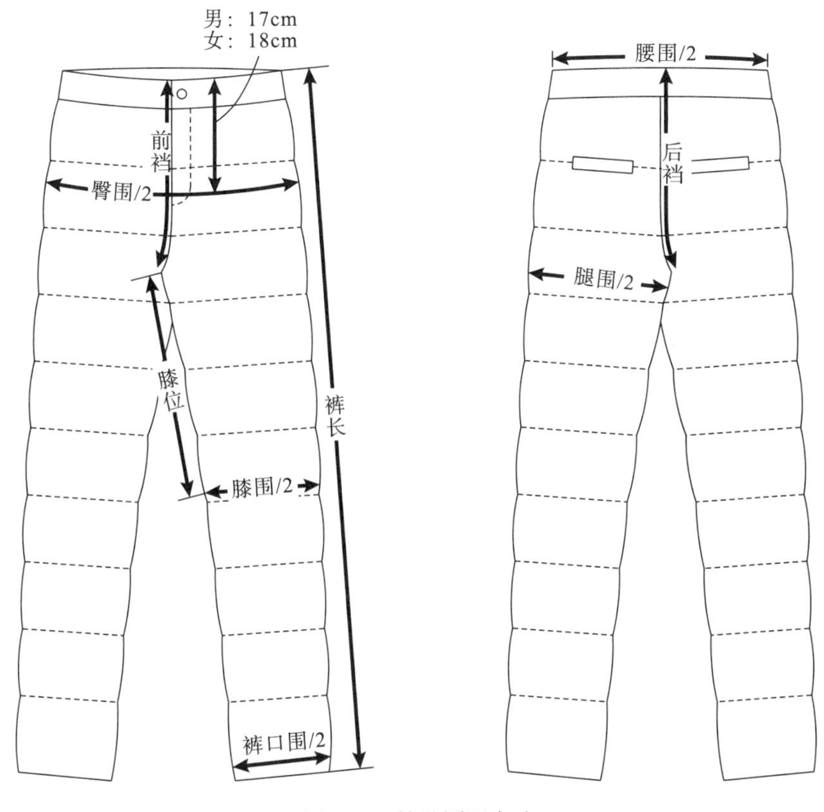

图 2-5　裤装测量方法

三、成衣规格尺寸参考

目前市面上的棉服、羽绒服款式丰富多样，消费群体定位各不相同，规格尺寸也有所差异：合体型，在造型上能满足基本的活动需求，同时比较强调外观的适体度，更适用于年青群体；基本型，造型比较保守，活动性能较好，适合人群较广；而运动型或中老年款式，穿着比较舒适，可以在基本型的基础上适当加大尺寸。

笔者根据多年实践经验，汇总出比较适用于国内人群穿着的男女棉服、羽绒服的参考尺寸。

（一）男式棉服、羽绒服参考尺寸（表 2-4）

表 2-4　男式棉服、羽绒服参考尺寸（170/88A）　单位：cm

序号	成衣部位	棉服		羽绒服	
		基本型	合体型	基本型	合体型
1	后中长	70	70	72	72
2	肩宽	46.5	45.5	47.5	46.5
3	后背宽	44	43	44.5	44
4	前胸宽	42.5	41	43	42
5	胸围	112	106	116	112

续表

序号	成衣部位	棉服		羽绒服	
		基本型	合体型	基本型	合体型
6	腰节长	44	44	46	46
7	腰围	110	104	114	110
8	摆围	108	102	112	108
9	袖长	63	63	64	64
10	袖窿围	54	52	56	54
11	袖肥	41	40	43	41.5
12	袖口	30	29	31	29.5
13	领围	58	58	58	58
14	帽高	37	37	38	38
15	帽宽	27	27	27.5	27.5
16	口袋	16.5	16.5	16.5	16.5

（二）女式棉服、羽绒服参考尺寸（表 2–5）

表 2–5　女式棉服、羽绒服参考尺寸（160/84A）　单位：cm

序号	成衣部位	棉服		羽绒服	
		基本型	合体型	基本型	合体型
1	后中长	60	60	62	62
2	肩宽	39.5	38.5	40.5	39.5
3	后背宽	38	37	38.5	37.5
4	前胸宽	36	35	36.5	35.5
5	胸围	100	96	104	100
6	腰节长	36	36	37	37
7	腰围	90	86	94	90
8	摆围	110	106	114	110
9	袖长	60	60	62	62
10	袖窿围	50	48	52	50
11	袖肥	36	35	38	36.5
12	袖口	27	26	29	27.5
13	领围	56	56	56	56
14	帽高	36	36	37	37
15	帽宽	26	26	26.5	26.5
16	口袋	15	15	15	15

四、面布、胆布、里布纸样松量设计

（一）面布纸样松量设计

棉服、羽绒服结构相对复杂，在成衣规格设计时不仅要考虑人体体型、基本活动量，还要考虑成衣厚度、泡量损耗（填充物经绗线或机缝后，形成曲面，填充物长度尺寸缩小，其缩小量为泡量损耗，如图 2-6 所示）等，所以纸样在围度上、长度上都要增加一定的松量。

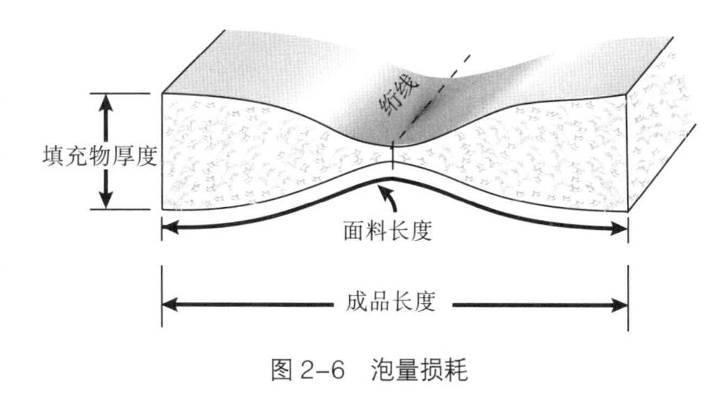

图 2-6　泡量损耗

1. 围度松量设计

重点考虑厚度影响。以设计女式羽绒服胸围规格为例，人体净胸围 84cm，假设成品服装与人体的总间隙（含基本活动量）为 3cm，根据环形内外周长差值计算方法，可计算出成衣胸围比人体净胸围大出约 19cm，则成衣胸围规格需设定为 103cm（图 2-7）。

一般来说，棉服、羽绒服类服装以水平绗线为主，如果有纵向绗线，还需另加绗线形成的泡量（参考下方“长度松量设计”）。

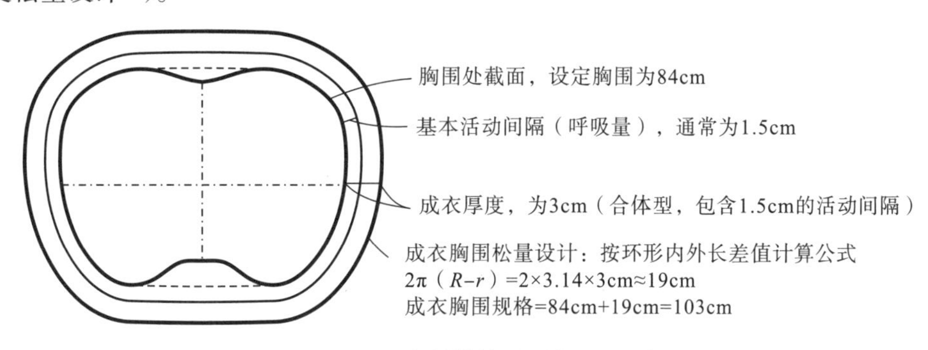

图 2-7　面布纸样松量设计——围度

2. 长度松量设计

重点考虑绗线形成的泡量损耗，羽绒服通常厚度在 2 ~ 3.5cm 时，每一格绗线会有 0.5 ~ 0.8cm 的泡量损耗。以女式羽绒服后中长规格为例，假设穿着时后中长要求 58cm，绗线距离为 13cm，共分 5 格，厚度为 3cm，每一格泡量损耗为 0.8cm，总共增加 0.8cm × 5=4cm 泡量损耗，故成衣后中长规格要设定为 58cm+4cm=62cm（图 2-8）。

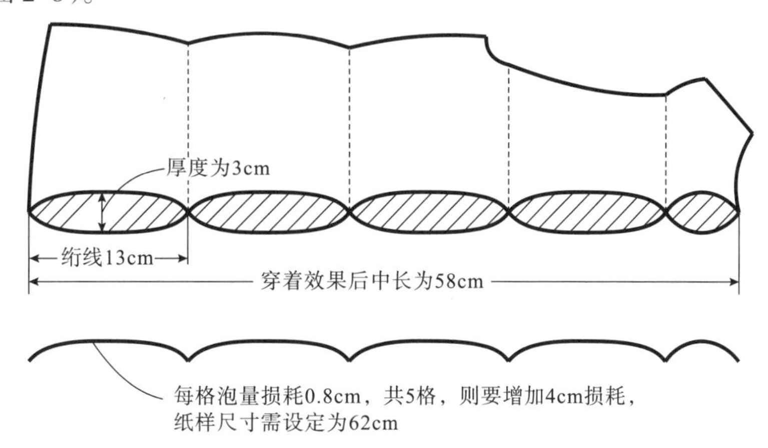

图 2-8　面布纸样松量设计——长度

（二）胆布纸样松量设计

胆布纸样松量应根据绗线工艺进行设计，当胆布与面布一起绗线时，胆布纸样要在面布纸样的基础上增加部分松量；当胆布与里布一起绗线时，则胆布纸样要在里布纸样的基础上增加部分松量。

下面以最常见的四层结构的羽绒服（面布与胆布一起绗线）来说明。由于胆布与面布一起绗线形成填充腔体，其纸样理论上应该完全一致，但实际大批量生产时会存在不同情况。

1. 使用夹板工具缝制

在机缝过程中，面布、胆布之间几乎不会发生位移，故胆布纸样不用增加松量，即胆布纸样与面布纸样相同。

2. 不使用夹板工具缝制

在机缝过程中，由于送布牙只接触下层面料，在推送过程中上下层会发生位移，易使表面布有余量、起扭、起皱，造成填充效果不饱满、尺寸偏小等质量问题，故胆布纸样要增加一定的松量，胆布纸样略大于面布纸样。常规数据可参考表 2-6。

表 2-6　胆布纸样常规松量　　单位：cm

部位	纵向	横向
1/2 后大身	0.8 ~ 1.2	0.6 ~ 0.8
1/2 前大身	0.8 ~ 1.2	0.6 ~ 0.8
袖	0.8 ~ 1	0.6 ~ 0.8

注　可根据绗线或分割的数量、衣片长短宽窄、填充厚度来取值。

制作这类增加松量的胆布纸样主要有精确法和简易法。简易法又分为变形法、修改缝份法。

（1）精确法：在面布纸样上均匀分配展开量，再将边缘断开处连贯修顺，这样得到的纸样有所放大，可作为胆布纸样，以后大身、袖为例（图 2-9）。

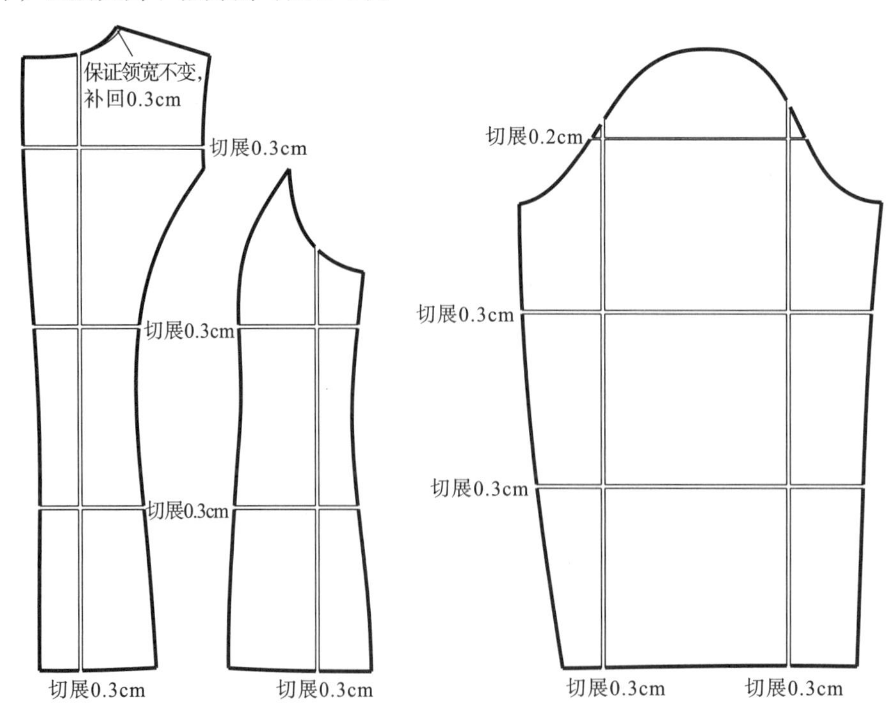

图 2-9　胆布纸样制作——精确法

（2）变形法：将需要切展的量转化到边线上，即直接移动边线，从而增加松量，以前大身为例（图2–10）。

（3）修改缝份法：将需要切展的量直接累加到缝份上，即在面布毛板上额外增加缝份，从而增加松量，以前大身为例（图2–11）。

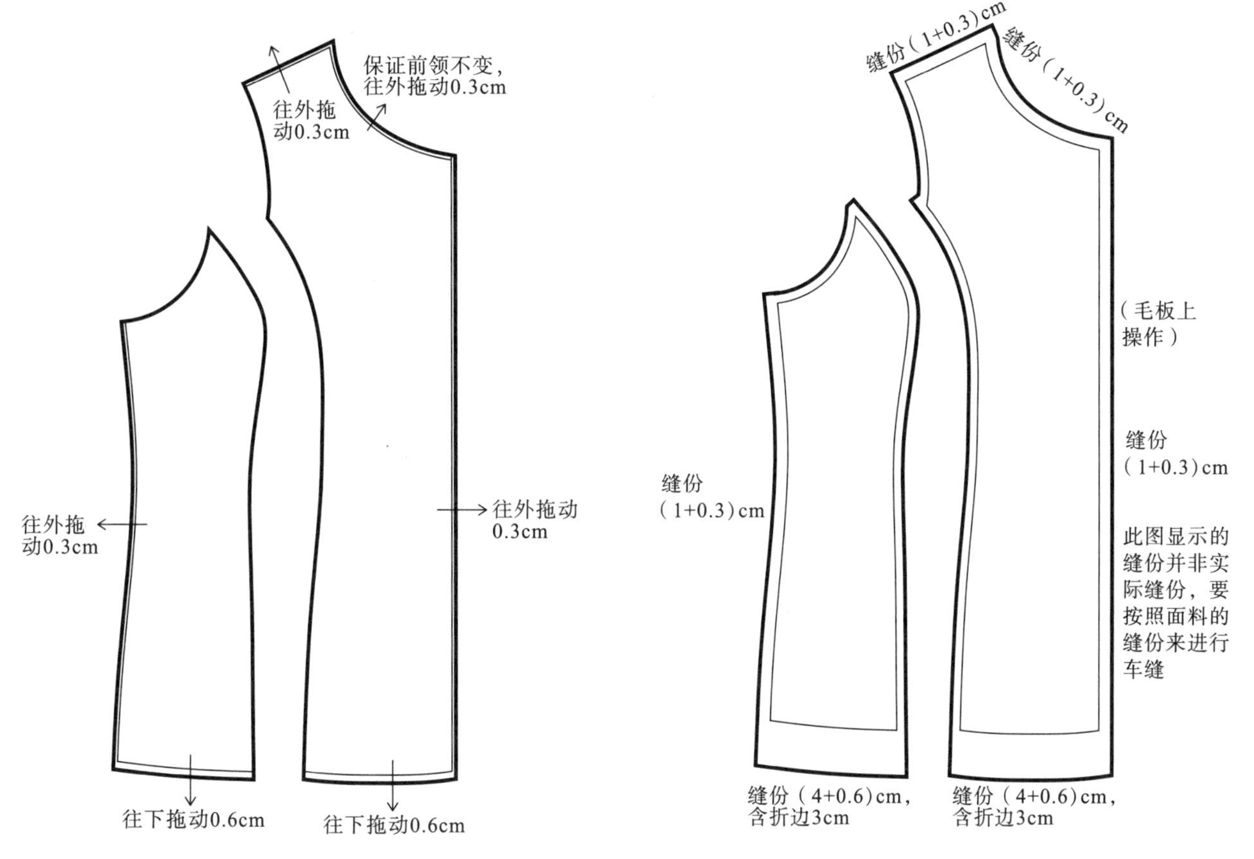

图2–10　胆布纸样制作——变形法

图2–11　胆布纸样制作——修改缝份法

（三）里布松量设计

常规服装的里布纸样都是略大于面布纸样，一方面考虑人在肢体活动时对服装的拉伸量，另一方面要防止里布小于面布而出现牵扯现象。棉服、羽绒服内部结构比较复杂，要根据结构特点来决定里布纸样是否要增加松量。

1. 面布绗线的款式

（1）里布围度方向松量：

①面布横向绗线：里布围度方向一般不用增加松量，为了方便里布与面布缝合，可在里布袖口、下摆每个缝份处加0.2cm松量，将袖窿底上抬0.6cm，袖山底上抬1.4cm，以避开面布缝份（图2–12）。

②面布竖向绗线：一般适用于棉服，考虑到衣服穿着时里外层围度有差异，里布围度松量一般不增加，反而减小，其减少量需要根据绗线的数量、填充物的厚度而定，应注意，为方便里布与面布缝合，里布袖口、下摆每个缝份处不减小围度松量，仅需将袖窿底上抬0.6cm，袖山底上抬1.4cm，以避开面布缝份。

（2）里布纵向方向松量：

①面布横向绗线［图2–13（1）］：里布纸样衣长、袖长需要适当减短，根据实际经验，棉服里布纸样通常衣长减短（0～1）cm，袖长减短（0～0.5）cm；羽绒服里布纸样通常衣长减短（1～3）cm，袖长减短（0～1.5）cm。

②面布竖向绗线［图2-13（2）］：一般适用于棉服，由于竖向没有一格一格的泡量损耗，故里布纸样衣长、袖长不用增加松量，并因面布竖向绗线缝缩，里布长度还可以适当减短。

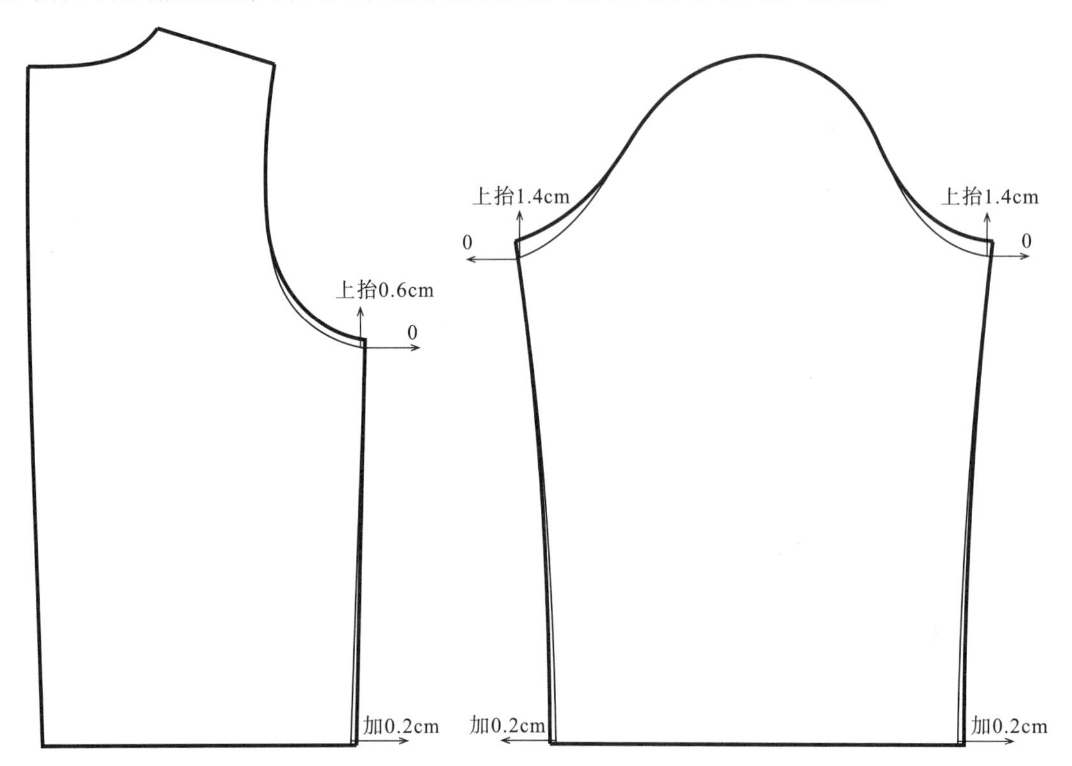

图2-12 里布围度松量（面布绗线）

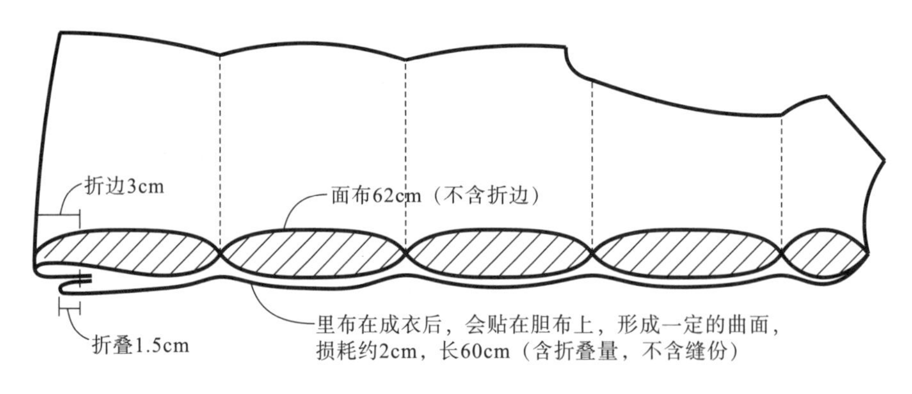

（1）横向绗线：羽绒服后中长为例

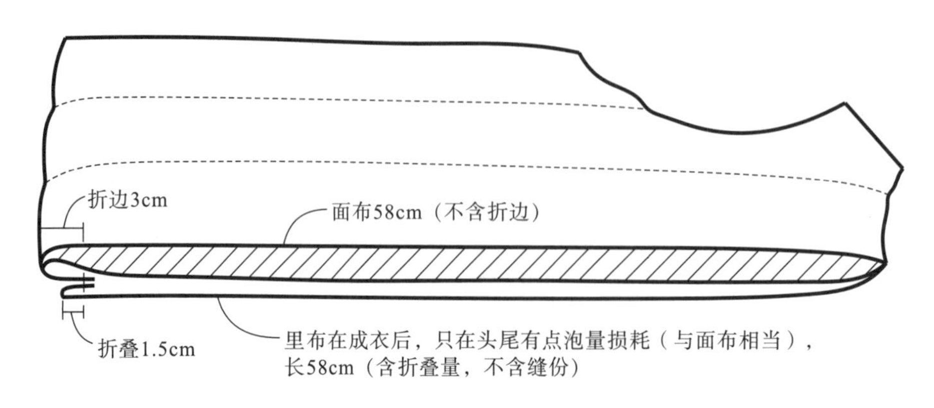

（2）竖向绗线：棉服后中长为例

图2-13 里布纵向松量（面布绗线）

2. 里布绗线的款式

（1）里布围度方向松量：

①里布横向绗线：填充物与里布一起绗缝，因缉线缝缩原因，里布纸样围度方向可以略增加松量，通常要根据填充物的厚度调整。例如成品厚度 2cm，大身围度每片加 0.3cm，袖围度加 0.6cm；同时将袖窿底上抬 0.6cm，袖山底上抬 1.4cm，以避开面布缝份（图 2–14）。

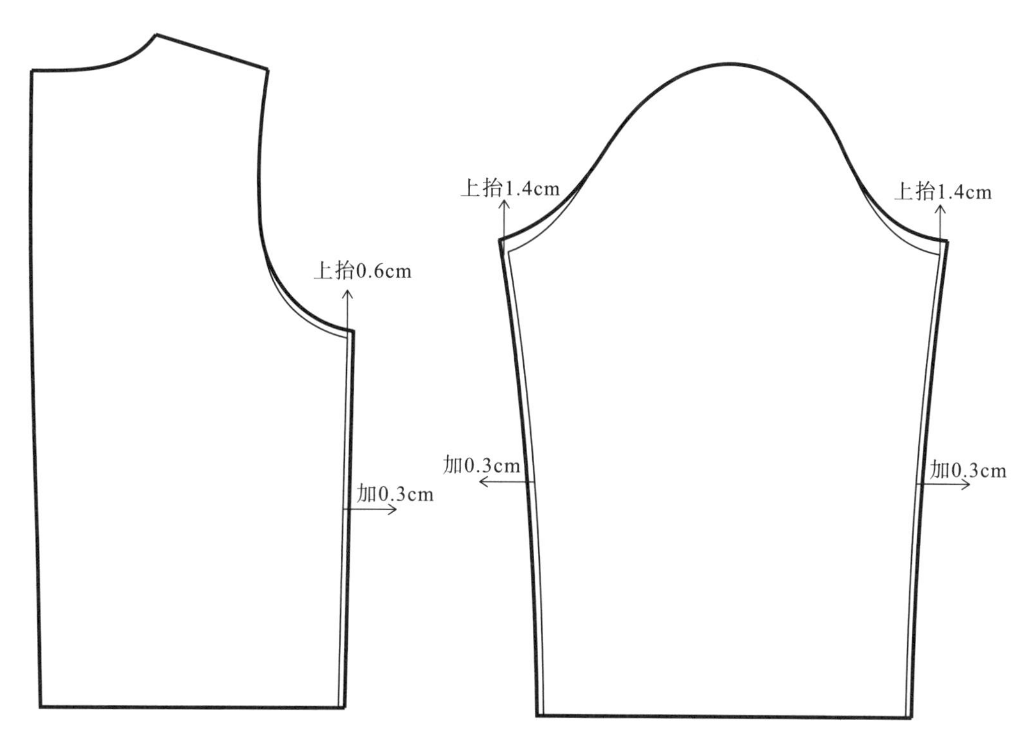

图 2–14 里布围度松量（里布绗线）

②里布竖向绗线：一般适用于棉服，需根据绗线的数量、填充物的厚度，在里布围度增加相应的泡量。考虑到衣服穿着时里外层围度有差异，填充物厚度越大，泡量加放越小。

（2）里布纵向方向松量加放：

①里布横向绗线［2–15（1）］：里布纸样衣长、袖长要增加较多的松量，以羽绒服为例，假设面布后中长 58cm，里布绗线共分 5 格，厚约 3cm，每一格泡量损耗约为 0.8cm，总共要增加 4cm 泡量损耗，故里布纸样后中长为 62cm。

②里布竖向绗线［2–15（2）］：一般适用于棉服，因缉线缝缩原因，里布纸样衣长、袖长增加松量 0.5 ～ 1cm 即可。

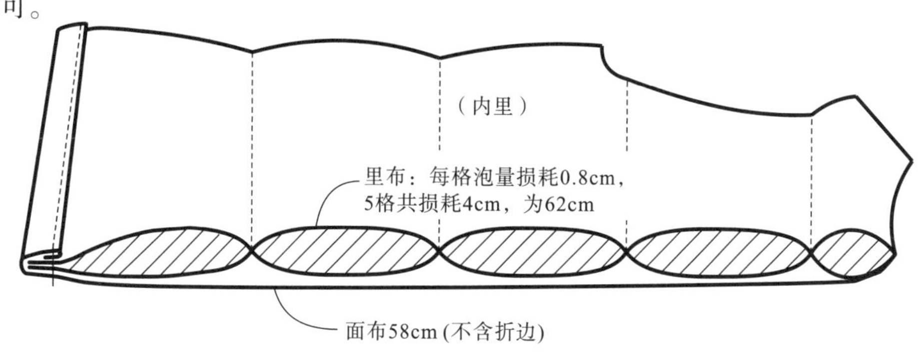

（1）横向绗线：羽绒服后中长为例

图 2–15

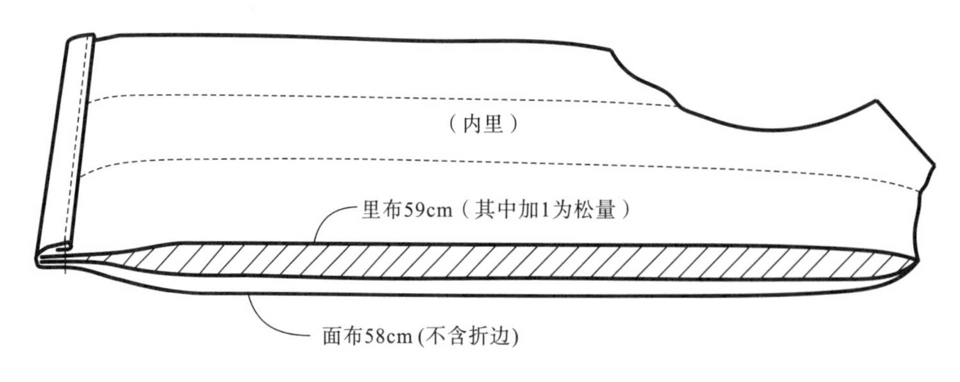

（2）竖向绗线：棉服后中长为例

图 2-15　里布纸样纵向松量（里布绗线）

五、喷胶棉、羽绒填充量设计

（一）填充量与保暖性

1. 棉服

棉服最常用的填充物是喷胶棉，常规单位面积克重为 60g/m^2 ~ 300g/m^2。当喷胶棉材质相同时，单位面积克重越大，喷胶棉越厚，保暖效果相对越好。

2. 羽绒服

羽绒服最常用的羽绒含绒量有 70%、80%、90%。单位面积充绒量相同时，使用含绒量越高的羽绒，保暖效果越好。羽绒（相同厂家、相同批次）含绒量相同时，填充量越大，保暖效果相对越好，但当填充量达到一定值时，继续增加填充量，保暖率（表示纺织材料隔热性能的指标）不再上升，基本处于恒定值。根据测试，当充绒（含绒量 60% ~ 90%）达到 199g/m^2 时，保暖率接近恒定值，约 82%（最大保暖率），所以设计充绒量通常不超过 200g/m^2（特殊效果时除外）。

根据实验室测试，不同含绒量可以通过调整单位面积充绒量来达到相似的保暖效果，如含绒量为 70%、充绒量为 166g/m^2，与含绒量为 90%、充绒量为 133g/m^2，其保暖率都为 80.6%。

（二）大身与袖填充厚度差别

设计棉服、羽绒服厚度时，大身与袖的填充厚度通常不一样。以羽绒服为例来进行原理说明。

一方面，单位面积充绒量是在平面上进行计算，而实际上成衣穿着时呈圆筒状，若大身与袖单位面积充绒量相同，袖的实际厚度会大于大身；另一方面，手臂活动较多，原则上袖要略薄一点更适于活动，所以通常袖的单位面积充绒量要小于大身。其原理可用几何方法进行演算，假设条件：平面弯成圆筒状后，内部羽绒没有受到挤压，厚度自然增加（图 2-16）：

按几何原理计算，袖要想达到与大身相同的厚度，单位面积充绒量只需取大身的 1-（2.56-2.15）/ 2.15 ≈ 81%；再结合袖活动的需求，一般取 75% ~ 85% 比较适宜，原则上越厚型的取小值，越薄型的取大值。

设平面胸围100cm，厚度2cm(则形成的圆环面积为200cm²)

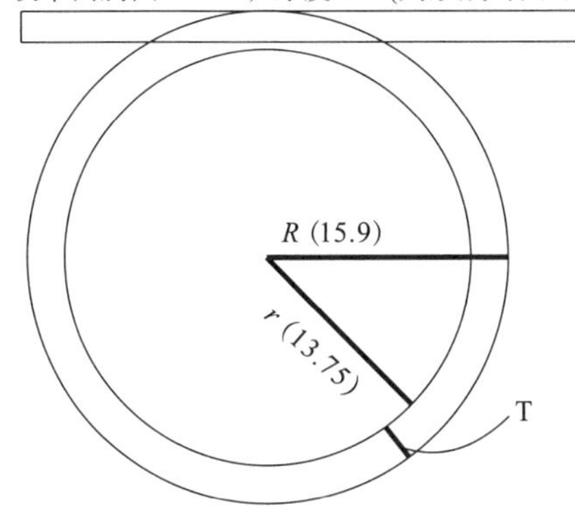

大圆周长$L=2\pi R=100$

可得出$R=100/2\pi\approx15.9$

大圆面积$S_{大}=\pi R^2$

小圆面积$S_{小}=\pi r^2=S_{大}-200$

可得出$r=\sqrt{\dfrac{S_{大}-200}{\pi}}=\sqrt{\dfrac{\pi R^2-200}{\pi}}\approx13.75$

则形成的厚度$T=R-r=2.15$

设平面袖肥37cm，厚度2cm
(则形成的圆环面积为74cm²)

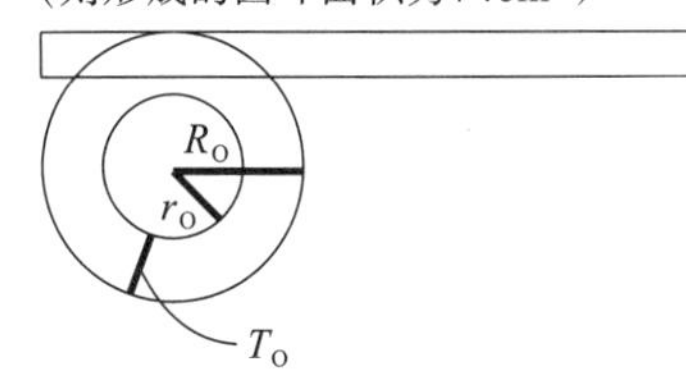

大圆周长$L_O=2\pi R_O=37$

可得出$R_O=37/2\pi\approx5.89$

大圆面积$S_{O大}=\pi R_O^2$

小圆面积$S_{O小}=\pi r_O^2=S_{O大}-74$

可得出$r_O=\sqrt{\dfrac{S_{O大}-74}{\pi}}=\sqrt{\dfrac{\pi R_O^2-74}{\pi}}\approx3.33$

则形成的厚度$T_O=R_O-r_O=2.56$

图 2-16　大身与袖厚度的差别

(三)单位面积填充量的设计参数

在设计棉服、羽绒服的单位面积填充量时，要根据款式特点、穿着场合、环境温度、保暖需求及制造成本来综合考虑。棉服、羽绒服单位面积填充量设计常用参数如表 2-7、表 2-8 所示。

表 2-7　棉服单位面积填充量的设计参数　　单位：g/m²

厚薄度	适用季节	男款		女款	
		大身	袖	大身	袖
轻薄型	秋末、春初	40 ~ 80	40 ~ 60	40 ~ 80	40 ~ 60
薄型	冬初、冬末	80 ~ 120	60 ~ 80	80 ~ 100	60 ~ 80
中型	入冬，寒冷	120 ~ 180	80 ~ 140	100 ~ 160	80 ~ 120
厚型	寒冬，非常寒冷	180 ~ 240	140 ~ 180	160 ~ 220	120 ~ 160

表 2-8　羽绒服单位面积填充量的设计参数　　单位：g/m²

厚薄度	适用季节	含绒量（%）	男款		女款	
			大身	袖	大身	袖
轻薄型	秋末、初春	90	70	55	65	50
薄型	初冬、冬末	70	150	120	130	100
		80	140	110	120	95
		90	130	100	110	85

续表

厚薄度	适用季节	含绒量（%）	男款		女款	
			大身	袖	大身	袖
中型	寒冬，明显寒冷	70	175	130	160	120
		80	160	120	145	110
		90	150	110	135	100
厚型	隆冬，非常寒冷	70	200	145	190	140
		80	180	130	170	125
		90	170	125	160	115

羽绒服实际生产中，还要根据衣片分割、面料厚薄、绗线部位及间距等来调整单位面积充绒量。例如，前大身贴口袋部位、前后肩约克可适当减少单位面积充绒量；绗线较密的拼块，要增加单位面积充绒量。

（四）羽绒服充绒量计算

棉服多采用块状喷胶棉，由于厚度均匀、克重固定，所以只需直接确定单位面积克重即可，不需计算，只有絮状类填充物（如仿羽绒蓬松棉、珍珠棉、羽绒）服装存在计算的问题。下面以羽绒服为例进行说明。

常规羽绒服的帽、领、袋嵌线、门襟、袋盖等部件一般填充喷胶棉或针棉，也无需计算充绒量。计算全件充绒量时，首先要设定大身和袖各自的单位面积充绒量，其次获取每块净纸样（不包含缝份）的面积，根据纸样面积计算出各片充绒量，计算方法如下：

全件充绒量 = 大身单位面积充绒量 × 大身净纸样面积 + 袖单位面积充绒量 × 袖净纸样面积

如因款式需要，帽、领或其他部件需充羽绒，则按设计要求达到的饱满度来设定单位面积充绒量，计算方法同上。

案例

女式基本型羽绒服，大身为七片，袖为四片。M 码净纸样见图 2-17。

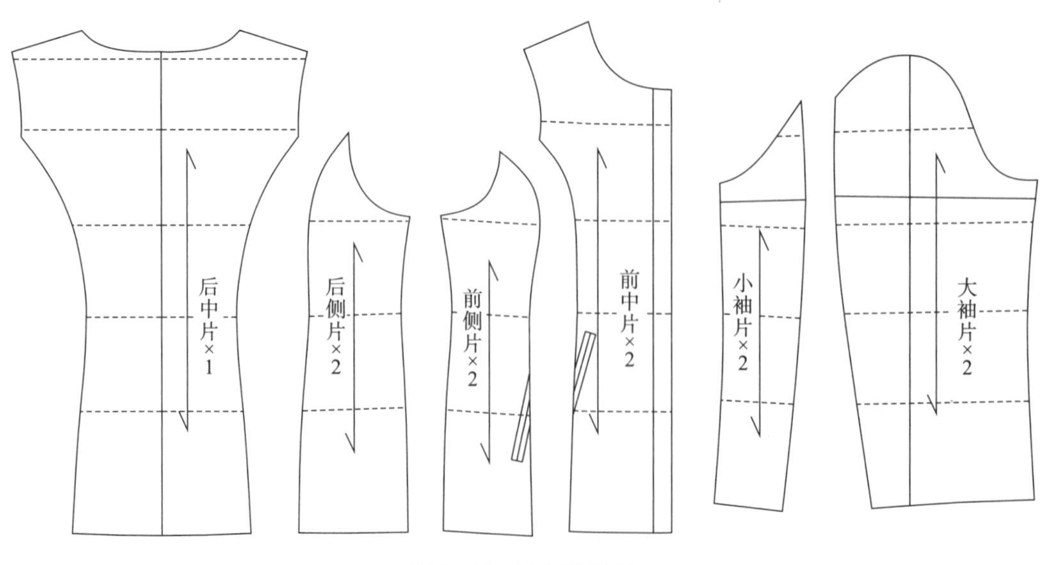

图 2-17　M 码净纸样

设定大身单位面积充绒量为 145g/m²，袖单位面积充绒量为大身的 75%，即 108.75g/m²，取整数值 110g/m²。计算时，面积通常精确到 1cm²，充绒数值要根据实际生产条件来决定精确度，采用自动充绒机时，通常精确到小数点后两位；当采用手工充绒时，只精确到 0.5g，以便于操作。

1. 使用自动充绒机充绒量明细（表 2-9）

表 2-9　充绒量明细（使用自动充绒机）

大身部分					袖部分				
纸样名称	纸样面积（cm²）	纸样份数（片）	各片充绒量（g）	小计（g）	纸样名称	纸样面积（cm²）	纸样份数（片）	各片充绒量（g）	小计（g）
后中片	1809	1	26.23	26.23	大袖片	1379	2	15.17	30.34
后侧片	660	2	9.57	19.14	小袖片	513	2	5.64	11.29
前侧片	549	2	7.96	15.92					
前中片	935	2	13.56	27.12					
大身部分合计充绒量：88.41g					袖部分合计充绒量：41.63g				
全件充绒量：130.04g									

2. 手工充绒量明细（表 2-10）

表 2-10　充绒量明细（手工充绒）

大身部分					袖部分				
纸样名称	纸样面积（cm²）	纸样份数（片）	各片充绒量（g）	调整后充绒量（g）	纸样名称	纸样面积（cm²）	纸样份数（片）	各片充绒量（g）	调整后充绒量（g）
后中片	1809	1	26.23	26	大袖片	1379	2	15.17	15
后侧片	660	2	9.57	9.5	小袖片	513	2	5.64	5.5
前侧片	549	2	7.96	8					
前中片	935	2	13.56	13.5					
大身部分合计充绒量：88g					袖部分合计充绒量：41g				
全件充绒量：129g									

（五）羽绒服充绒量放码计算

计算原则：要保持大身、袖各自单位面积充绒量不变，即厚度不变，按各码的实际纸样面积来计算充绒量。

案例

女式基本型羽绒服，大身为七片，袖为四片，放码后得到各码净纸样（图 2-18）。

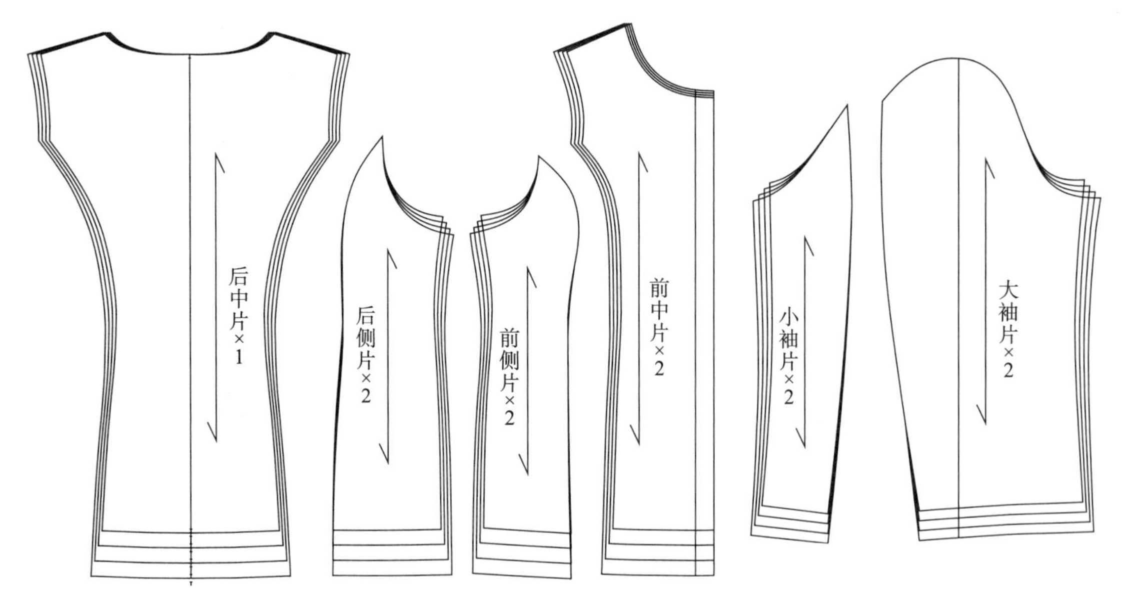

图 2-18　各码净纸样

设定大身单位面积充绒量为 $145g/m^2$，袖单位面积充绒量为 $110g/m^2$，各码充绒明细为表 2-11 ~ 表 2-14 所示。

表 2-11　S 码充绒明细

尺码	大身部分					袖部分				
	纸样名称	纸样面积（cm^2）	纸样份数（片）	各片充绒量（g）	小计（g）	纸样名称	纸样面积（cm^2）	纸样份数（片）	各片充绒量（g）	小计（g）
S 码	后中片	1698	1	24.74	24.74	大袖片	1326	2	14.59	29.18
	后侧片	614	2	8.95	17.9	小袖片	474	2	5.21	10.42
	前侧片	508	2	7.40	14.8					
	前中片	878	2	12.79	25.58					
	全件充绒量：122.22 ≈ 122g									

表 2-12　M 码充绒明细

M 码	大身部分					袖部分				
	纸样名称	纸样面积（cm^2）	纸样份数（片）	各片充绒量（g）	小计（g）	纸样名称	纸样面积（cm^2）	纸样份数（片）	各片充绒量（g）	小计（g）
	后中片	1809	1	26.23	26.23	大袖片	1379	2	15.17	30.34
	后侧片	660	2	9.57	19.14	小袖片	513	2	5.64	11.28
	前侧片	549	2	7.96	15.92					
	前中片	935	2	13.56	27.12					
	全件充绒量：130.03 ≈ 130g									

表 2-13　L 码充绒明细

	大身部分					袖部分				
	纸样名称	纸样面积（cm^2）	纸样份数（片）	各片充绒量（g）	小计（g）	纸样名称	纸样面积（cm^2）	纸样份数（片）	各片充绒量（g）	小计（g）
L 码	后中片	1923	1	27.88	27.88	大袖片	1431	2	15.74	31.48
	后侧片	706	2	10.24	20.48	小袖片	552	2	6.07	12.14
	前侧片	591	2	8.57	17.14					
	前中片	992	2	14.38	28.76					
	全件充绒量：137.89 ≈ 138g									

表 2-14　XL 码充绒明细

	大身部分					袖部分				
	纸样名称	纸样面积（cm^2）	纸样份数（片）	各片充绒量（g）	小计（g）	纸样名称	纸样面积（cm^2）	纸样份数（片）	各片充绒量（g）	小计（g）
XL 码	后中片	2041	1	29.59	29.59	大袖片	1485	2	16.34	32.68
	后侧片	755	2	10.95	21.9	小袖片	593	2	6.52	13.04
	前侧片	635	2	9.21	18.42					
	前中片	1051	2	15.24	30.48					
	全件充绒量：146.1 ≈ 146g									

六、重点部位——领、帽、袖结构设计

（一）领结构设计

1. 结构基础——领圈设计

棉服、羽绒服的领圈比一般服装大，前后横开领（领宽）、领深都要相应加大。需要特别指出的一个重要技术要点：前后横开领的差值。一般服装要求前后领圈均能比较贴合身体，通常绘图时将前横开领略小于后横开领；而棉服、羽绒服产品则不同，绘图时前横开领略大于后横开领，通常加 0.5 ~ 1cm，越厚的取值越大（图 2-19）。

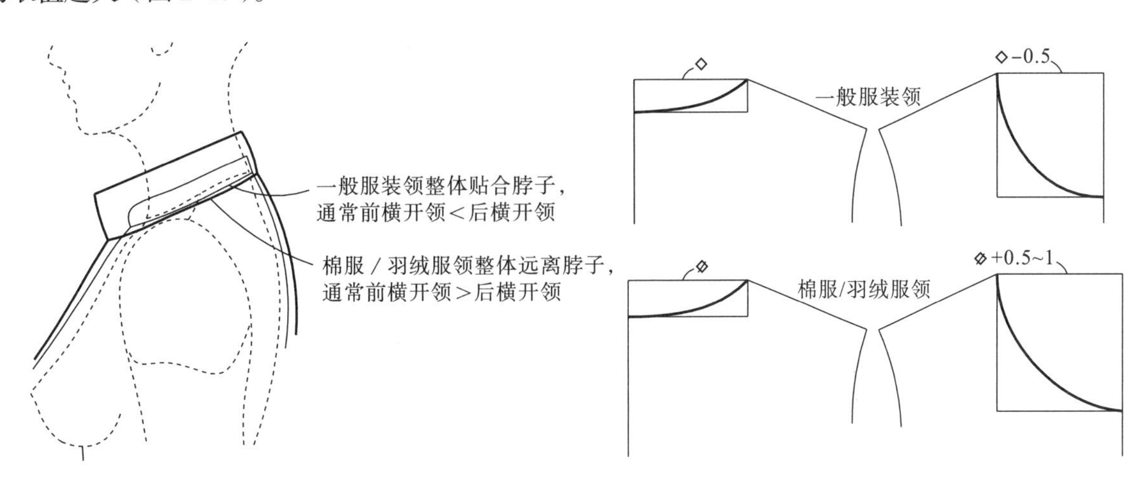

图 2-19　领圈结构设计

2. 不同领型设计

（1）立领：立领设计时，要考虑领与人体脖颈的空间关系。立领类似于一个圆柱形，抱合在人体的脖子上，通常在设计时要有一定的松量，一方面是厚度因素，另一方面要考虑活动松量，避免脖子或咽部产生压迫感（图 2–20）。

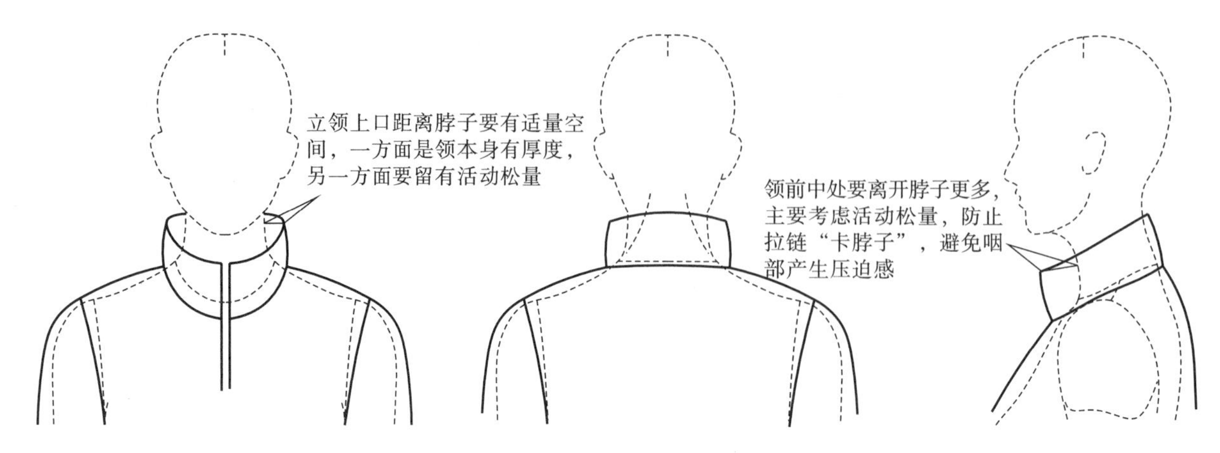

图 2–20　立领与人体的空间关系

立领上口与下口的长度之差，决定了立体的造型与空间状态。在领圈相同的情况下，上口越小，越贴合脖子，反之越远离脖子（图 2–21）。

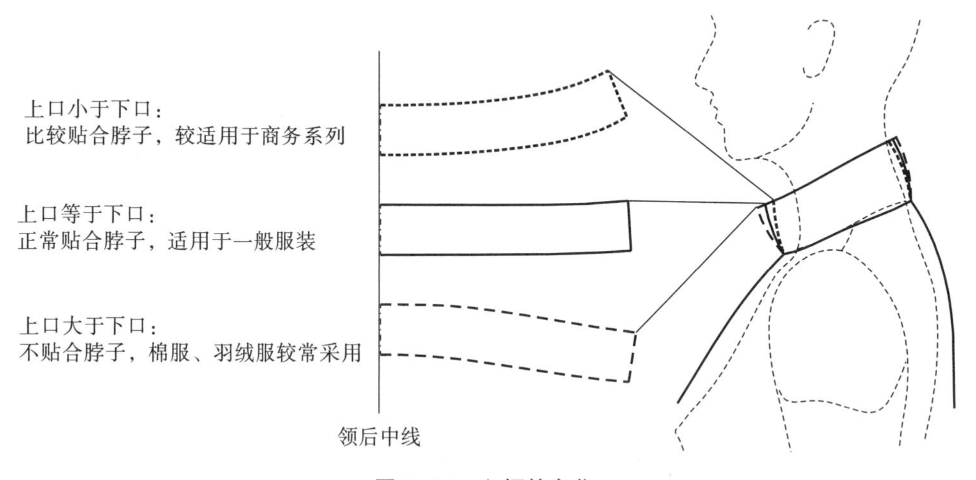

图 2–21　立领的变化

立领制图方法，以常规羽绒服立领为例（图 2–22）。

在实际生产中，前门襟绱拉链到领上口，领角处易凸起。一般在领前中上口处劈去 0.5cm 左右（前领口高比后领高短 0.5cm），领角略大于 90°（图 2–22）。

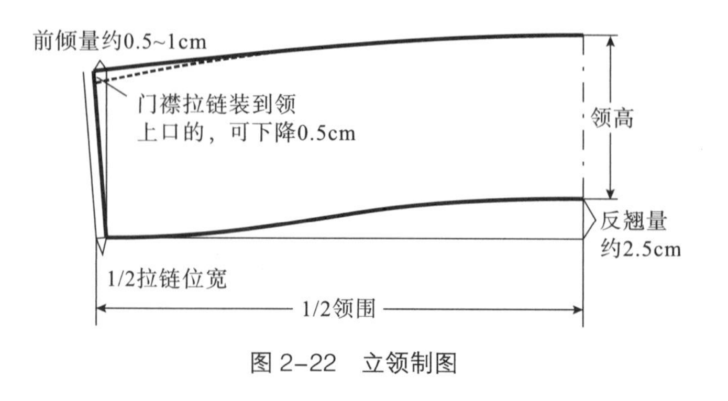

图 2–22　立领制图

（2）可脱卸毛领：棉服、羽绒服做成圆翻领，再配以可脱卸毛领，常用于春秋薄款，男款较少见。领圈设计与一般服装相似，通常前横开领小于或等于后横开领，使其较贴合于人体。以下举两种类型进行说明，一种是比较平坦的款式，贴在大身肩部的效果（图 2–23）；另一种是比较立体的，形成领座的效果（图 2–24）。

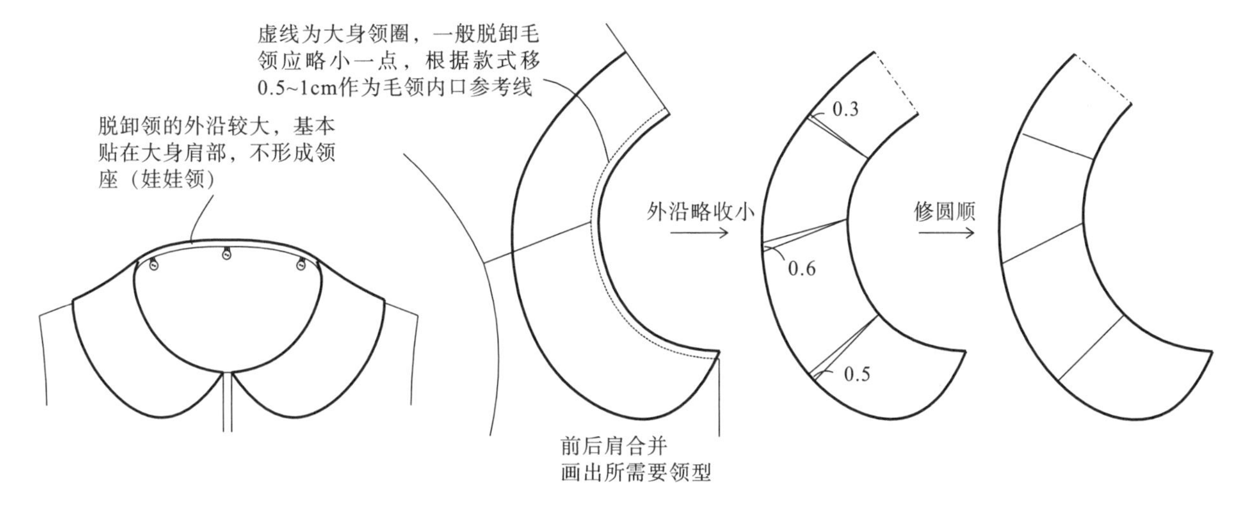

图 2–23　毛领制图（不形成领座）

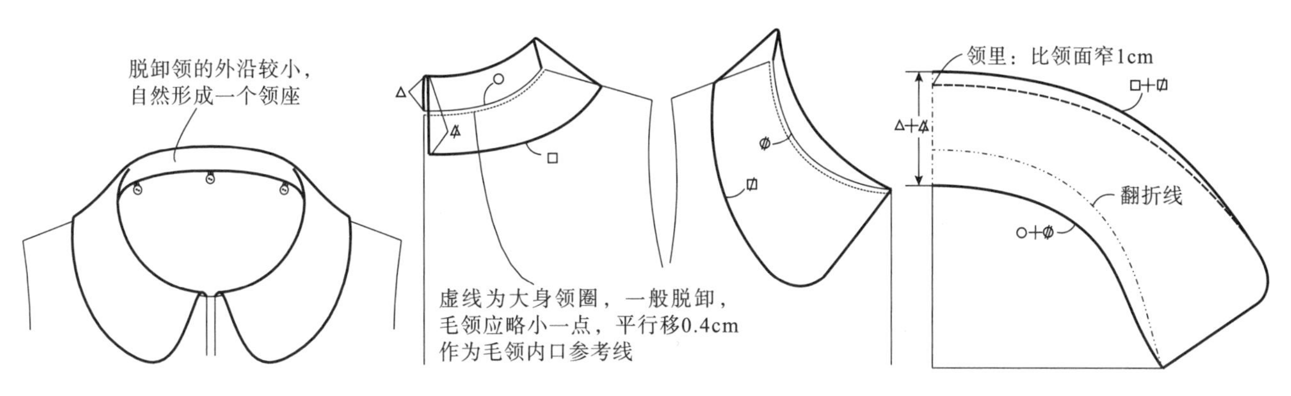

图 2–24　毛领制图（形成领座）

（3）西装翻领：棉服、羽绒服的西装翻领设计，可参考以下制图方法（图 2–25）。

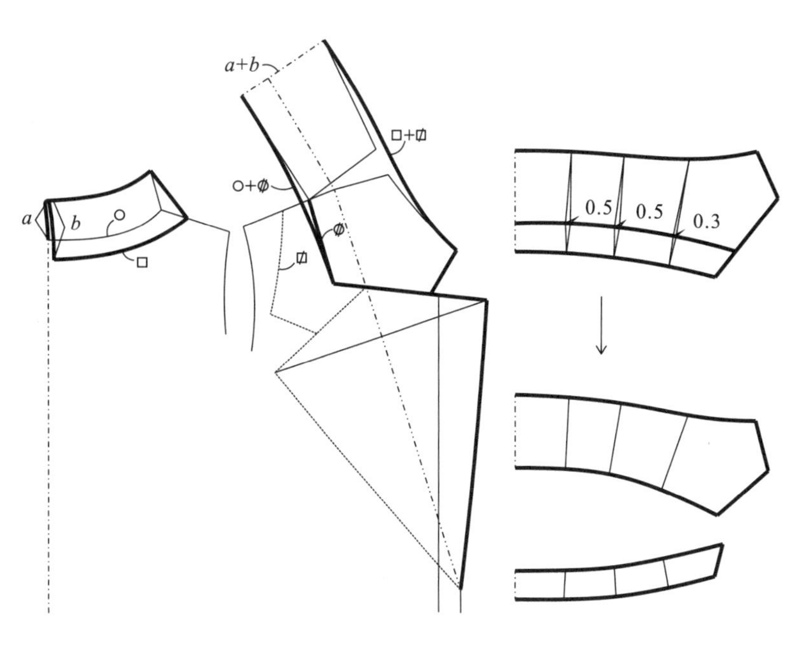

图 2–25　西装翻领制图

（二）帽结构设计

帽的结构与人体头部相关，以下结合人体头部特征来分析帽的结构设计。

1. 结构基础——帽高、帽宽的确定

帽高（沿帽檐测量）的确定，主要取决于头高和装帽的位置（图 2–26）。

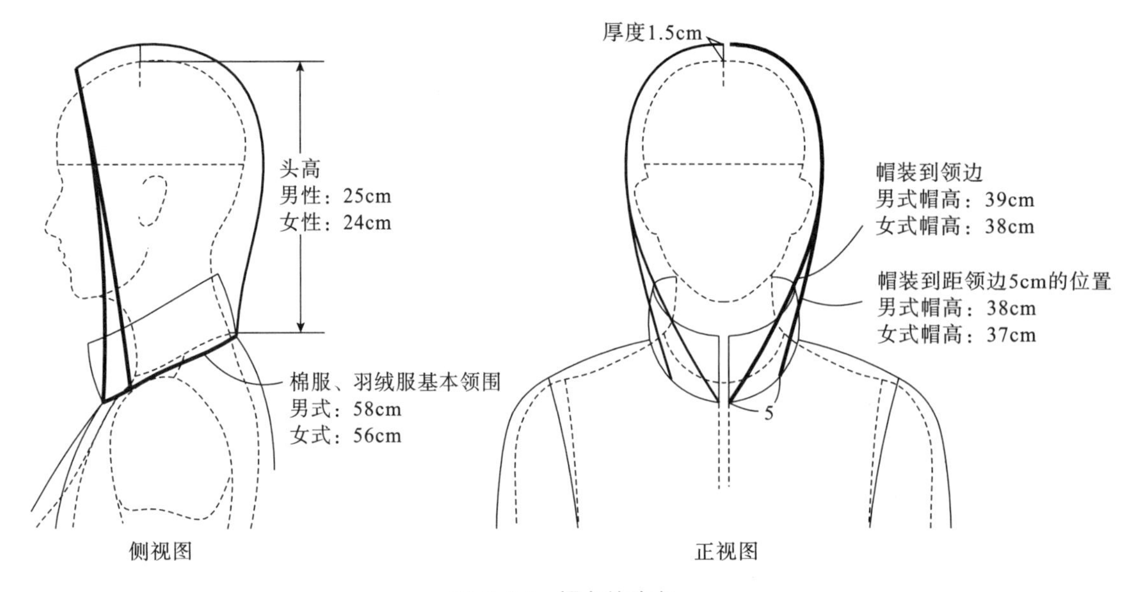

图 2-26　帽高的确定

帽宽的确定，主要取决于头围和帽开口（图 2-27）。

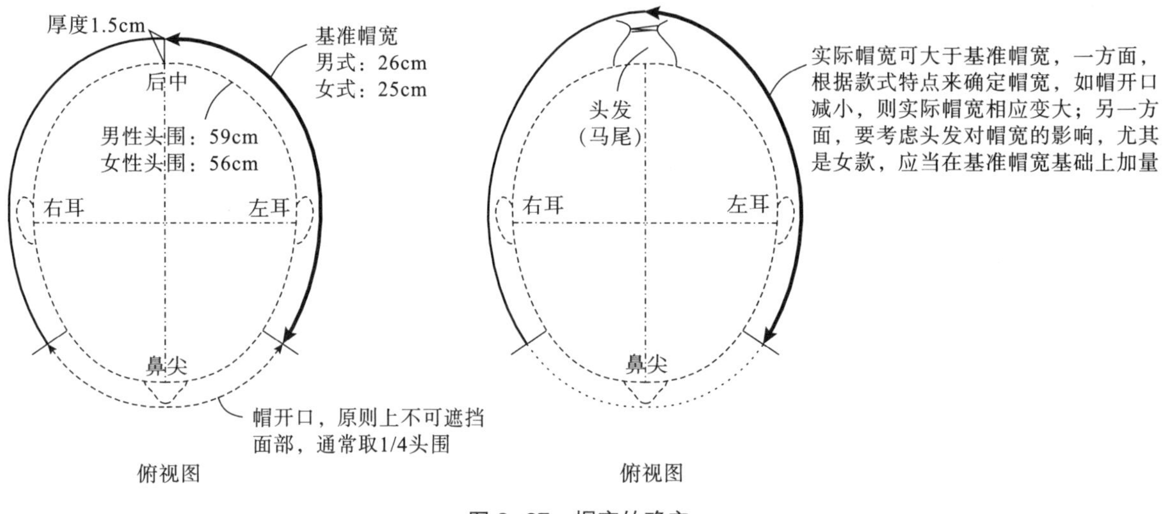

图 2-27　帽宽的确定

2. 不同帽型设计

（1）两片帽：是帽的基本原型，详细制图步骤如下（图 2-28）。

①以帽宽、帽高作矩形。

②前领圈放置于下角 *A* 点，将前领圈两等分，按等分点的切线将前领圈上半段反转过来，得到 *B* 点位置。

③帽后中线平行移 2 ~ 3cm，与过 *B* 点的水平线相交得到 *C* 点。

④将反转过来的后领圈放置于 *BC* 水平线上，后肩颈点即为 *D* 点。

⑤ *BD* 点之间的距离即可作为省量，收一个省。

⑥绘制帽后中线、帽口线。

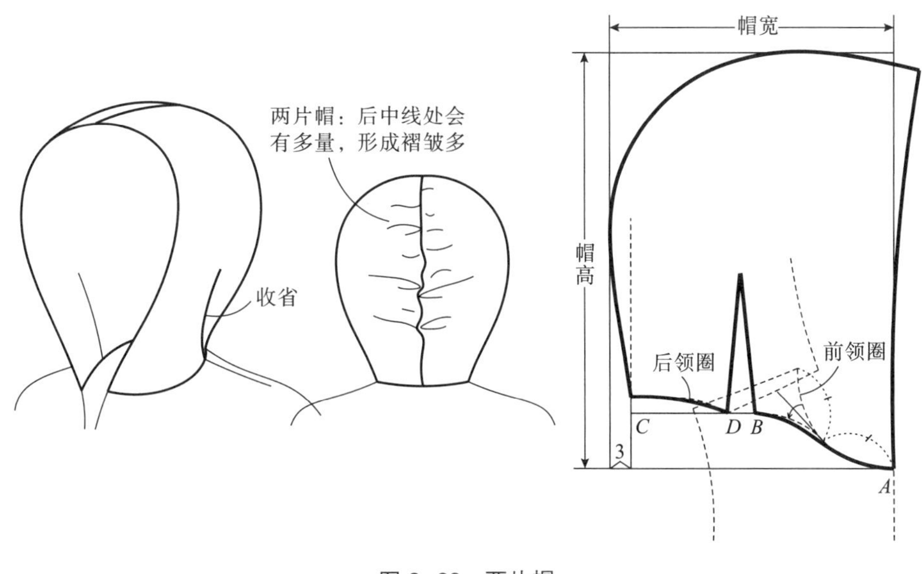

图 2-28　两片帽

（2）三片立体帽：棉服、羽绒服最常见的帽型设计为三片立体帽，结构简单，立体效果较好，符合头部立体造型。其中，帽檐有三种常见类型，制图如下（图 2-29）。

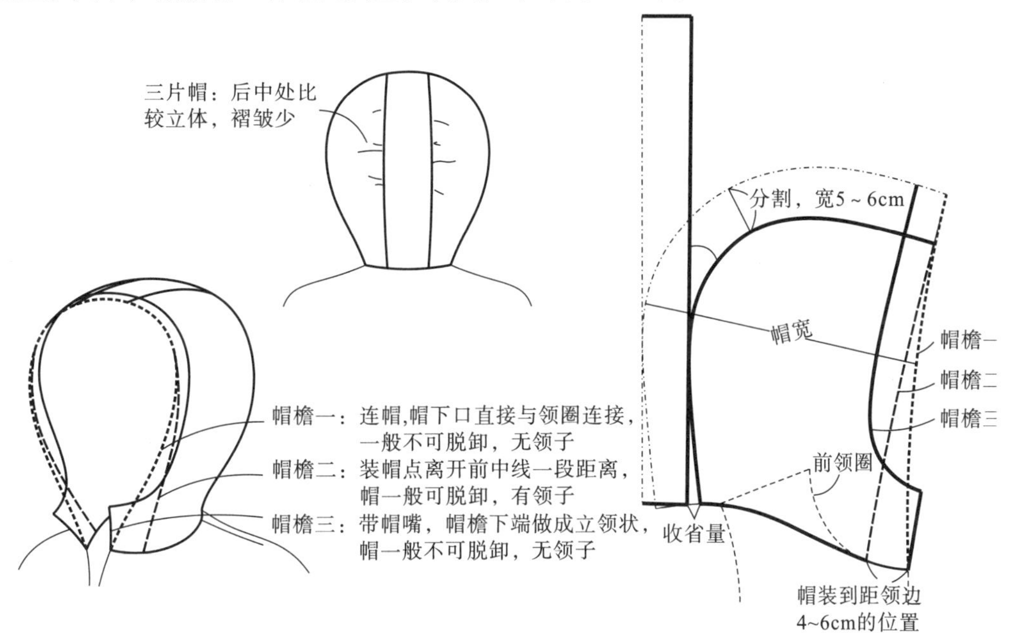

图 2-29　三片立体帽

（三）袖结构设计

1. 结构基础

（1）袖山高与活动性能：袖张开角度，是指袖中线与重垂线之间的夹角，此夹角的大小在很大程度上决定了袖的活动性能（图 2-30）。

对于特殊的运动服装，如登山服，袖的活动性能要求更高，袖山高很小，袖山底处活动松量大，往往会出现“W”型的袖山曲线（图 2-31）。

（2）袖山曲线造型：确定袖山高与袖肥后，袖山的基本结构也已确定，在此基础上，袖山曲线的走向与造型还要参考其他一些参数（图 2-32）。

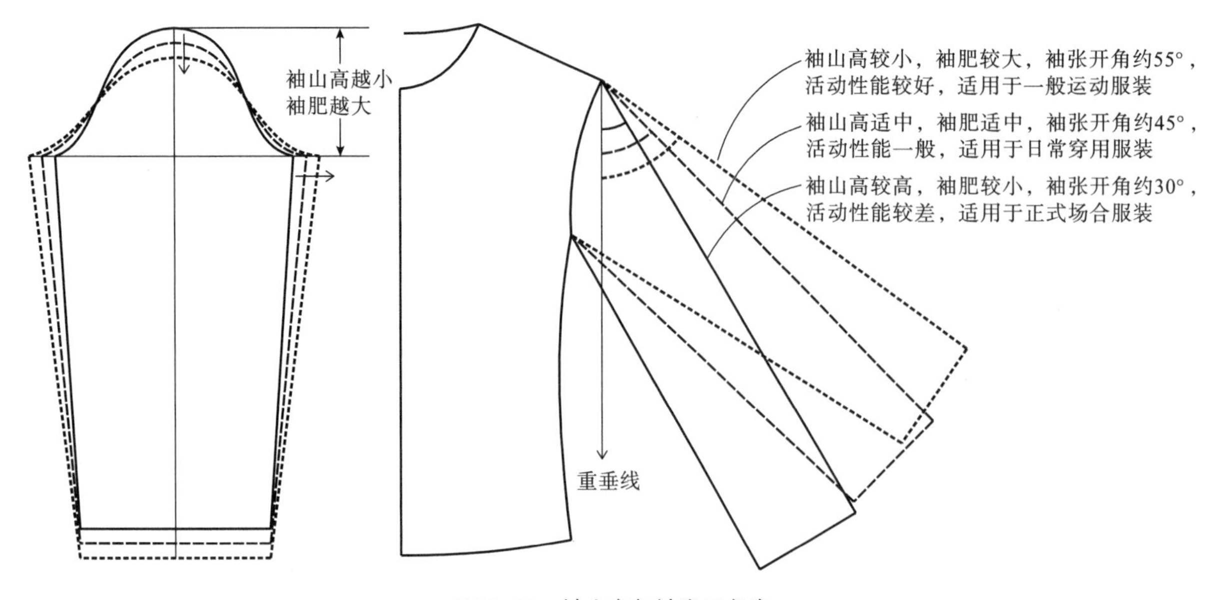

图 2-30　袖山高与袖张开角度

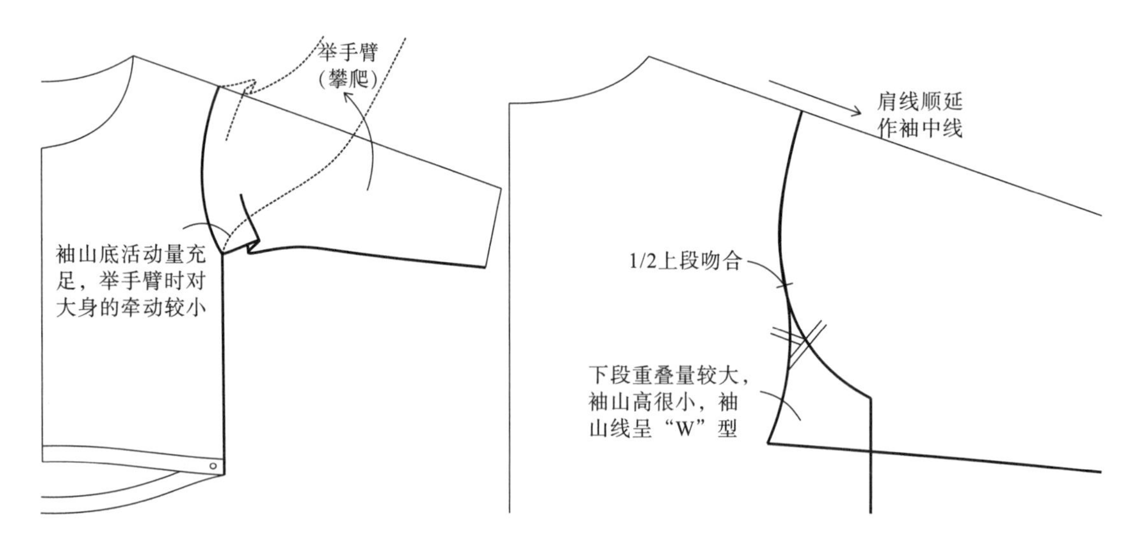

图 2-31　登山服袖型

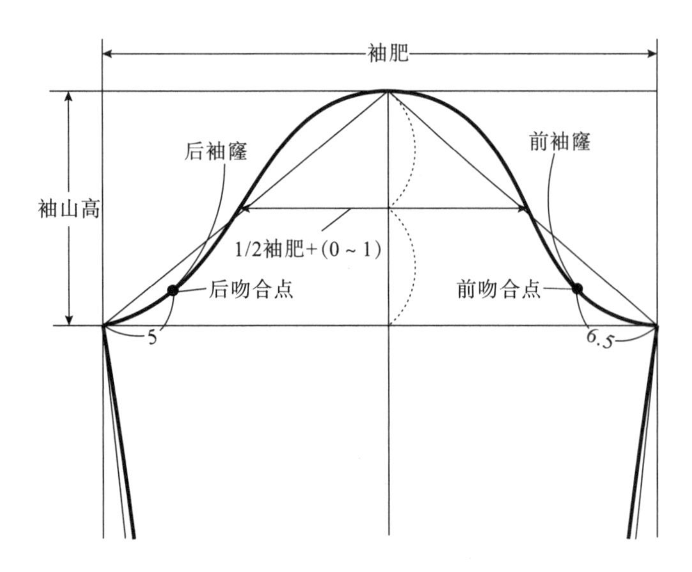

图 2-32　袖山曲线造型

①1/2 袖山高处，水平横向宽度取 1/2 袖肥，再加 0 ～ 1cm（袖肥越小，增加值越大）。

②后袖山下端曲线与后袖窿要匹配，通常吻合长度约 5cm。

③前袖山下端曲线与前袖窿要匹配，通常吻合长度约 6.5cm。

④大身袖窿绱袖时不缉明线，前后袖山弧线比袖窿弧线大 1.5cm 左右（根据面料密度略作调整）。大身袖窿裥明线绱袖，前后袖山弧线比袖窿弧线小 1cm 左右。

（3）袖肩互借：袖山顶与衣片肩部可以互借，尤其女式服装经常出现，如泡泡袖，通过减窄肩宽，加高袖山来实现（图 2–33）。

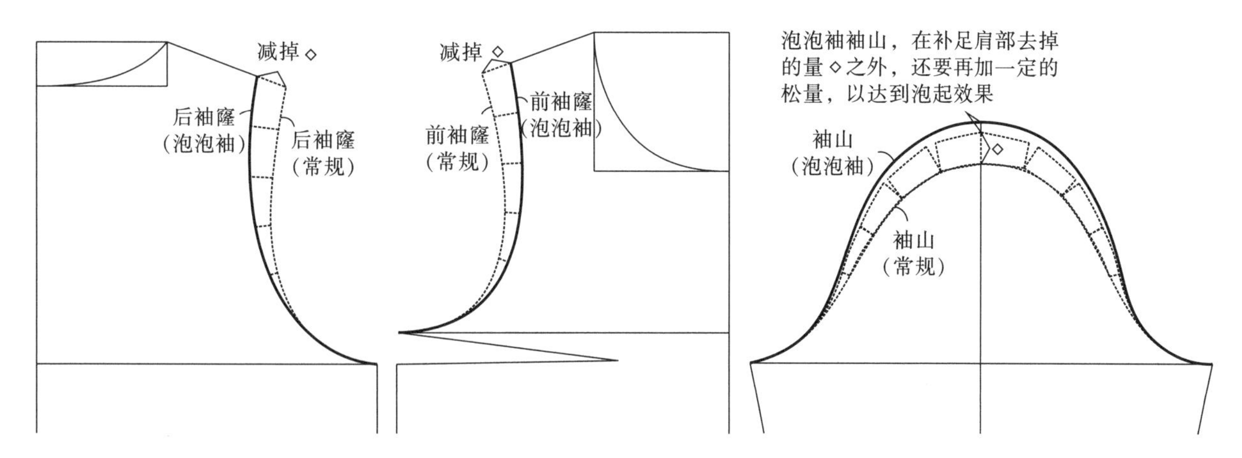

图 2–33　袖肩互借（泡泡袖）

2. 不同袖型设计

（1）一片袖：棉服、羽绒服最常见的袖型为一片袖（图 2–34）。

（2）两片袖：较为合体的棉服、羽绒服，也常设计成两片袖（图 2–35）。

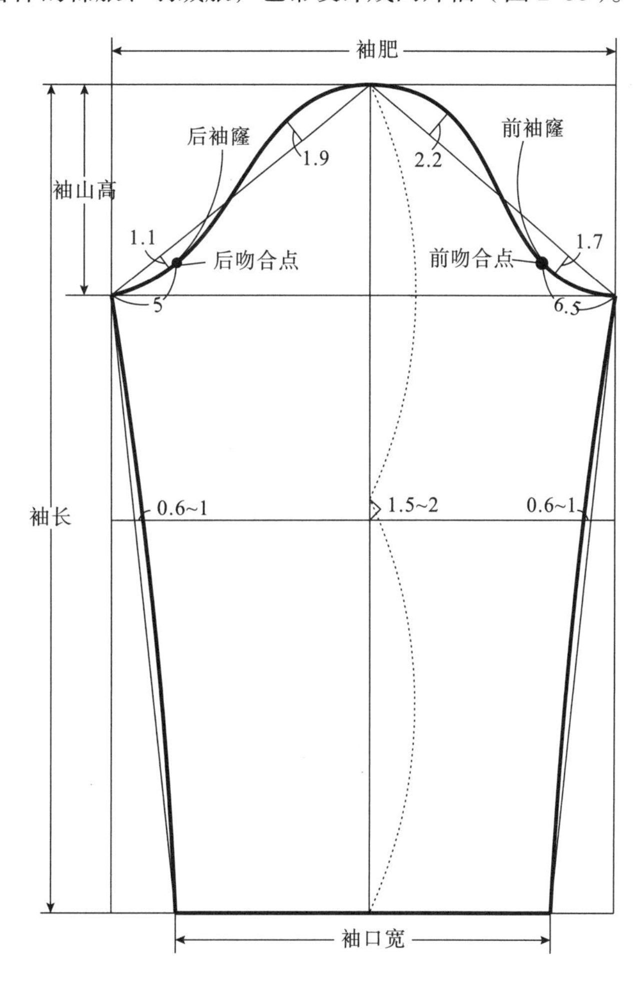

图 2–34　一片袖

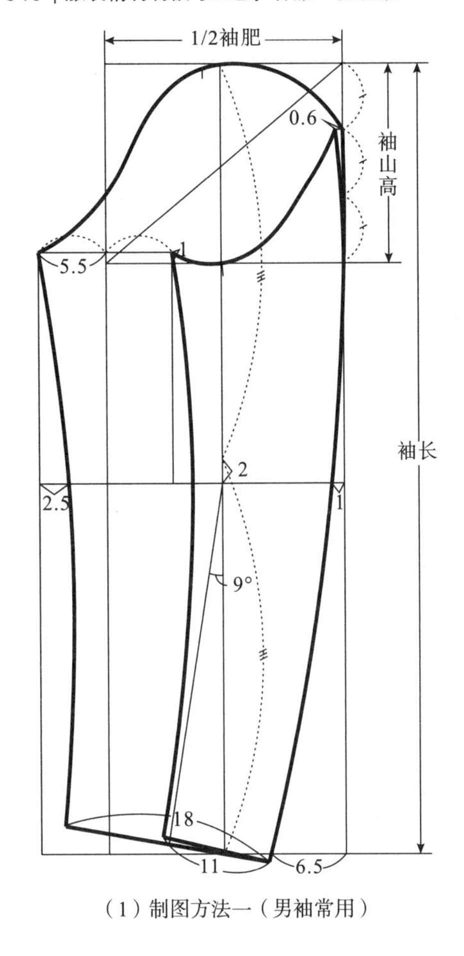

（1）制图方法一（男袖常用）

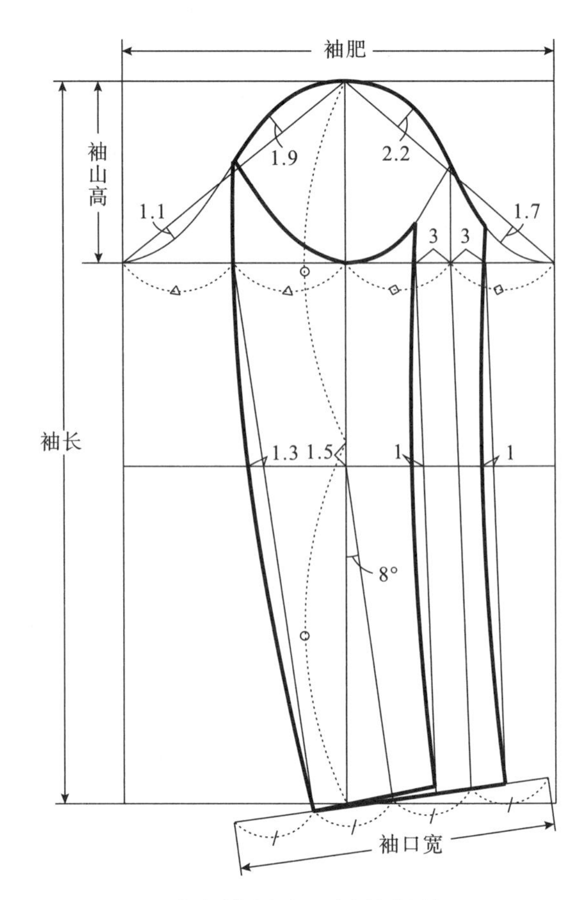

（2）制图方法二（女袖常用）

图 2-35　两片袖

（3）三片袖：运动型棉服、羽绒服，可以采用三片立体袖，该袖型袖肘部弯曲度较大（图 2-36）。

七、局部结构修正

（一）局部结构线条修正

棉服、羽绒服由于厚度较大，产生泡起现象，会导致线条发生变形，在结构设计时要充分考虑到线条变形对结构的影响（图 2-37）。

棉服、羽绒服在制图时应遵循一个基本原则——“不顺则顺”，即边角、相拼接等部位，结构线条内凹时，成衣效果反而顺滑。如领圈、公主线处下摆、前中处下摆等要根据基本原则，修正局部结构线条，注意通常棉服可以不修正或较小修正，羽绒服则必须修正（图 2-38）。

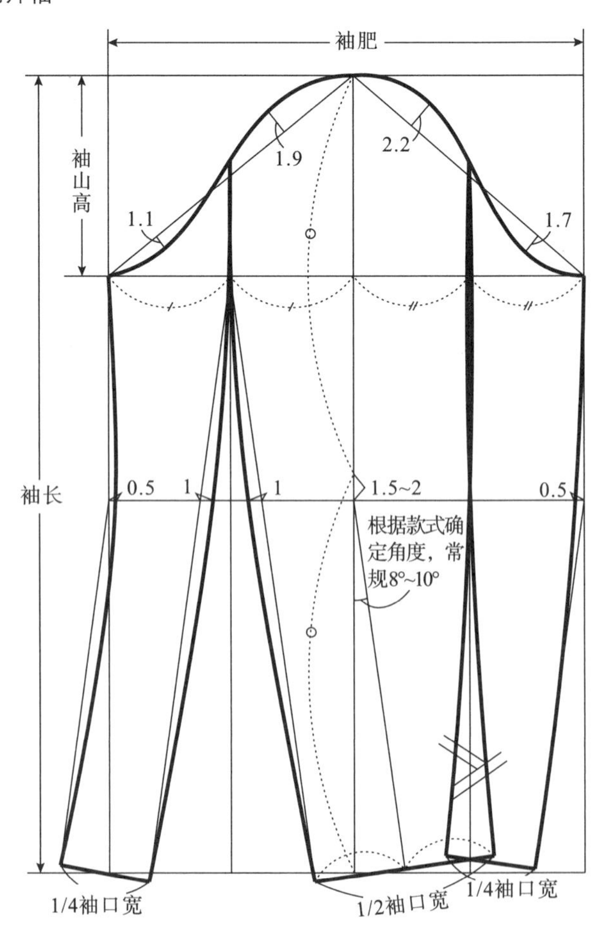

图 2-36　三片袖

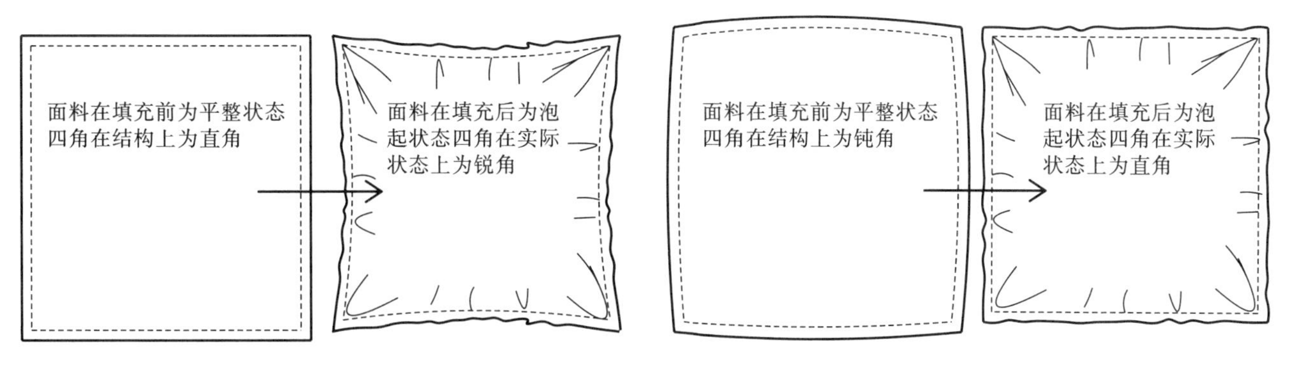

图 2-37 线条变形现象

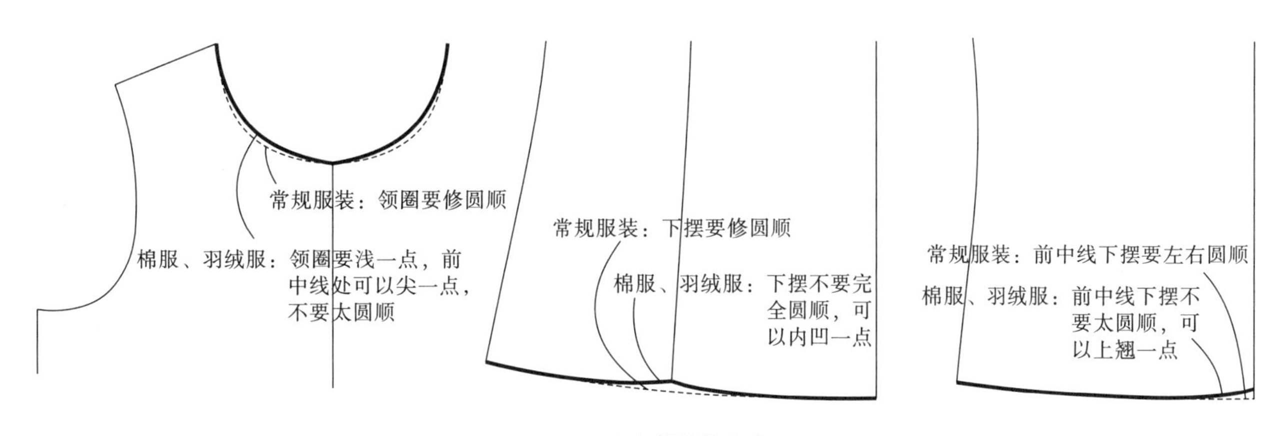

图 2-38 局部结构线条修正

（二）公主线修正

进行公主线结构设计时，一般外弧线自然大于内弧线，如果是常规服装，可通过归拔工艺来完成，但棉服、羽绒服不适合归拔处理，故要进行修正处理，使其内、外弧线相等，另外相拼接的弧线要尽量吻合，以避免起拱不平服（图 2-39）。

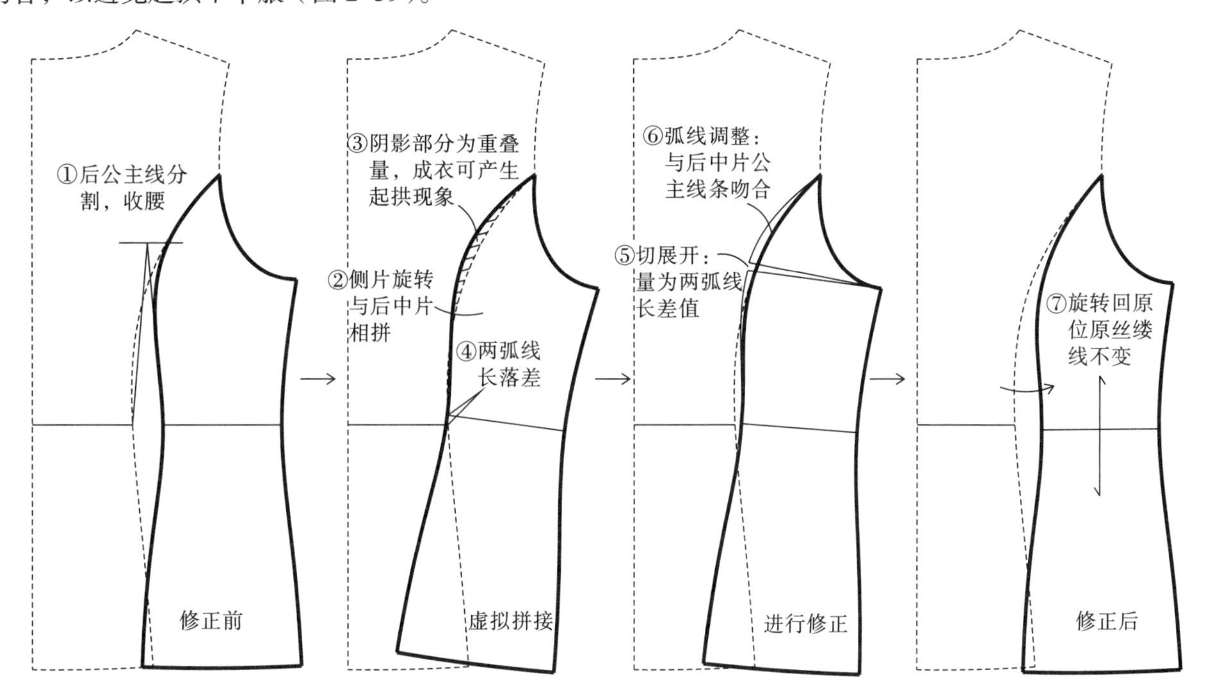

图 2-39 公主线修正

（三）胸省处理

女式棉服、羽绒服常涉及胸省的处理，但在处理方法上与常规服装有所不同，通常要对胸省量进行多方位转移，并在转移时尽量避免产生“归拔”，具体处理如图 2-40 所示。

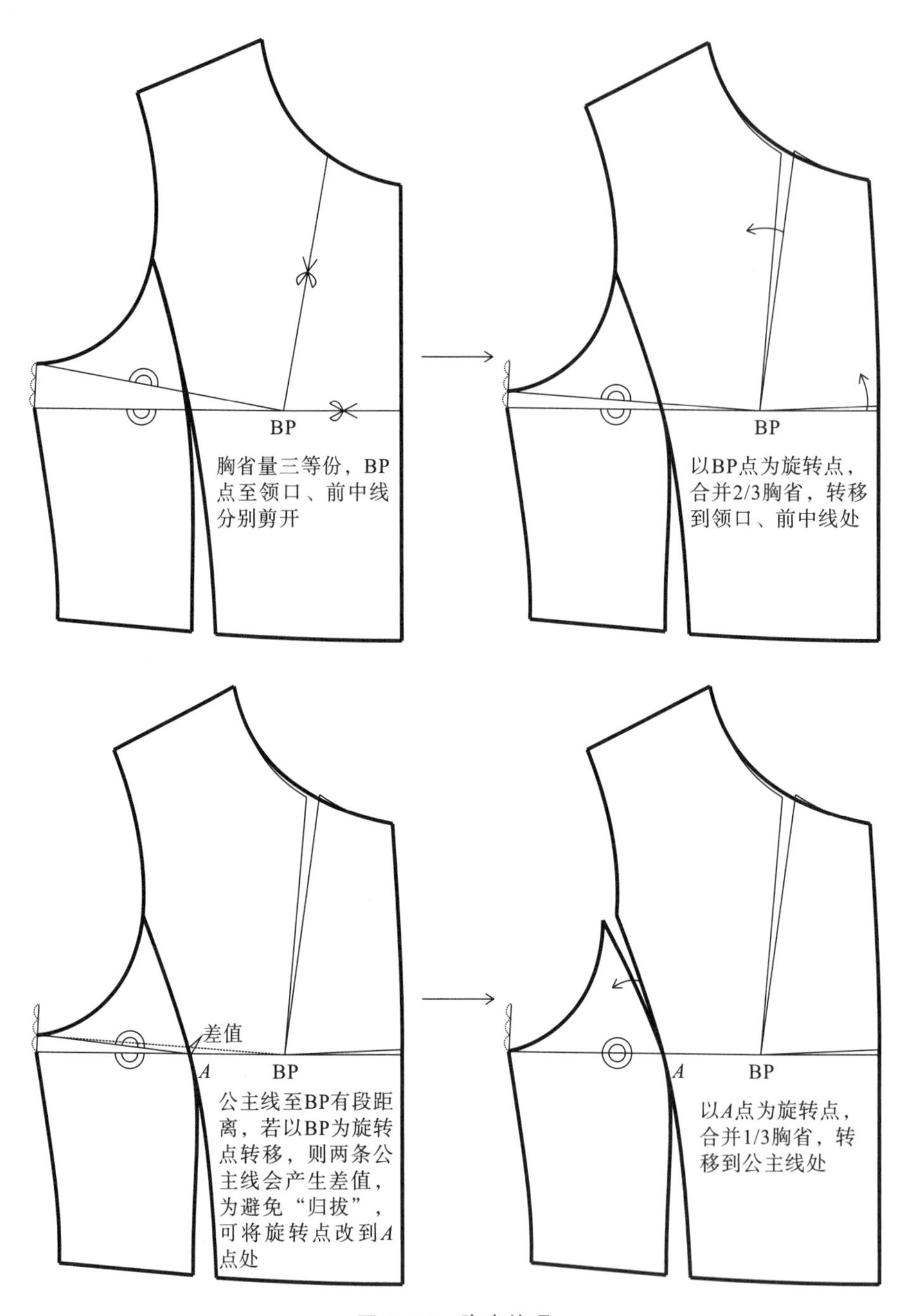

图 2-40　胸省处理

第三章　棉服、羽绒服基本型结构制图

进行棉服、羽绒服结构制图时，应根据款式特点与结构比例制定规格，并按照规格制图，然后剪取纸样，剪取纸样的顺序一般为：大身→袖→领→帽→口袋，防止遗漏，依次制作面布纸样、胆布纸样与里布纸样。

通常，男款服装门襟为左身在上，右身在下，称为“左搭右”；女款服装门襟为右身在上，左身在下，称为“右搭左”。所以，服装制图时，男式只画左半身，女式只画右半身。

一、男式棉服基本型结构制图

（一）款式

基本型。衣长及臀，不收腰，两片袖，立领，前中线处装拉链，两侧开单嵌线袋。两层结构，面布与喷胶棉一起绗线，里布无绗线（图 3–1）。

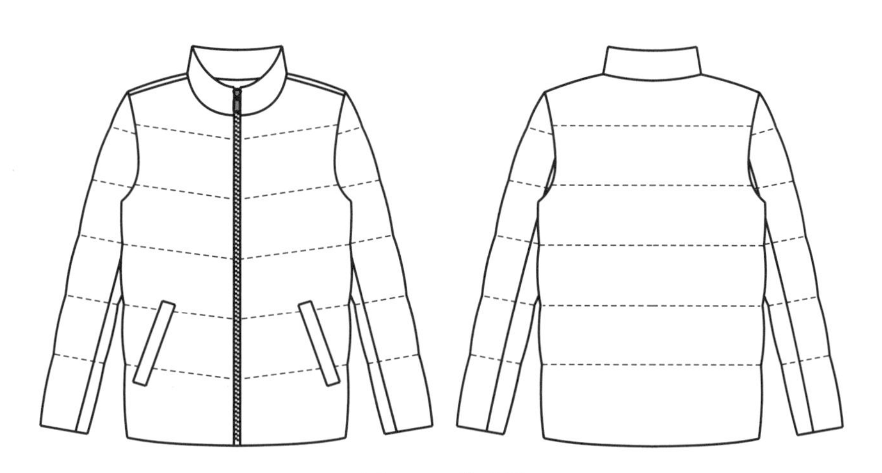

图 3–1　款式图

（二）面料、辅料（表 3–1）

表 3–1　面料、辅料

类型	使用部位	材料	简称
面布	大身、袖、过面、领、后领贴、袋嵌线布、袋垫布	亚光尼丝纺	面
里布	大身、袖、袋布	300T 消光春亚纺	里
填充物	大身	200g/m^2 喷胶棉	棉 200
	袖、领	140g/m^2 喷胶棉	棉 140
	袋嵌线	100g/m^2 针棉	棉 100

（三）规格设计（表3-2）

表3-2　成品规格（170/88A）　　单位：cm

序号	部位	规格	档差	序号	部位	规格	档差
1	后中长	70	2	8	摆围	108	4
2	肩宽	46.5	1.2	9	袖长	63	1
3	后背宽	44	1.2	10	袖窿围	54	2
4	前胸宽	42.5	1.2	11	袖肥	41	1.5
5	胸围	112	4	12	袖口围	29	1
6	腰节长	44	1	13	领围	58	1.5
7	腰围	110	4	14	袋口长	16.5	0.5

（四）结构制图（图3-2）

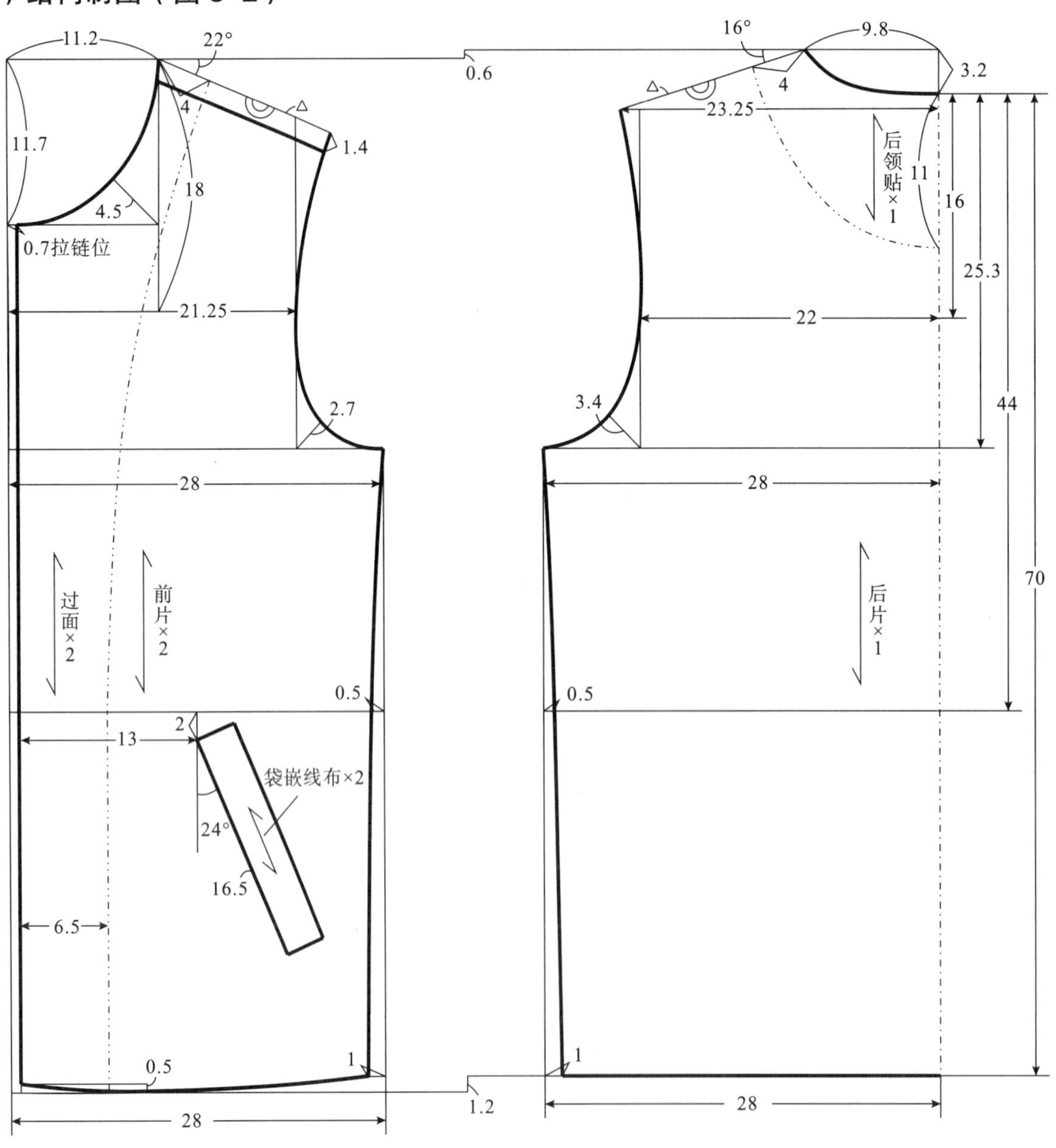

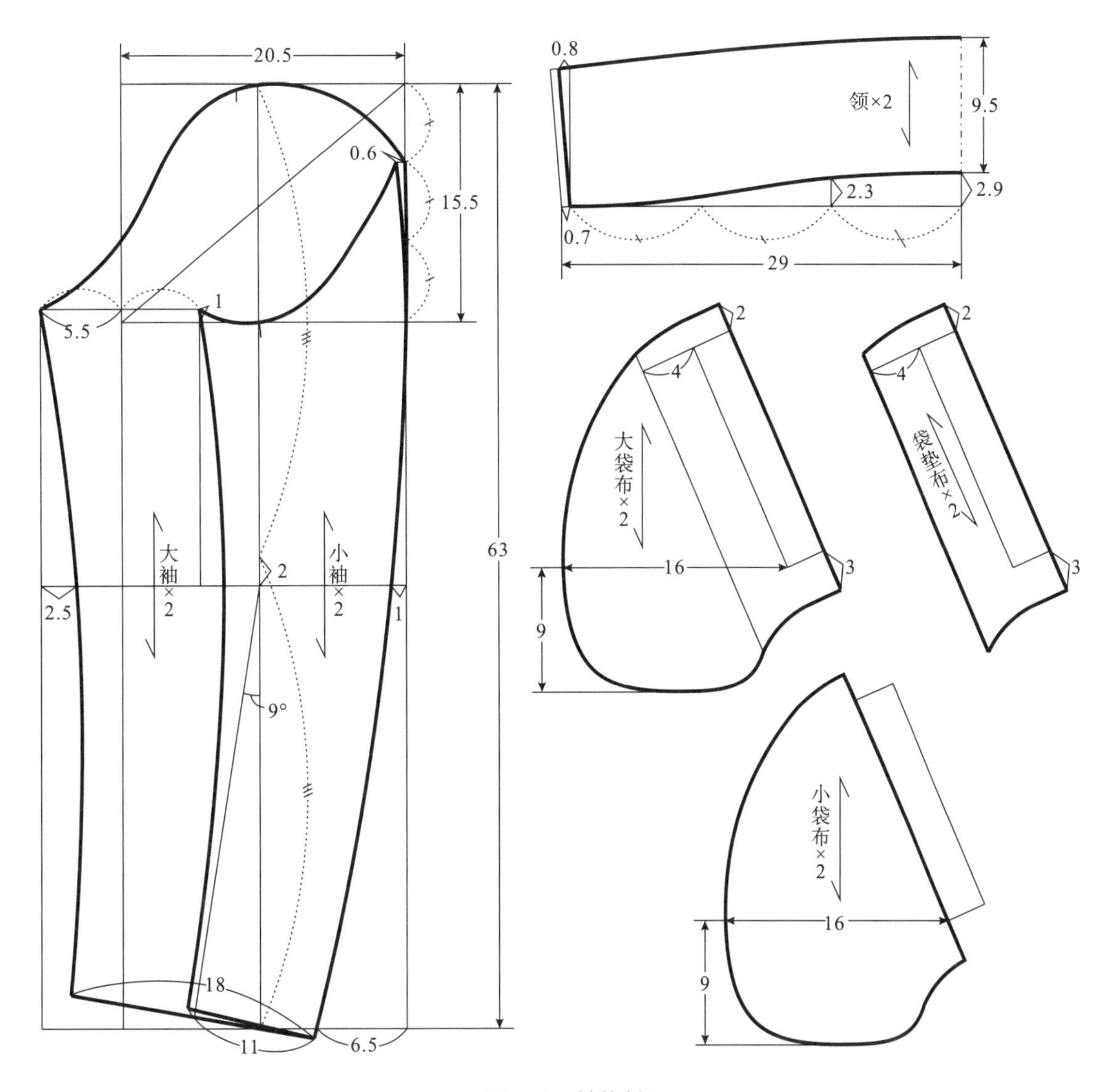

图 3-2　结构制图

（五）面料纸样、辅料纸样

1. 面布纸样、填充物纸样

面布纸样是在净板纸样上增加缝份得到，棉服常规缝份设定：除下摆外，其余缝份为 1cm。下摆、袖口缝份需根据折边宽度而定，如设定缝份为 4cm，其中 1cm 用于与里布缝合，3cm 作为折边宽，过面长度要相应地减短 3cm。填充物与面布一起四周固定，填充物纸样与面布纸样相同，但一些工厂因生产设备及工人技术水平限制，喷胶棉纸样可适当比面布纸样大，详见“第三部分 制作工艺实训”。为了减少下摆、袖口反折处的厚度，下摆、袖口净线处的喷胶棉长度加长 1cm，使边缘显得饱满即可（图 3-3）。

2. 里布纸样

里布纸样要根据结构特点制作，首先去掉后领贴、过面等，然后进行松量处理。

围度方向：通常不加松量，只需将袖窿底上抬 0.6cm、袖山底上抬 1.4cm，以避开面布缝份高度。

长度方向：后中长不变，与过面相拼处减 3cm（因为下摆折边 3cm，过面也相应减短 3cm）；袖长不变（图 3-4）。

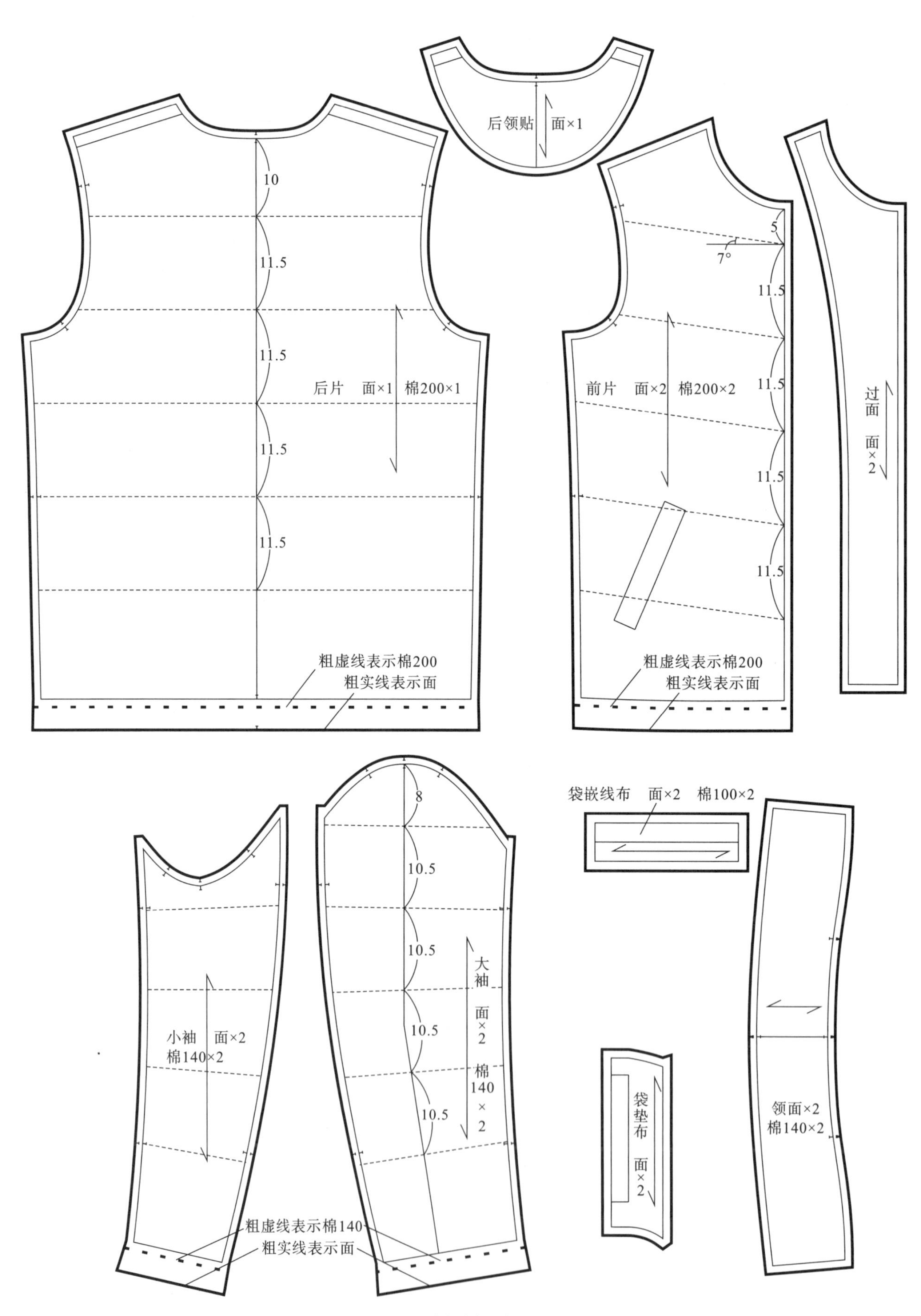

图 3-3 面布纸样、填充物纸样

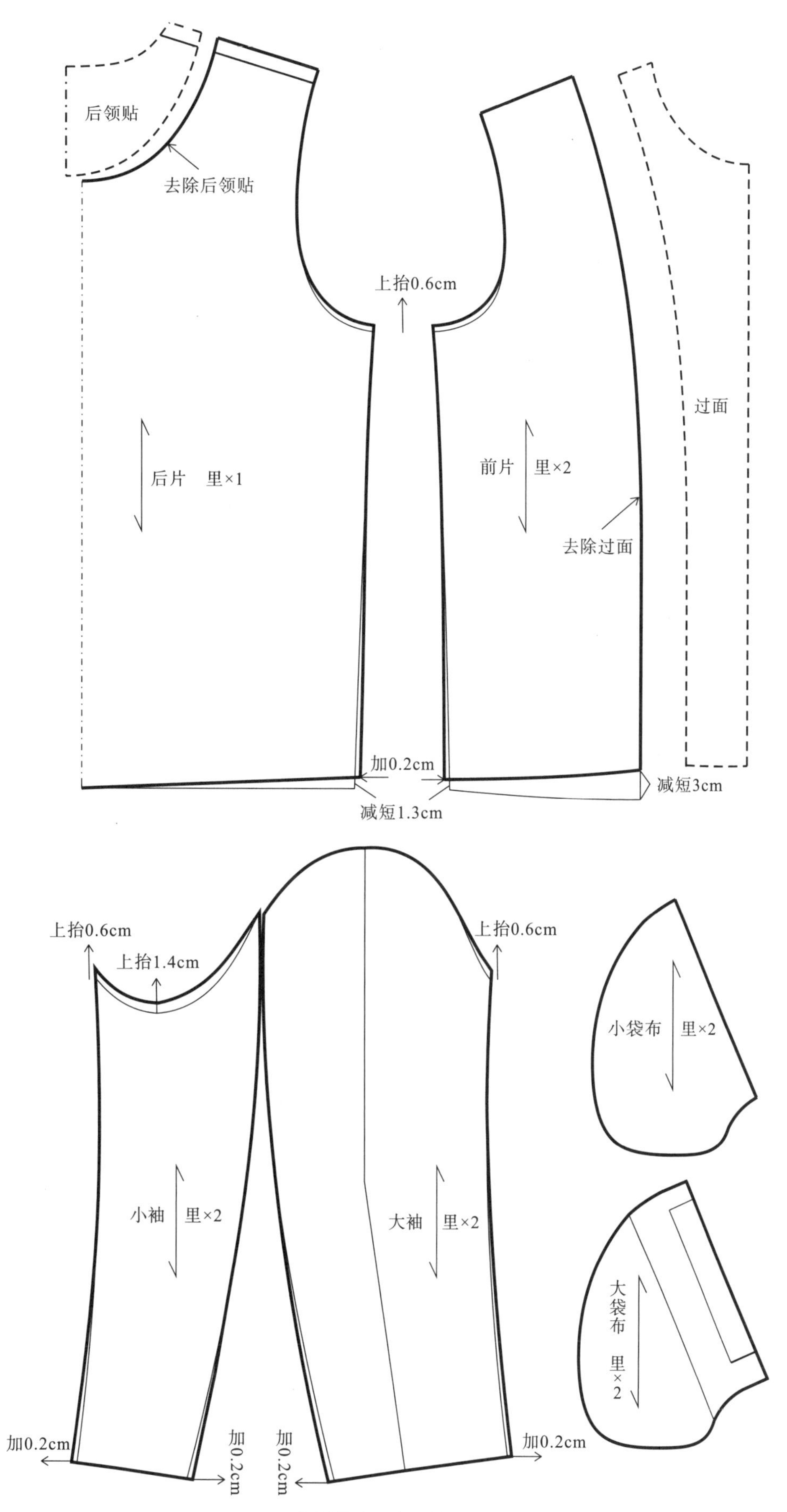

图 3-4　里布纸样（不含缝份，缝份全部 1cm）

二、男式羽绒服基本型结构制图

（一）款式

基本型。衣长及臀，大身为三片，不收腰，一片袖，立领，可脱卸帽，前中线处装拉链，两侧开单嵌线袋。四层结构，面布与胆布一起绗线，里布无绗线（图 3–5）。

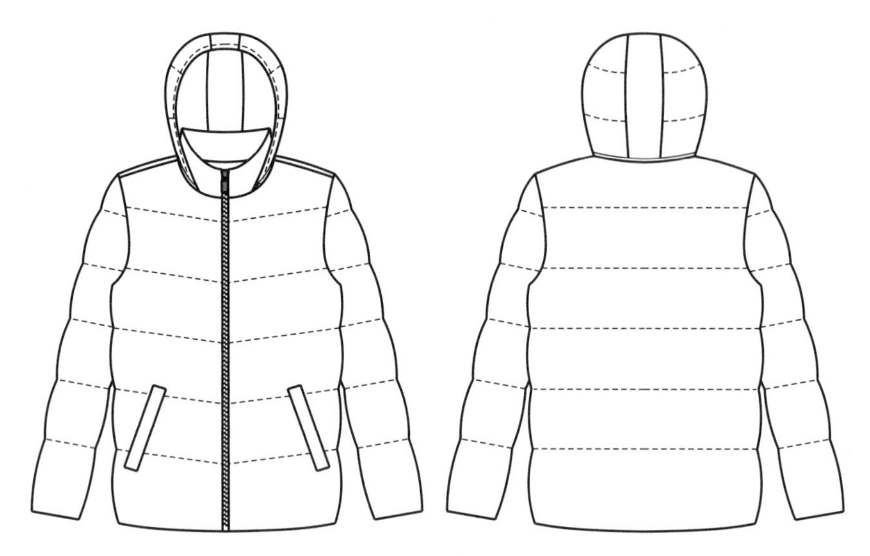

图 3–5 款式图

（二）面料、辅料（表 3–3）

表 3–3 面料、辅料

类型	使用部位	材料	简称
面布	大身、袖、过面、帽、领、后领贴、袋嵌线布、袋垫布	亚光尼丝纺	面
里布	大身、袖、袋布	300T 消光春亚纺	里
胆布	大身、袖、领、帽、袋嵌线布	40 旦涤丝纺	胆
填充物	大身、袖	灰鸭绒（含绒量 80%）	绒
	帽、领	140g/m² 喷胶棉	棉 140
	袋嵌线	100g/m² 针棉	棉 100

（三）规格设计（表 3–4）

表 3–4 成品规格（170/88A） 单位：cm

序号	部位	规格	档差	序号	部位	规格	档差
1	后中长	72	2	4	前胸宽	43	1.2
2	肩宽	47.5	1.2	5	胸围	116	4
3	后背宽	44.5	1.2	6	腰节长	46	1

续表

序号	部位	规格	档差	序号	部位	规格	档差
7	腰围	114	4	12	袖口围	31	1
8	摆围	112	4	13	领围	58	1.5
9	袖长	65	1	14	帽高	38	0.5
10	袖窿围	56	2	15	帽宽	27.5	0.5
11	袖肥	43	1.5	16	袋口长	16.5	0.5

（四）结构设计（图 3–6）

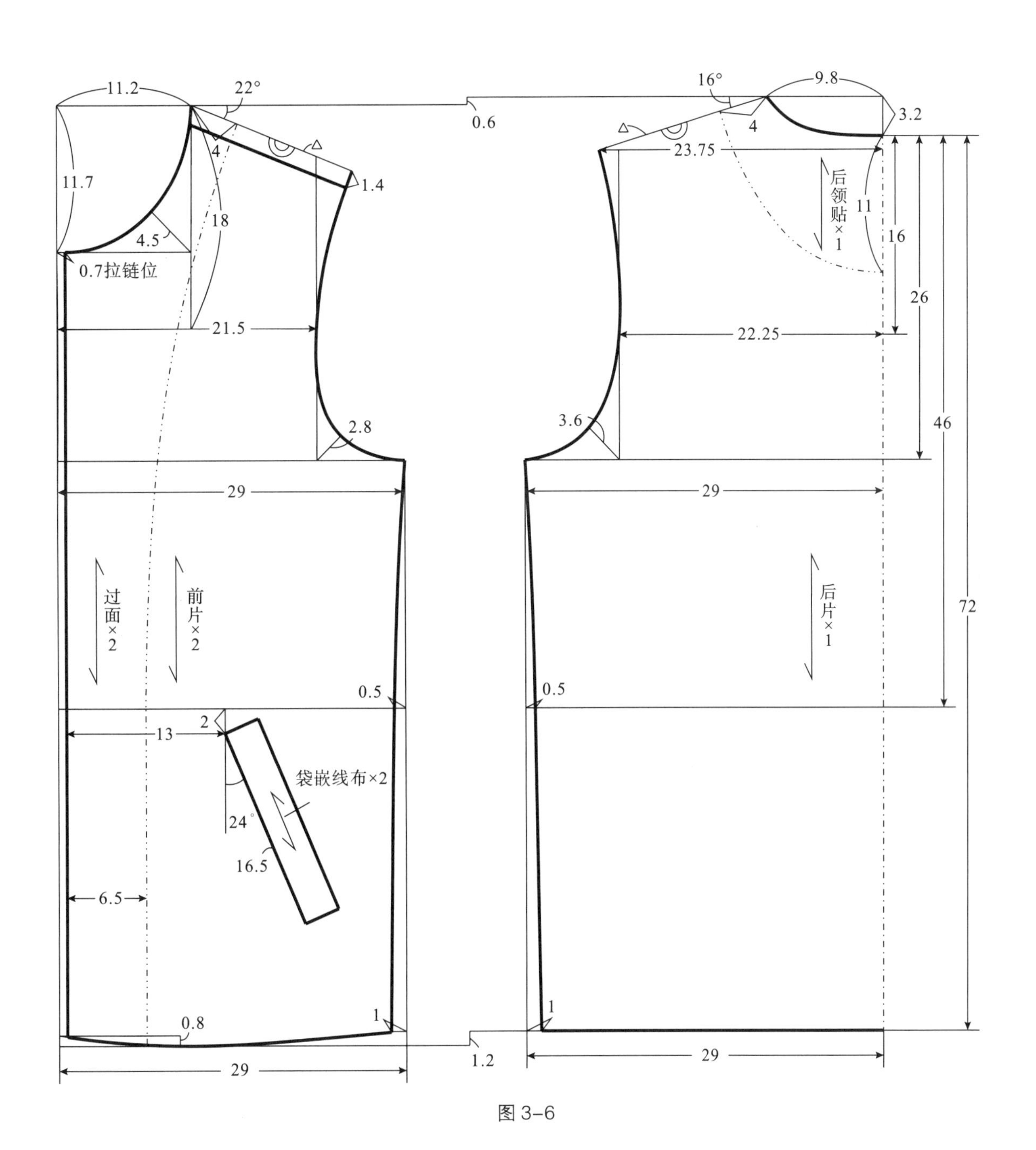

图 3–6

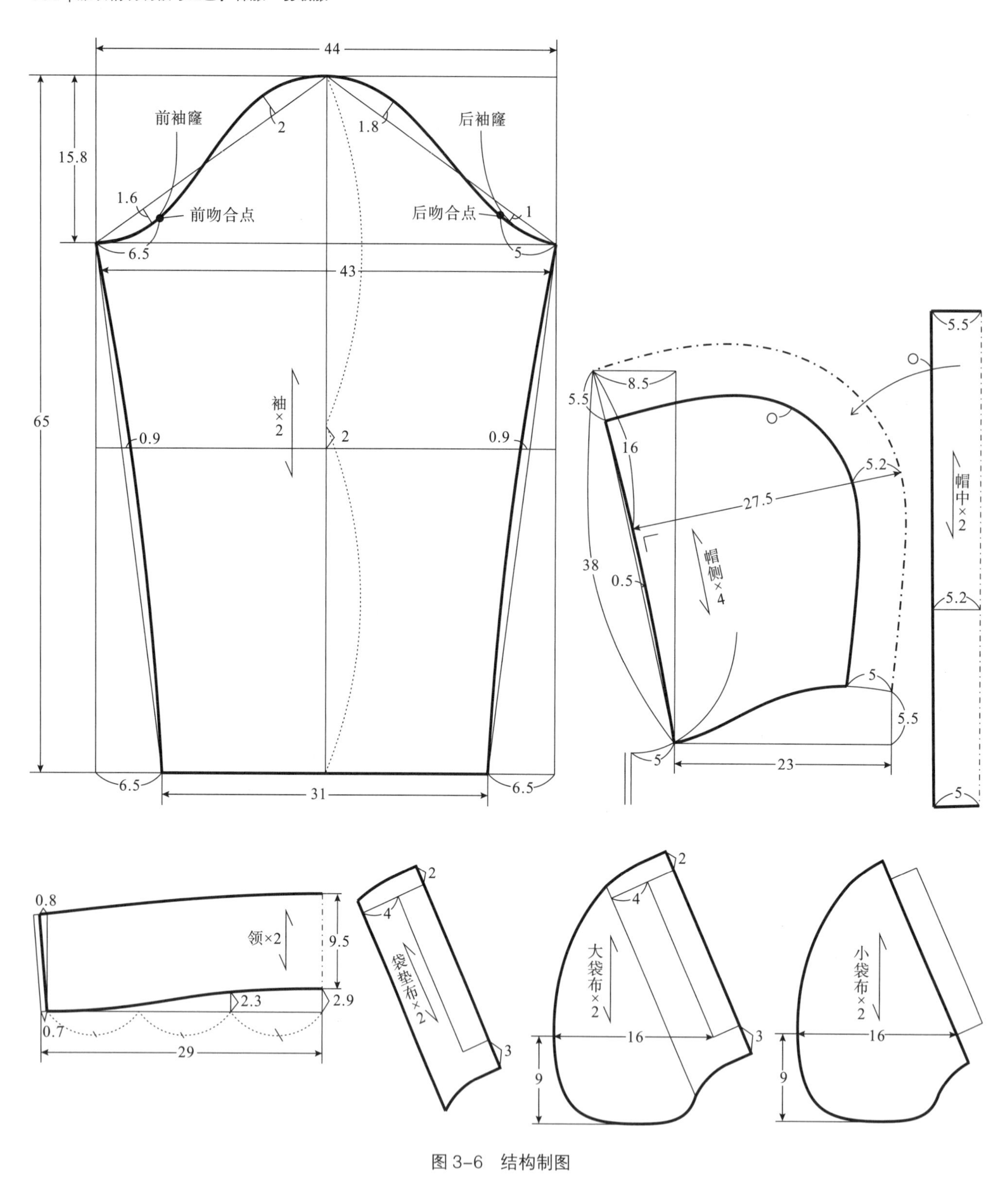

图 3-6 结构制图

（五）面料纸样、辅料纸样

1. 面布纸样、填充物纸样

面布纸样是在净板纸样上增加缝份得到，羽绒服常规缝份设定：除下摆外，其余缝份为 1cm。下摆、袖口缝份需根据折边宽度而定，如设定缝份为 4cm，其中 1cm 用于与里布缝合，3cm 作为折边宽，过面长度要相应地减短 3cm，其中帽、领、袋嵌线的填充物与面布一起四周固定，填充物纸样与面布纸样一样（图 3-7）。

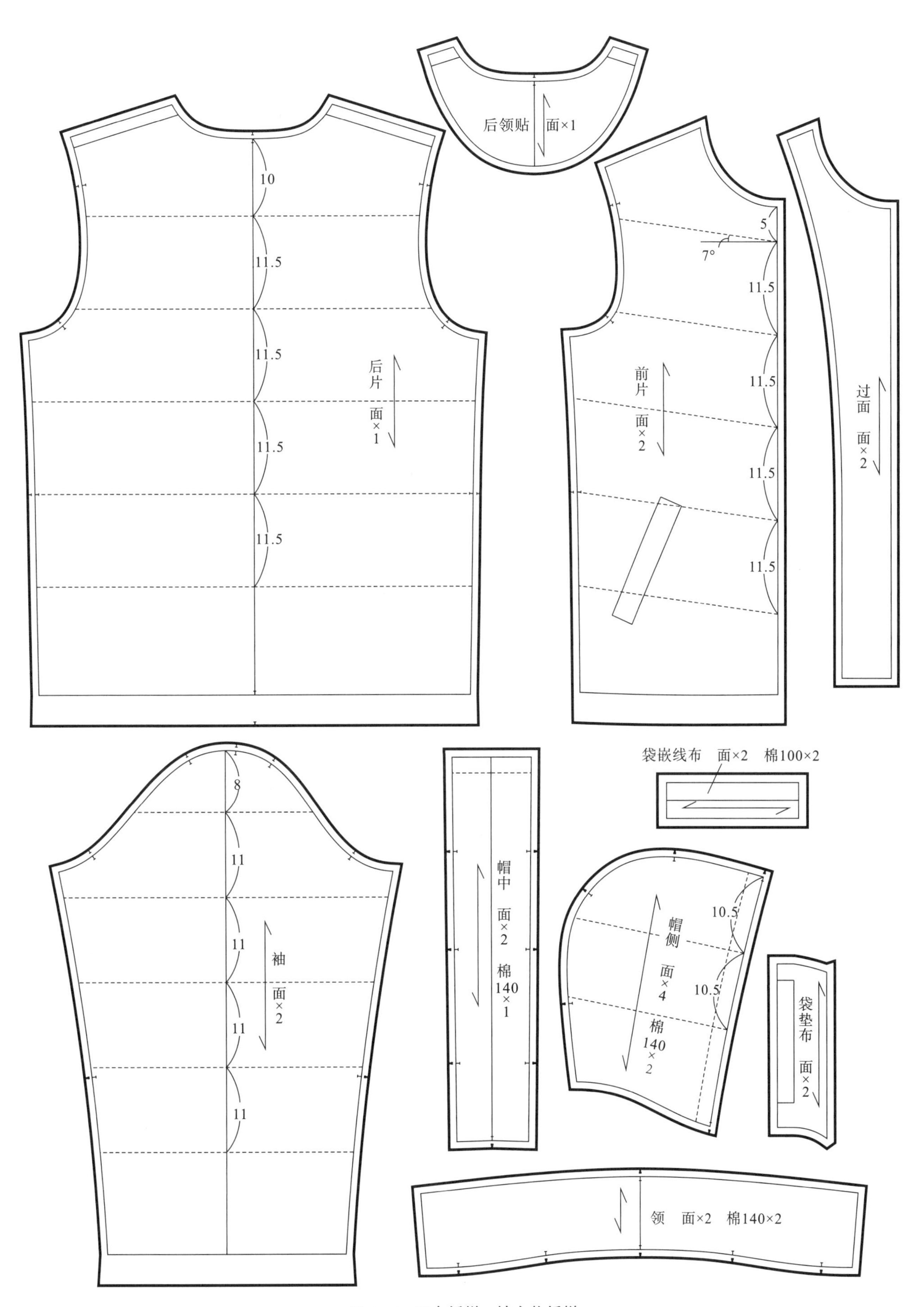

图 3–7 面布纸样、填充物纸样

2. 胆布纸样（图 3-8）

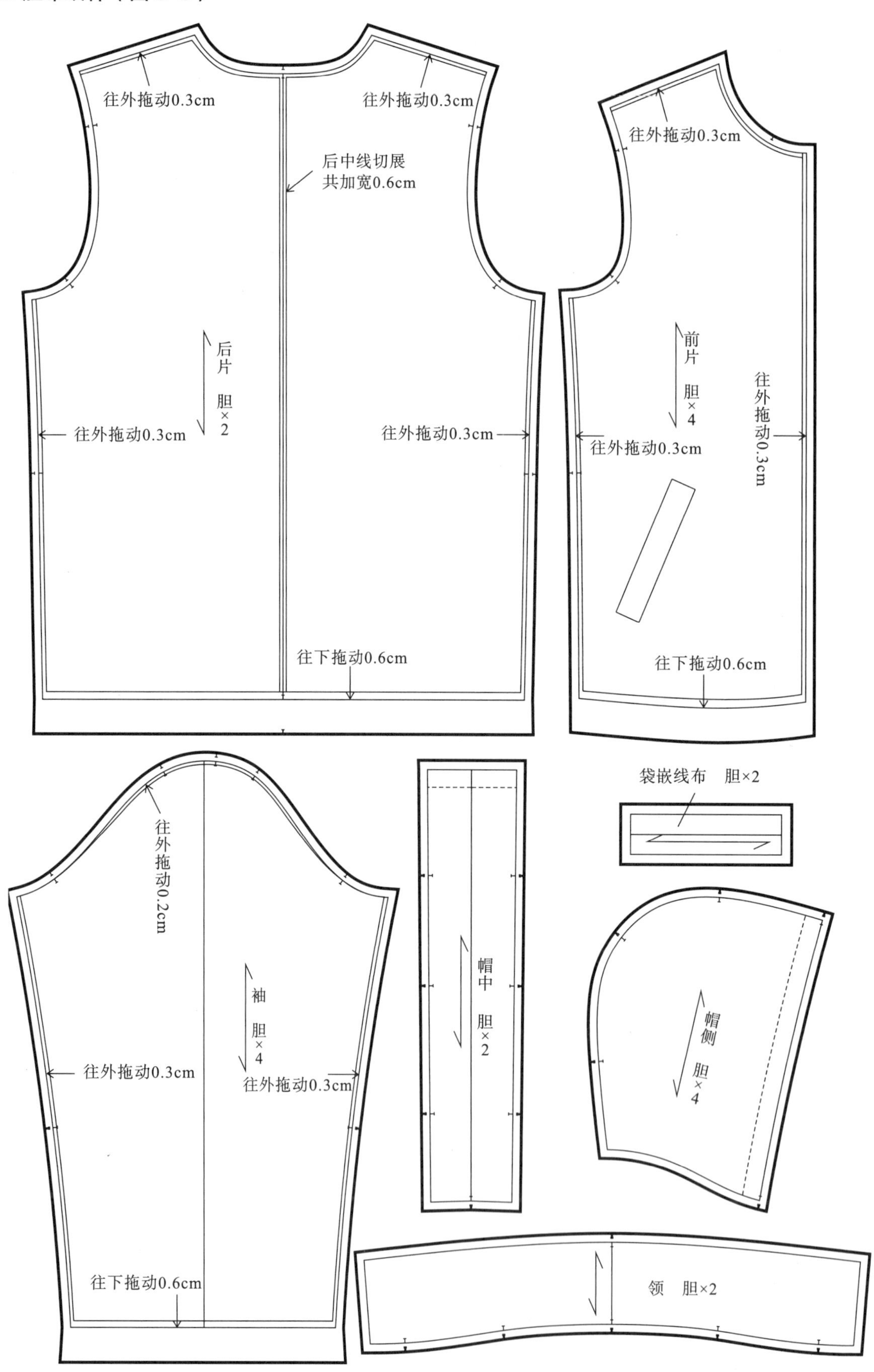

图 3-8 胆布纸样

胆布纸样涉及填充羽绒的部位（大身、袖）；另外，若面布是浅色的，为防止色差，还会涉及填充喷胶棉的部位（帽、领、袋嵌线布）。

（1）大身胆布纸样：每 1/4 大身横向加 0.6cm，纵向加 0.9cm。

采用变形法，在面布纸样上进行变动，即在后中线处加宽 0.6cm，前侧缝、后侧缝、前中线各往外拖动 0.3cm，肩缝往外拖动 0.3cm，下摆往下拖动 0.6cm。

（2）袖胆布纸样：横向加 0.6cm，纵向加 0.8cm。

采用变形法，在面布纸样上进行变动，即在袖底缝每边往外拖动 0.3cm，袖山往外拖动 0.2，袖口往下拖动 0.6cm。

（3）帽、领、袋嵌线布胆布纸样：通常与面布纸样相同即可。

3. 里布纸样

通常，根据结构特点制作里布纸样，首先去掉后领贴、过面等，然后进行松量处理。

围度方向：通常不加松量，只需将袖窿底上抬 0.6cm、袖山底上抬 1.4cm，以避开面布缝份高度。

长度方向：后中长减短 2cm，与过面相拼处减 3cm（因为下摆折边 3cm，过面也相应减短 3cm）；袖长减短 0.6cm（图 3-9）。

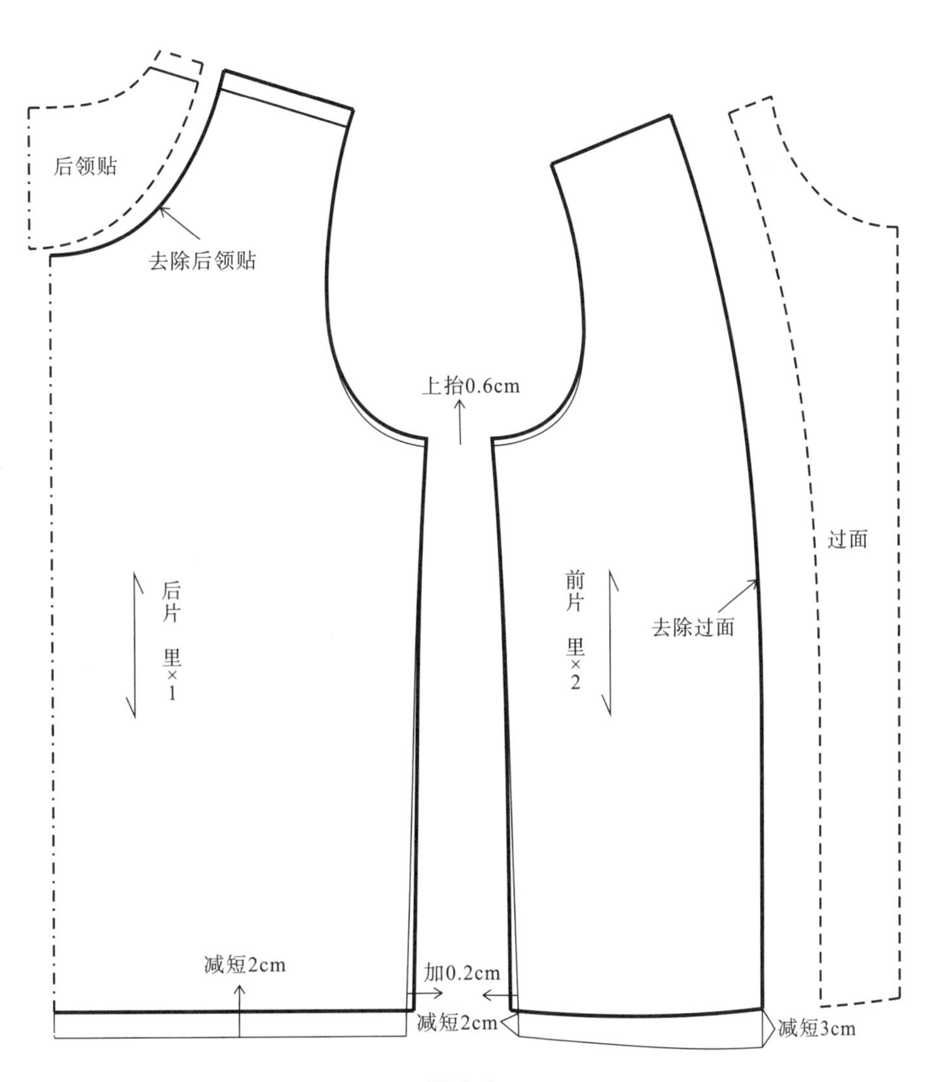

图 3-9

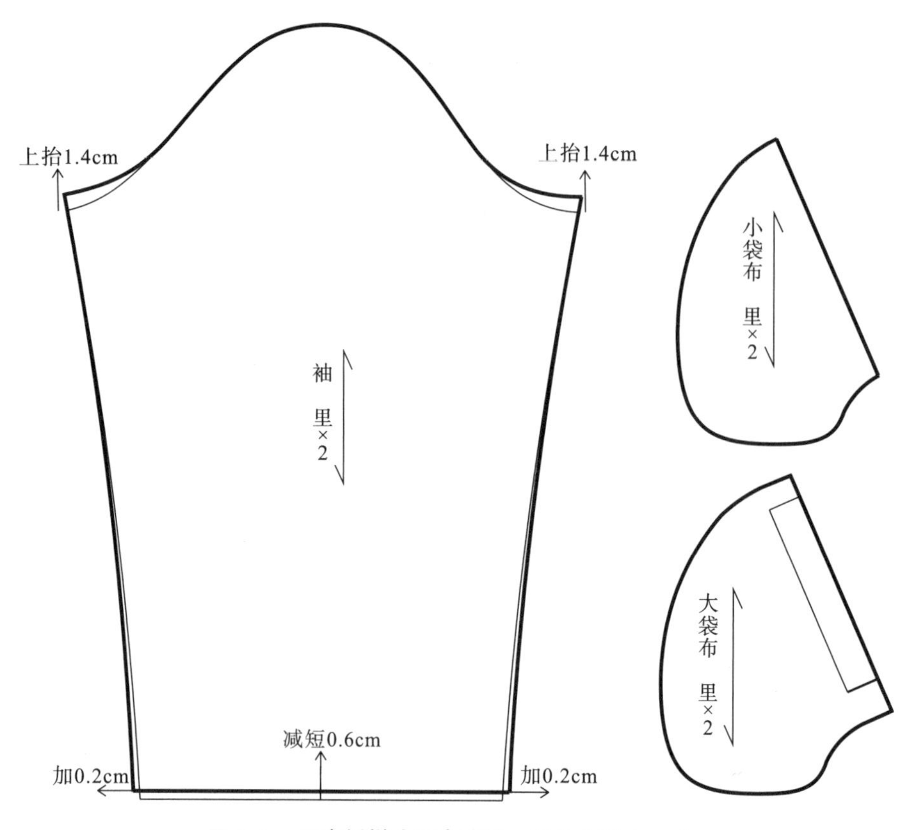

图 3-9　里布纸样（不含缝份，缝份全部 1cm）

（六）填充物

1. 充绒

设定大身单位面积充绒量为 160g/m^2，袖单位面积充绒量为 120g/m^2，按纸样的净板面积计算，可得出各衣片的充绒量及整件衣服的充绒量（表 3-5）。

表 3-5　充绒明细

大身部分					袖部分				
纸样名称	纸样面积（cm^2）	纸样份数（片）	各片充绒量（g）	小计（g）	纸样名称	纸样面积（cm^2）	纸样份数（片）	各片充绒量（g）	小计（g）
后片	3969	1	63.5	63.5	袖片	2194	2	26.33	52.66
前片	1751	2	28	56					
大身部分合计充绒量：119.5g					袖部分合计充绒量：52.66g				
全件充绒量：172.16g									

2. 充棉

帽、领：140g/m^2 喷胶棉。

袋嵌线：100g/m^2 针棉。

三、女式棉服基本型结构制图

(一)款式

基本型。衣长及臀，大身为七片分割，公主线分割，收腰，两片袖，立领，前中线处装拉链，两侧开单嵌线袋。两层结构，面布与喷胶棉一起绗线，里布无绗线（图 3-10）。

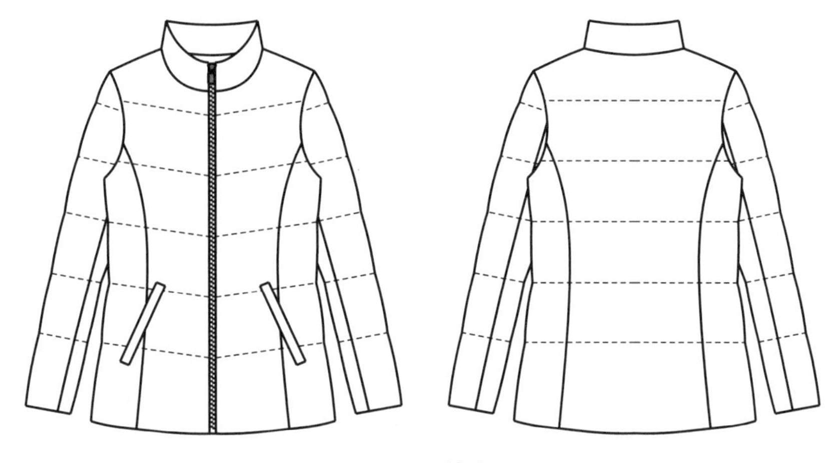

图 3-10 款式图

(二)面料、辅料（表 3-6）

表 3-6 面料、辅料

类型	使用部位	材料	简称
面布	大身、袖、过面、领、领贴、袋嵌线布、袋垫布	亚光尼丝纺	面
里布	大身、袖、袋布	300T 消光春亚纺	里
填充物	大身	180g/m^2 喷胶棉	棉 180
	袖、领	140g/m^2 喷胶棉	棉 140
	袋嵌线	100g/m^2 针棉	棉 100

(三)规格设计（表 3-7）

表 3-7 成品规格（160/84A） 单位：cm

序号	部位	规格	档差	序号	部位	规格	档差
1	后中长	60	2	5	胸围	100	4
2	肩宽	39.5	1	6	腰节长	36	1
3	后背宽	38	1	7	腰围	90	4
4	前胸宽	36	1	8	摆围	110	4

续表

序号	部位	规格	档差	序号	部位	规格	档差
9	袖长	60	1	12	袖口围	27	1
10	袖窿围	50	2	13	领围	56	1.5
11	袖肥	36	1.5	14	袋口长	15	0.5

（四）结构制图（图 3-11）

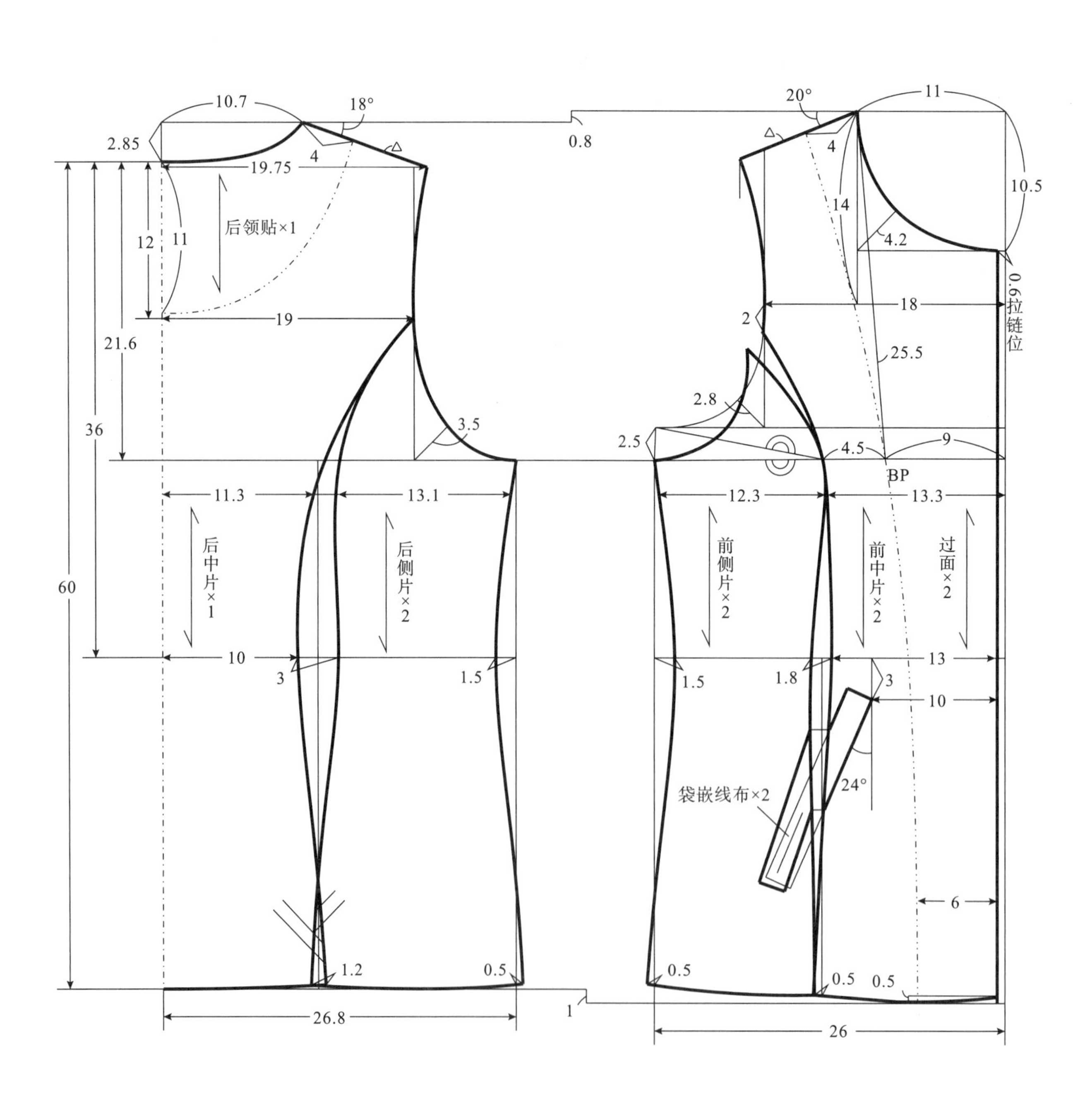

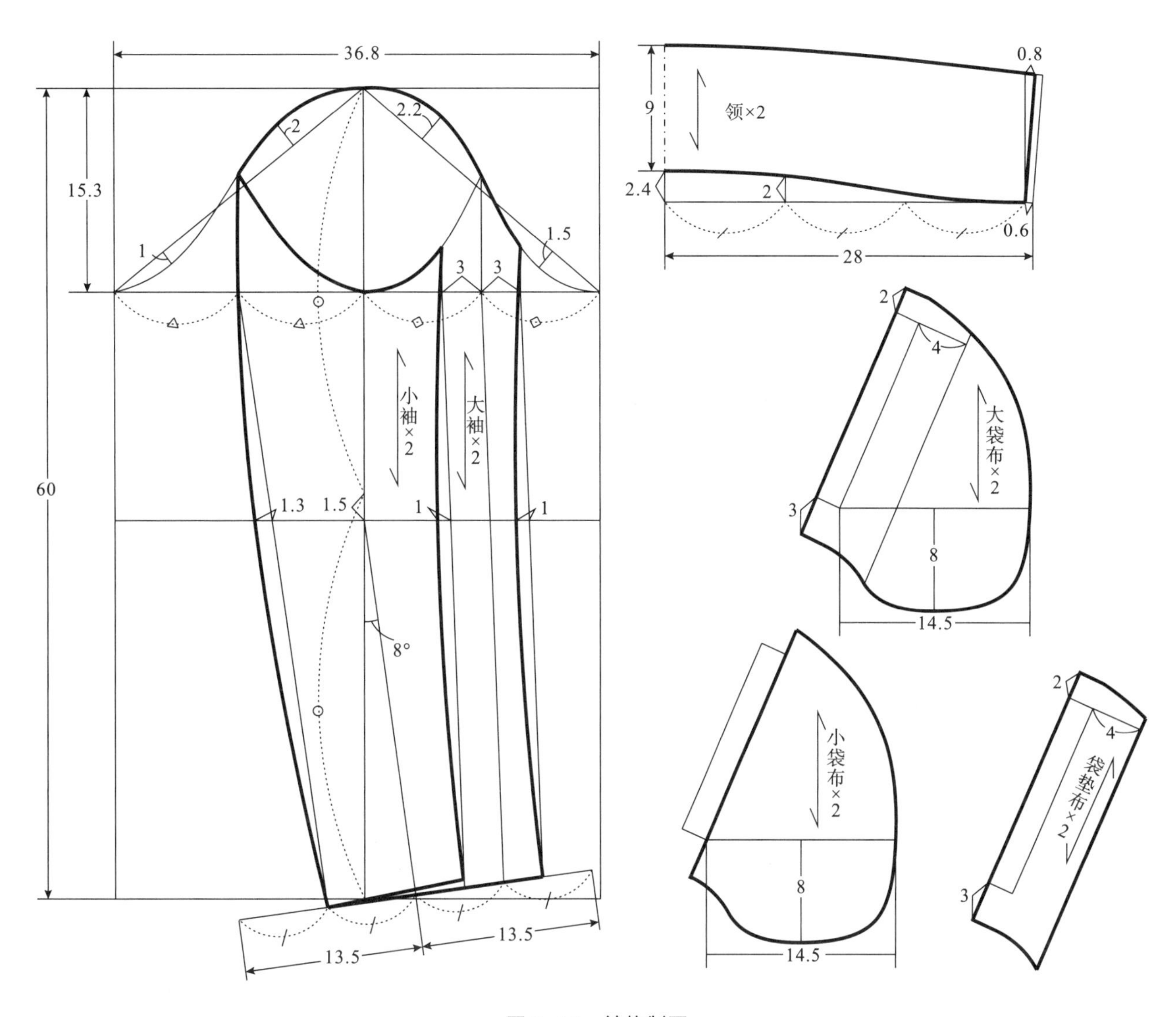

图 3-11　结构制图

（五）面料纸样、辅料纸样

1. 面布纸样、填充物纸样

面布纸样是在净板纸样上增加缝份得到，棉服常规缝份设定：除下摆外，其余缝份为 1cm。下摆、袖口缝份需根据折边宽度而定，如设定缝份为 4cm，其中 1cm 用于与里布缝合，3cm 作为折边宽，过面长度要相应地减短 3cm。填充物与面布一起四周固定，填充物纸样与面布纸样一样，但是为了减少下摆、袖口反折处的厚度，下摆、袖口净线处的喷胶棉长度加长 1cm，使下摆、袖口显得饱满即可（图 3-12）。

2. 里布纸样

棉服基本型里布纸样重点演示处理方法，完成后的里布纸样则不再赘述。

（1）分割与省量处理：通常在不影响结构功能的情况下要对里布结构进行简化处理：后身去除后领贴，保留公主线分割；前身由于已经分割一块过面，故取消公主线分割，将胸省量转移到过面的分割处，前腰省在原位置处作菱形腰省（图 3-13）。

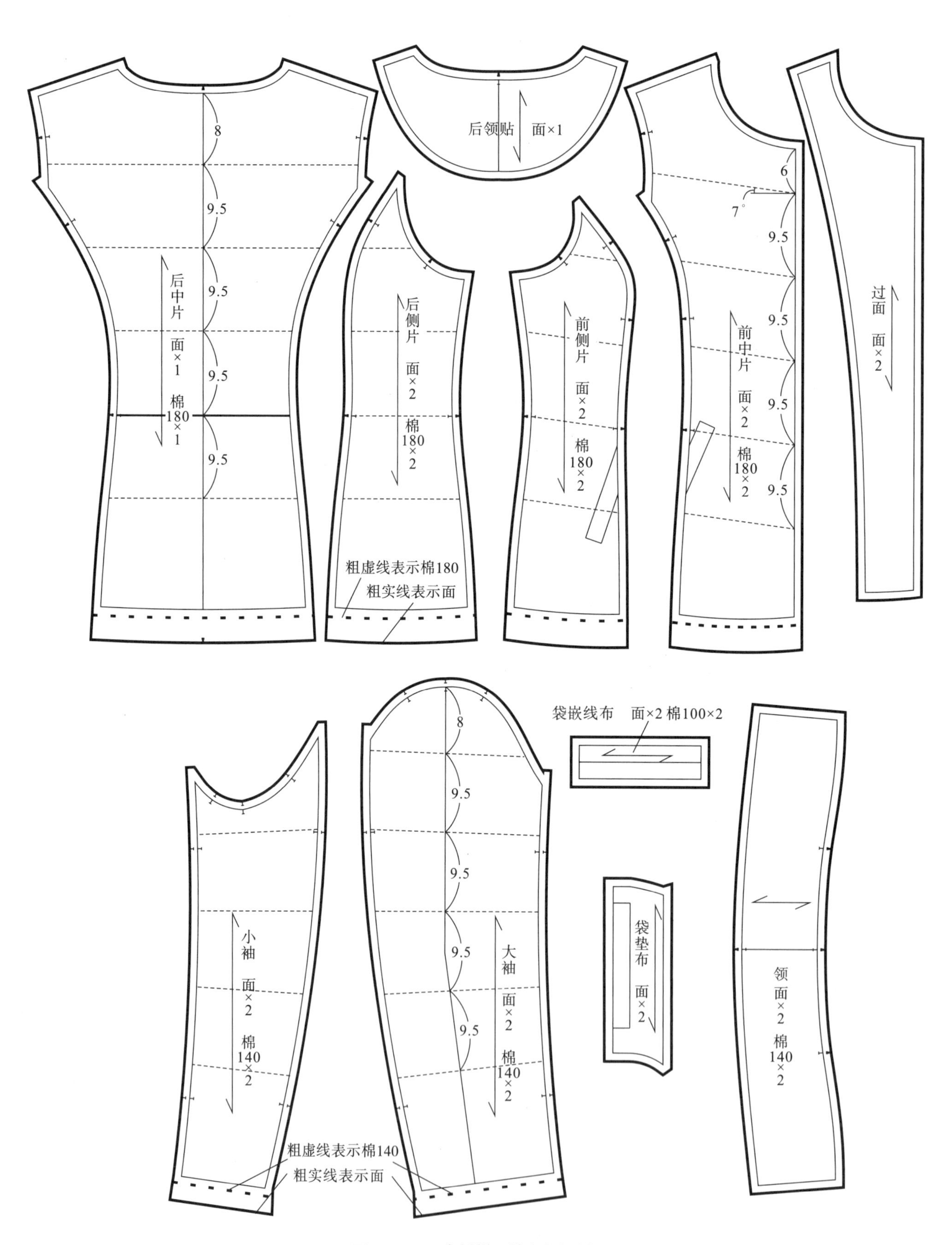

图 3-12 面布纸样、填充物纸样

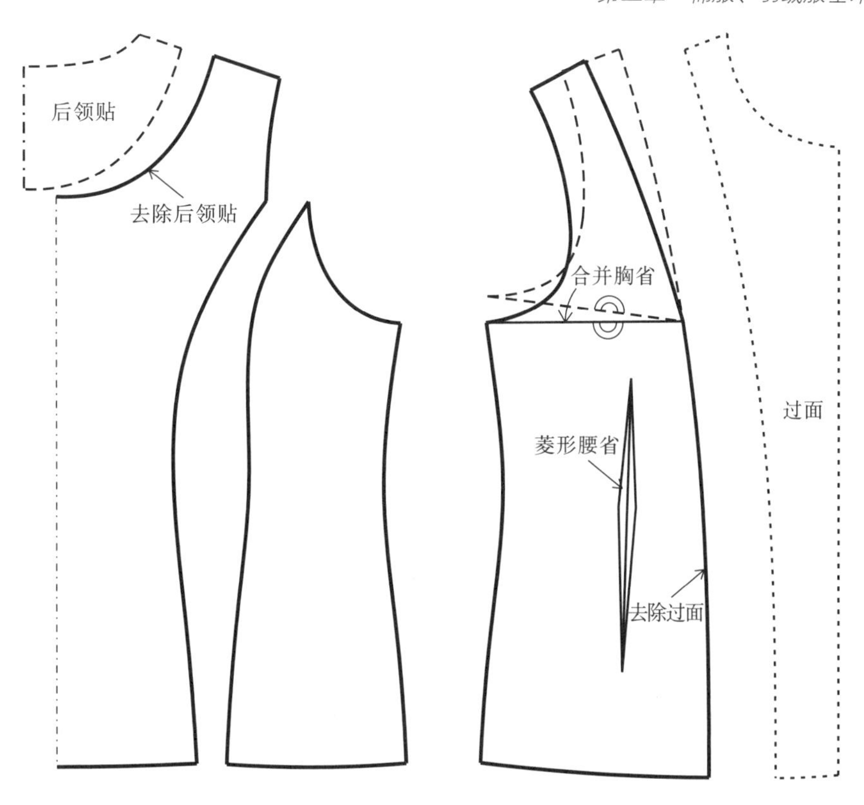

图 3-13 分割与省量处理

（2）里布松量处理：围度方向：通常不加松量，只需将袖窿底上抬 0.6cm、袖山底上抬 1.4cm，以避开面布缝份高度。

长度方向：后中长不变，与过面相拼处减 3cm（因为下摆折边 3cm，过面也相应减短 3cm）；袖长不变（图 3-14）。

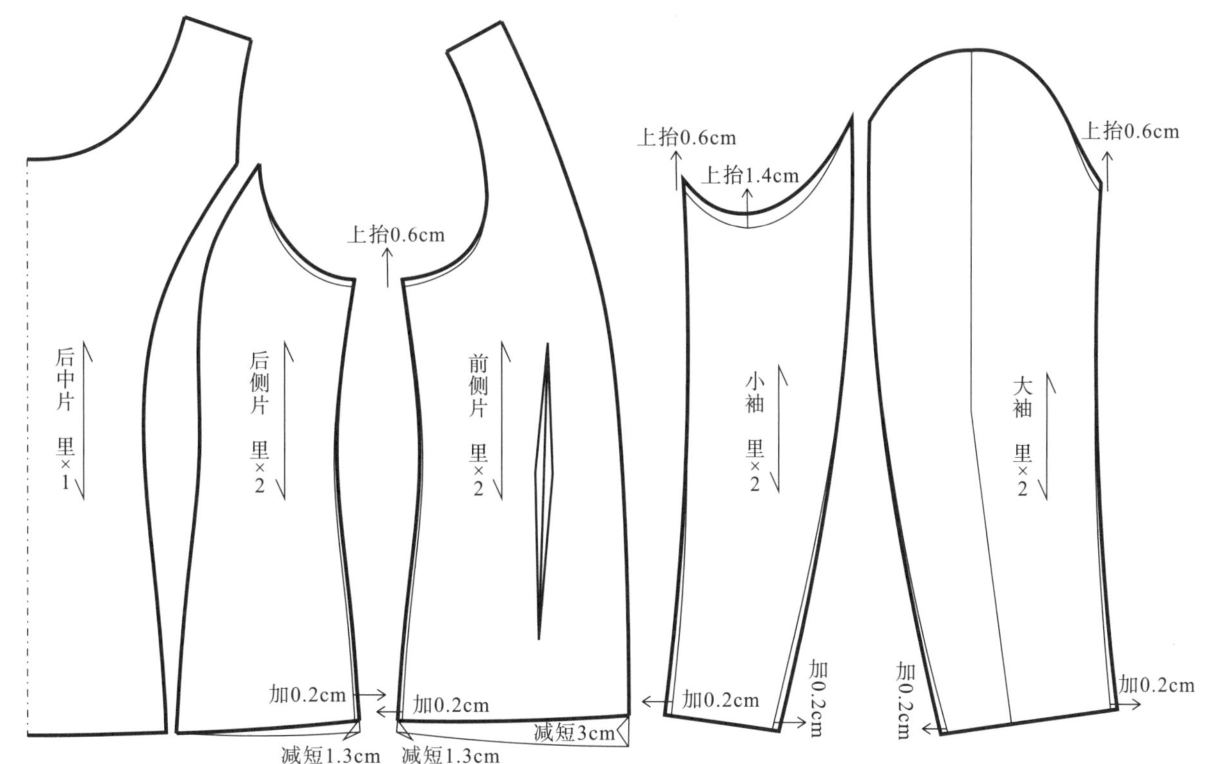

图 3-14 里布松量处理（不含缝份，缝份全部 1cm）

四、女式羽绒服基本型结构制图

（一）款式

基本型。衣长及臀，大身为七片分割，公主线收腰，一片袖，立领，可脱卸帽，前中线处装拉链，两侧开单嵌线袋，四层结构，面布与胆布一起绗线，里布无绗线（图3-15）。

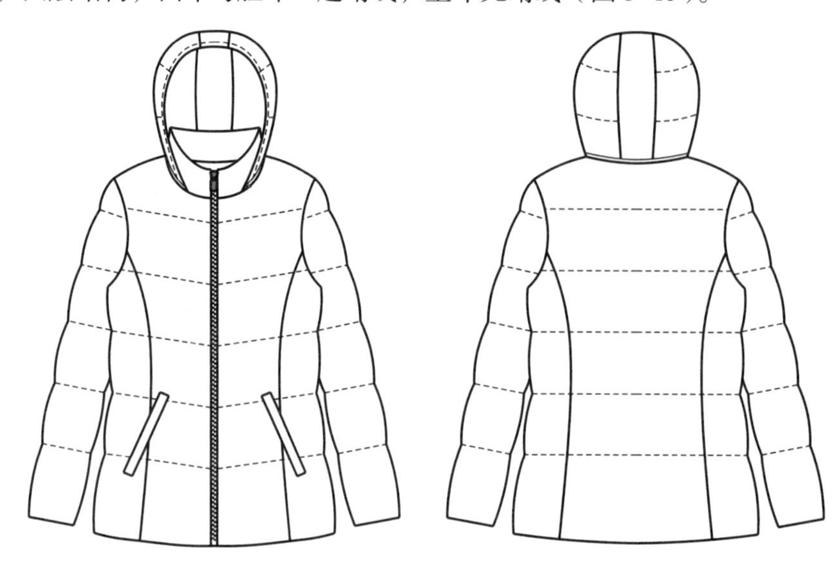

图3-15 款式图

（二）面料、辅料（表3-8）

表3-8 面料、辅料

类型	使用部位	材料	材料简称
面布	大身、袖、过面、帽、领、领贴、袋嵌线布、袋垫布	亚光尼丝纺	面
里布	大身、袖、袋布	300T消光春亚纺	里
胆布	大身、袖、领、帽、袋嵌线布	40旦涤丝纺	胆
填充物	大身、袖	灰鸭绒（含绒量80%）	绒
	帽、领	140g/m^{2}喷胶棉	棉140
	袋嵌线	100g/m^{2}针棉	棉100

（三）规格设计（表3-9）

表3-9 成品规格（160/84A） 单位：cm

序号	部位	规格	档差	序号	部位	规格	档差
1	后中长	62	2	4	前胸宽	36.5	1
2	肩宽	40.5	1	5	胸围	104	4
3	后背宽	38.5	1	6	腰节长	37	1

续表

序号	部位	规格	档差	序号	部位	规格	档差
7	腰围	94	4	12	袖口围	29	1
8	摆围	114	4	13	领围	56	1.5
9	袖长	62	1	14	帽高	37	0.5
10	袖窿围	52	2	15	帽宽	26.5	0.5
11	袖肥	38	1.5	16	袋口长	15	0.5

（四）结构制图（图 3–16）

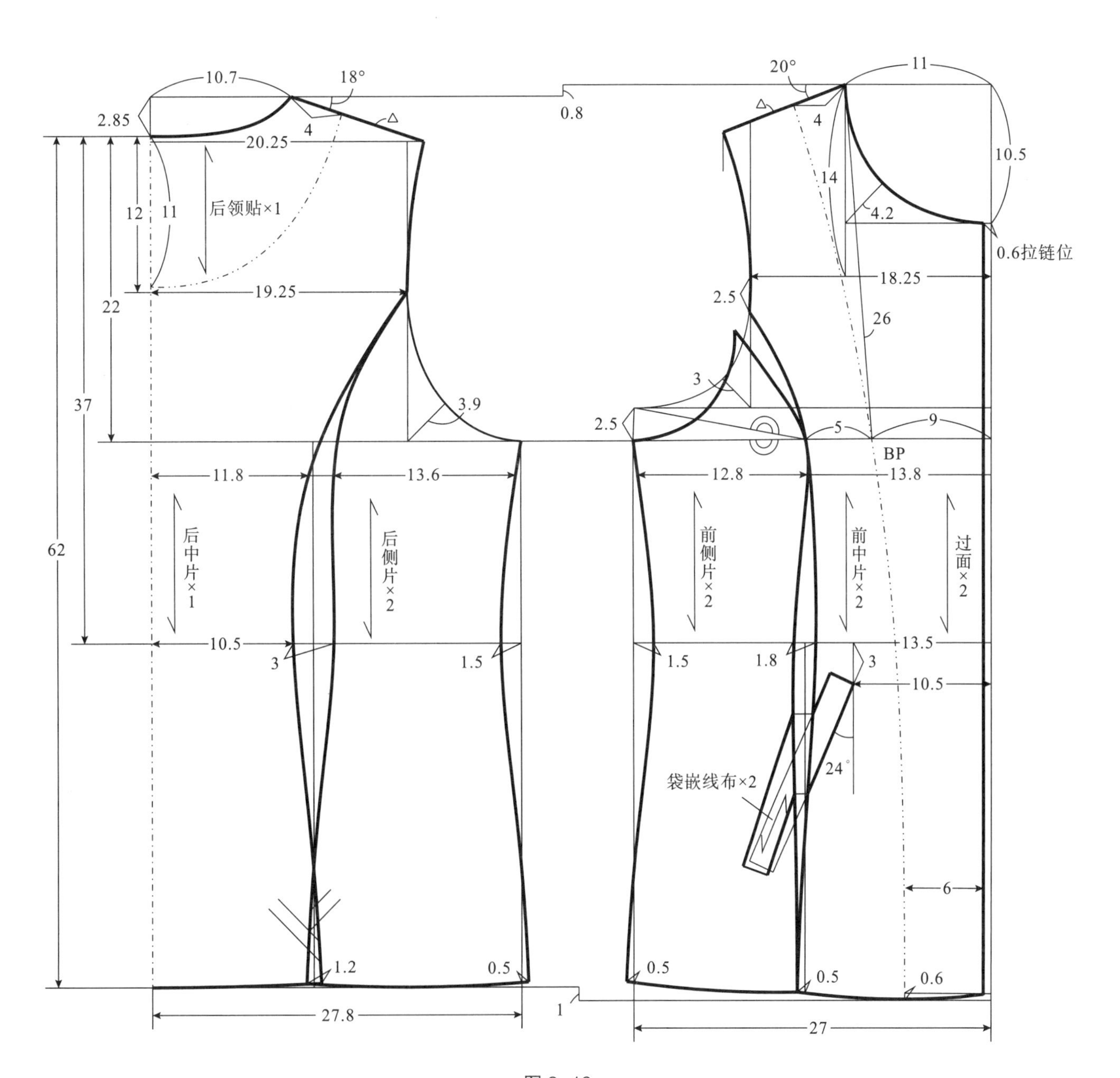

图 3–16

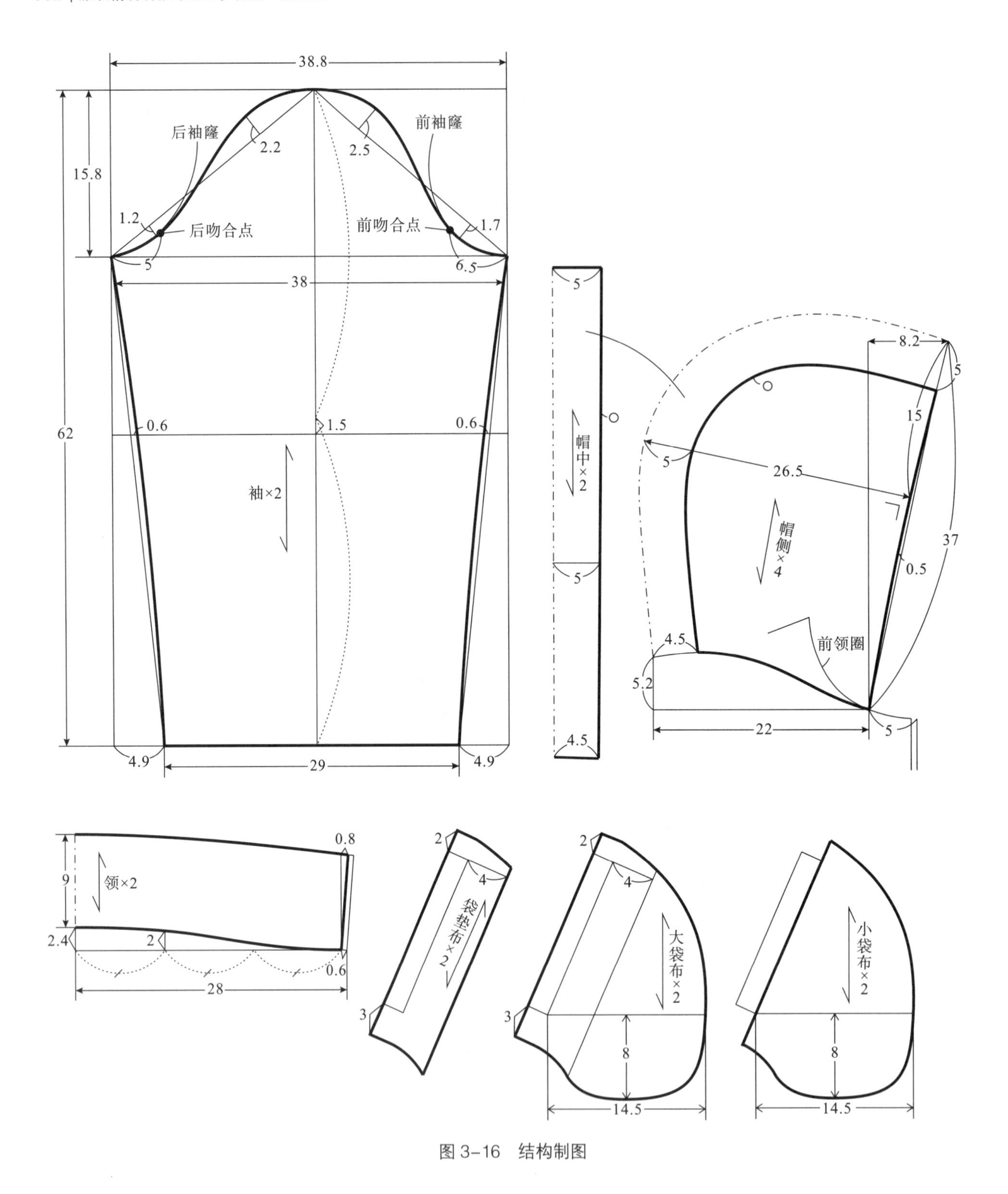

图 3-16　结构制图

（五）面料纸样、辅料纸样

1. 面布纸样、填充物纸样

面布纸样是在净板纸样上增加缝份得到，羽绒服常规缝份设定：除下摆外，其余缝份为 1cm。下摆、袖口缝份需根据折边宽度而定，如设定缝份为 4cm，其中 1cm 用于与里布缝合，3cm 作为折边宽，过面长度要相应地减短 3cm。其中帽、领、袋嵌线布的填充物与面布一起四周固定，填充物纸样与面布纸样一样（图 3-17）。

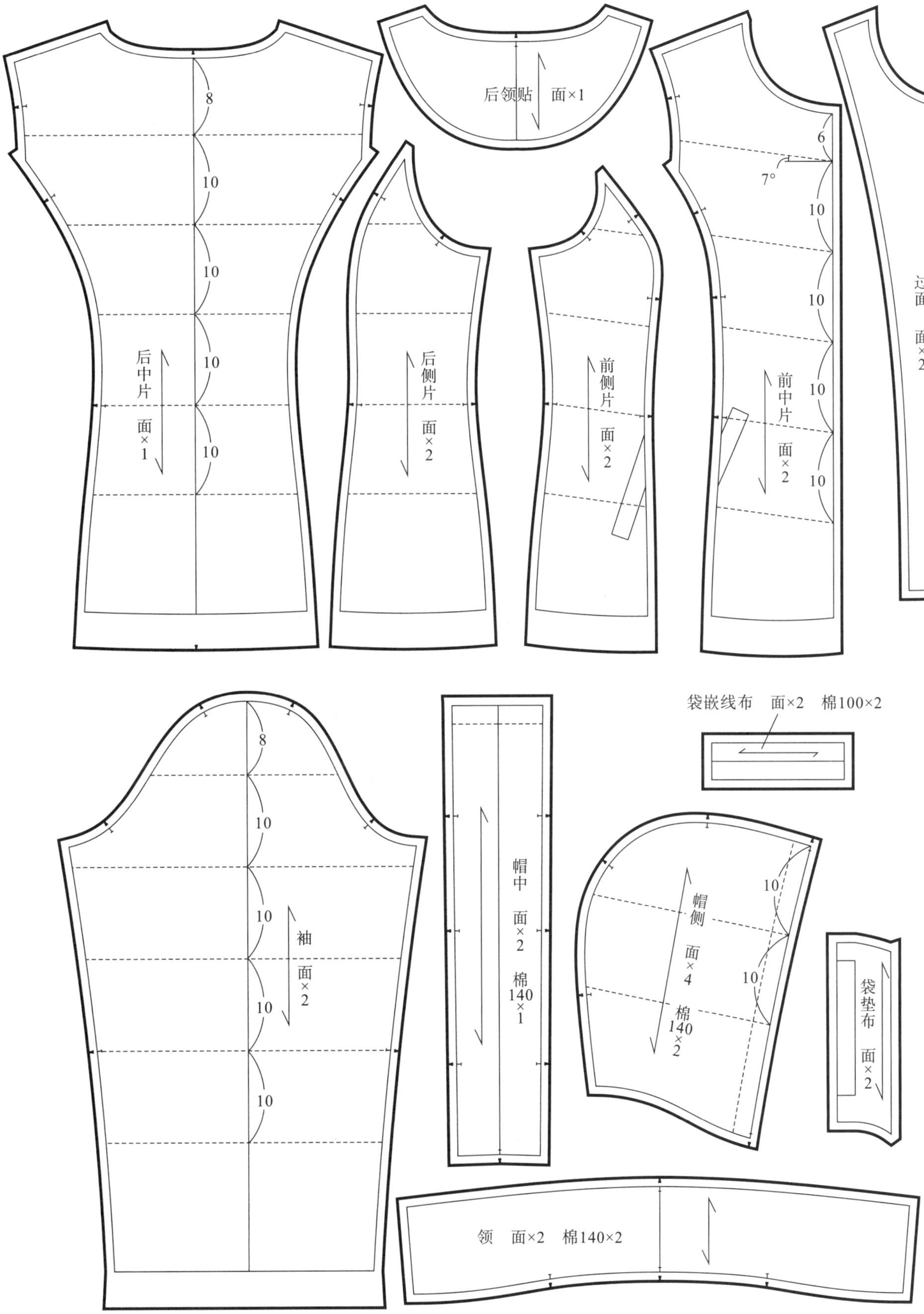

后领贴　面×1

后中片　面×1

后侧片　面×2

前侧片　面×2

前中片　面×2

7°

过面　面×2

袖　面×2

帽中　面×2　棉140×1

袋嵌线布　面×2　棉100×2

帽侧　面×4　棉140×2

袋垫布　面×2

领　面×2　棉140×2

图3-17　面布纸样、填充物纸样

2. 胆布纸样（图 3-18）

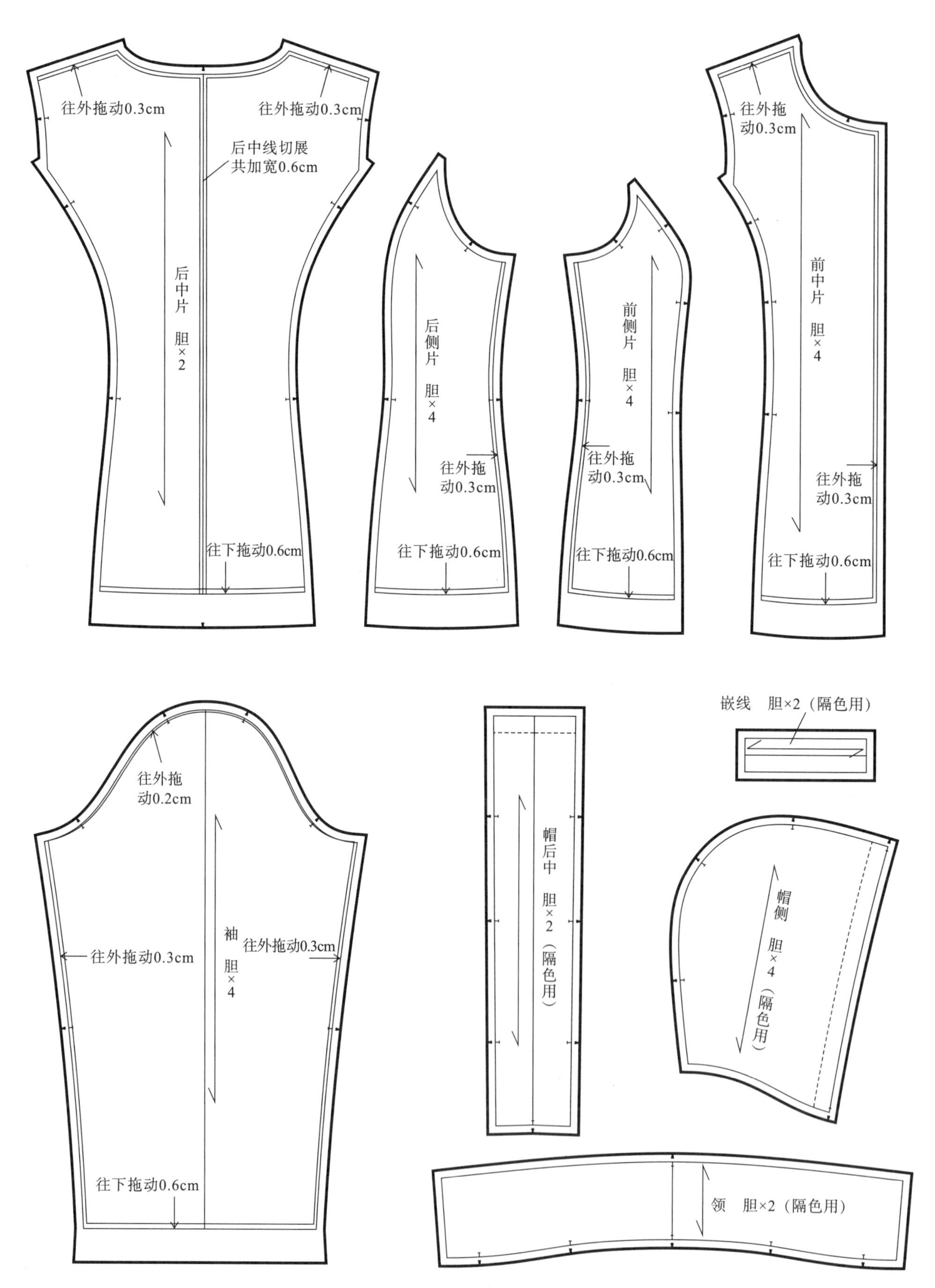

图 3-18 胆布纸样

胆布纸样涉及填充羽绒的部位（大身、袖）；另外，若面布是浅色的，为防止色差，还会涉及填充喷胶棉的部位（帽、领、袋嵌线布）。

（1）大身胆布纸样：每 1/4 大身横向加 0.6cm，纵向加 0.9cm。

采用变形法，在面布纸样上进行变动，即在后中线处加宽 0.6cm，前侧缝、后侧缝、前中线各往外拖动 0.3cm，肩缝往外拖动 0.3cm，下摆往下拖动 0.6cm。

（2）袖胆布纸样：横向加 0.6cm，纵向加 0.8cm。

采用变形法，在面布纸样上进行变动，即在袖底缝每边往外拖动 0.3cm，袖山往外拖动 0.2，袖口往下拖动 0.6cm。

（3）帽、领、袋嵌线布胆布纸样：通常与面布纸样相同即可。

3. 里布纸样

羽绒服基本型里布纸样重点演示处理方法，完成后的里布纸样则不再赘述。

（1）分割与省量处理：通常在不影响结构功能的情况下要对里布结构进行简化处理：后身去除后领贴，保留公主线分割；前身由于已经分割一块过面，故取消公主线分割，将胸省量转移到过面的分割处，前腰在原位置处作菱形腰省（图 3–19）。

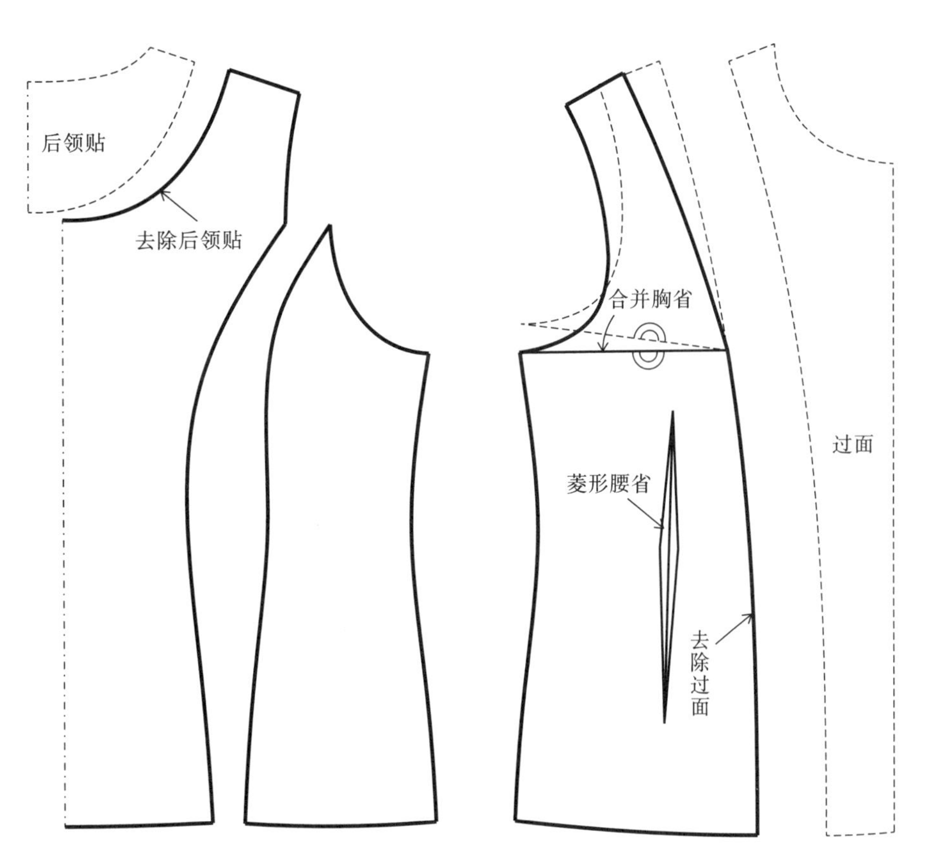

图 3–19　分割与省量处理

（2）里布松量处理：围度方向：通常不加松量，只需将袖窿底上抬 0.6cm、袖山底上抬 1.4cm，以避开面布缝份高度。

长度方向：后中长减短 2cm，与过面相拼处减 3cm（因为下摆折边 3cm，过面也相应减短了 3cm），袖长减短 0.6cm（图 3–20）。

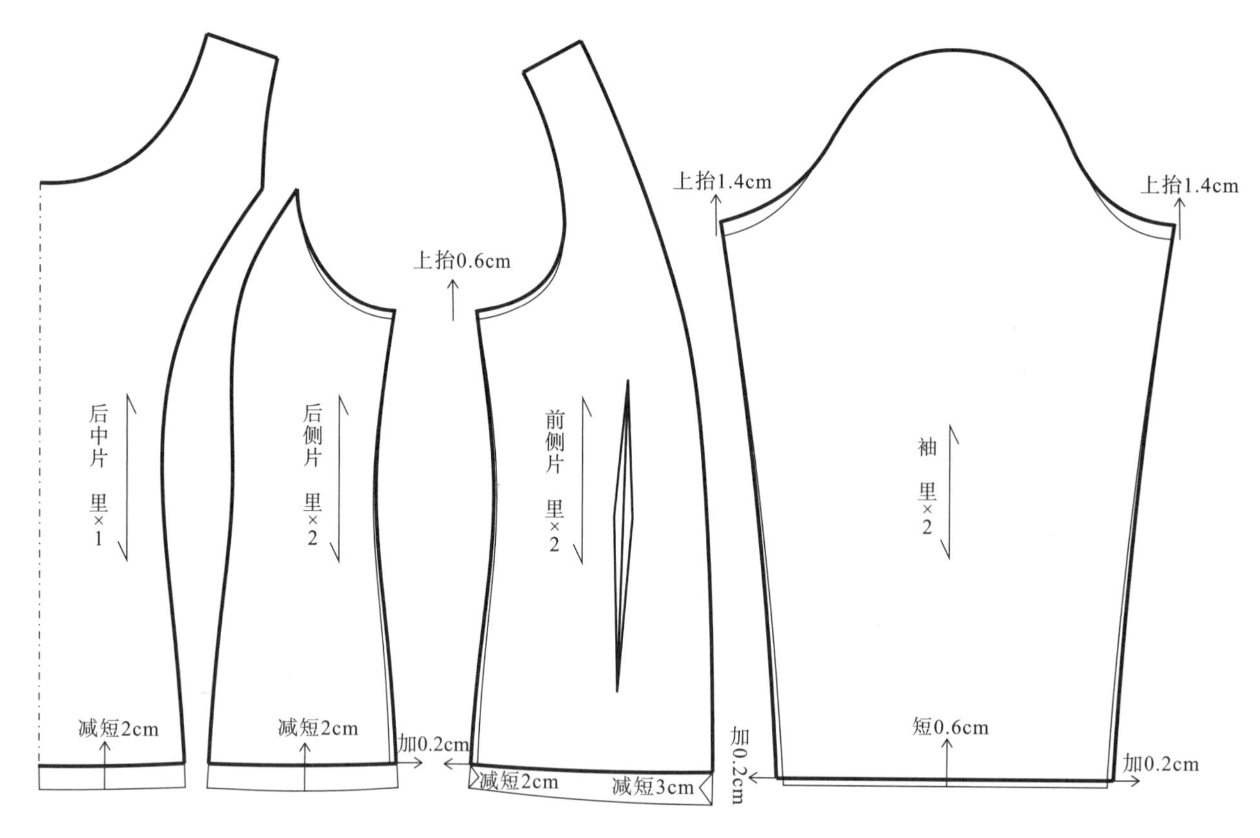

图 3-20 里布松量处理（不含缝份，缝份全部 1cm）

（六）填充物

1. 充绒

设定大身单位面积充绒量为 145g/m²，袖单位面积充绒量为 110g/m²，按纸样的净板面积进行计算，即可得出各衣片的充绒量及整件衣服的充绒量（表 3-10）。

表 3-10 充绒明细

大身部分					袖部分				
纸样名称	纸样面积（cm²）	纸样份数（片）	各片充绒量（g）	小计（g）	纸样名称	纸样面积（cm²）	纸样份数（片）	各片充绒量（g）	小计（g）
后中片	1741	1	25.24	25.24	袖片	1854	2	20.39	40.78
后侧片	610	2	8.85	17.7					
前侧片	505	2	7.32	14.64					
前中片	891	2	12.92	25.84					
大身部分合计充绒量：83.42g					袖部分合计充绒量：40.78g				
全件充绒量：124.2g									

2. 充棉

帽、领：140g/m² 喷胶棉。

袋嵌线：100g/m² 针棉。

第四章　棉服、羽绒服结构设计实例

一、案例1：男式修身型棉服

（一）款式

商务风格，修身型。衣长及臀，略收腰，腰部有横向破缝拼块。两片合体袖，立领，前中门襟钉四合扣，前侧片缝份处有装饰袋盖插袋。两层结构，面布与喷胶棉一起绗线（水平线），里布不绗线（图4–1）。

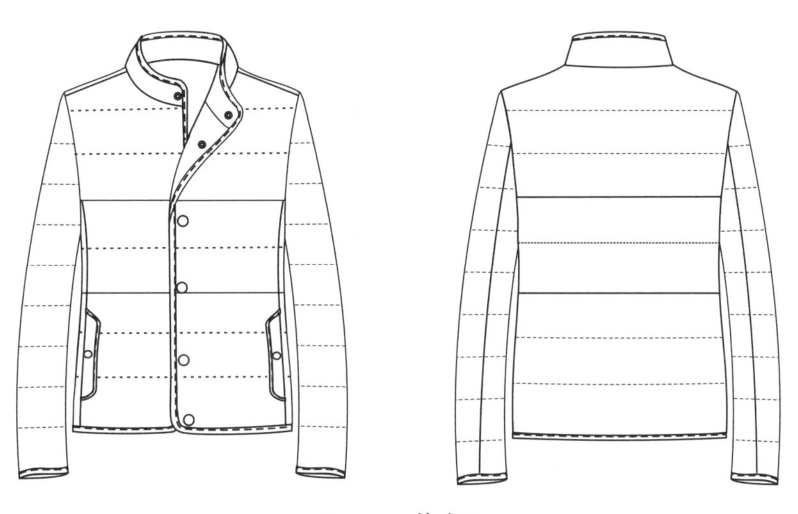

图4–1　款式图

（二）面料、辅料（表4–1）

表4–1　面料、辅料

类型	使用部位	材料	简称
面布	大身、袖、过面、领、后领贴、袋盖、袋垫布	涤纶皮膜涂层	面1
	包边（领、门襟、下摆、袖口、袋盖）	灯芯绒	面2
里布	大身、袖、袋布	300T消光春亚纺	里
填充物	大身、领	110g/m^2 喷胶棉	棉110
	袖、袋盖	80g/m^2 喷胶棉	棉80

（三）规格设计（表 4-2）

表 4-2　成品规格（170/88A）　　单位：cm

序号	部位	规格	档差	序号	部位	规格	档差
1	后中长	66	2	8	摆围	102	4
2	肩宽	46	1.2	9	袖长	64.5	1
3	后背宽	43	1.2	10	袖窿围	53.5	2
4	前胸宽	39	1.2	11	袖肥	40	1.5
5	胸围	108	4	12	袖口围	26.5	1
6	腰节长	40	1	13	领围	47	1.5
7	腰围	103	4	14	袋口长	15.5	0.5

（四）结构制图（图 4-2、图 4-3）

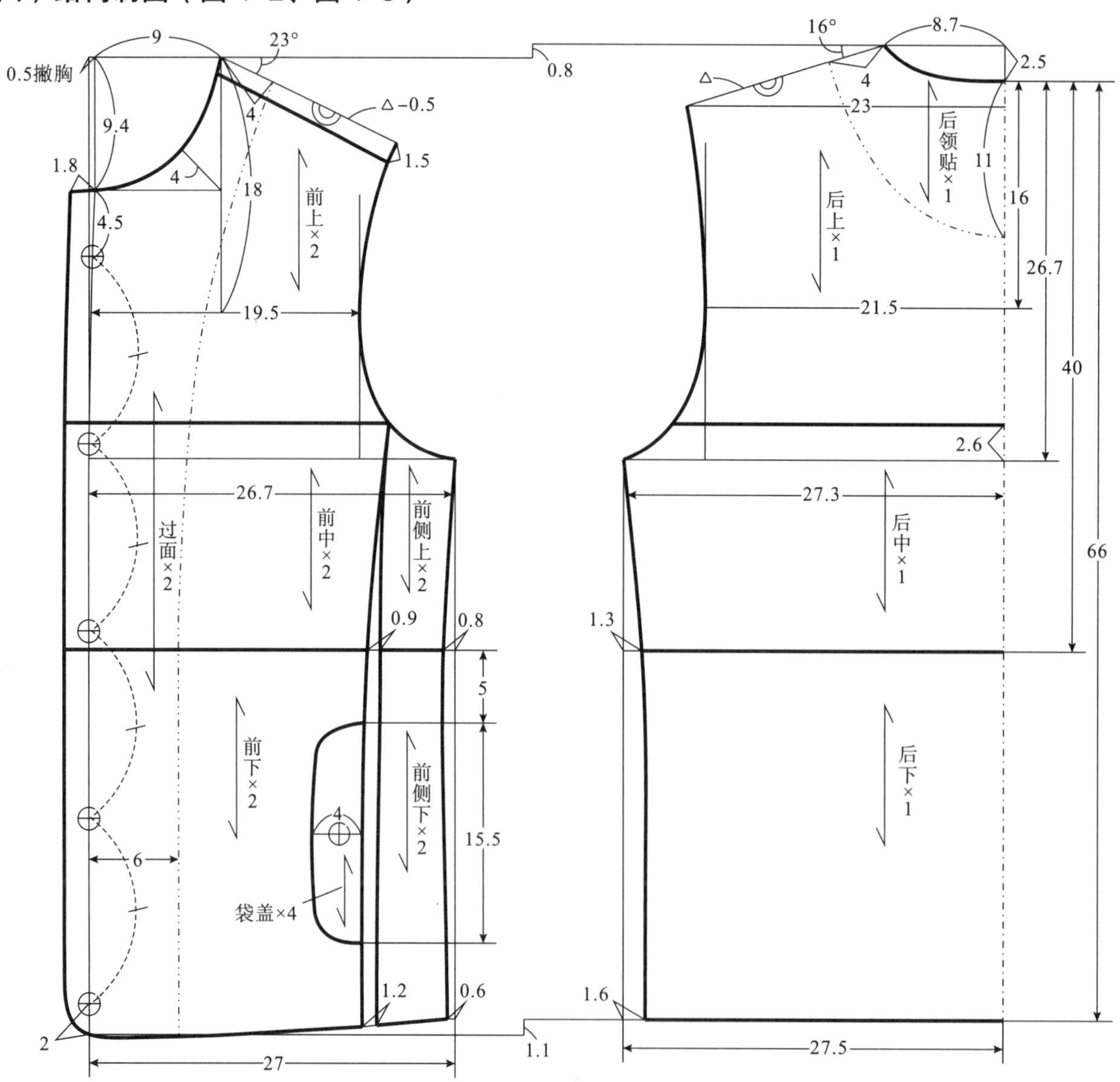

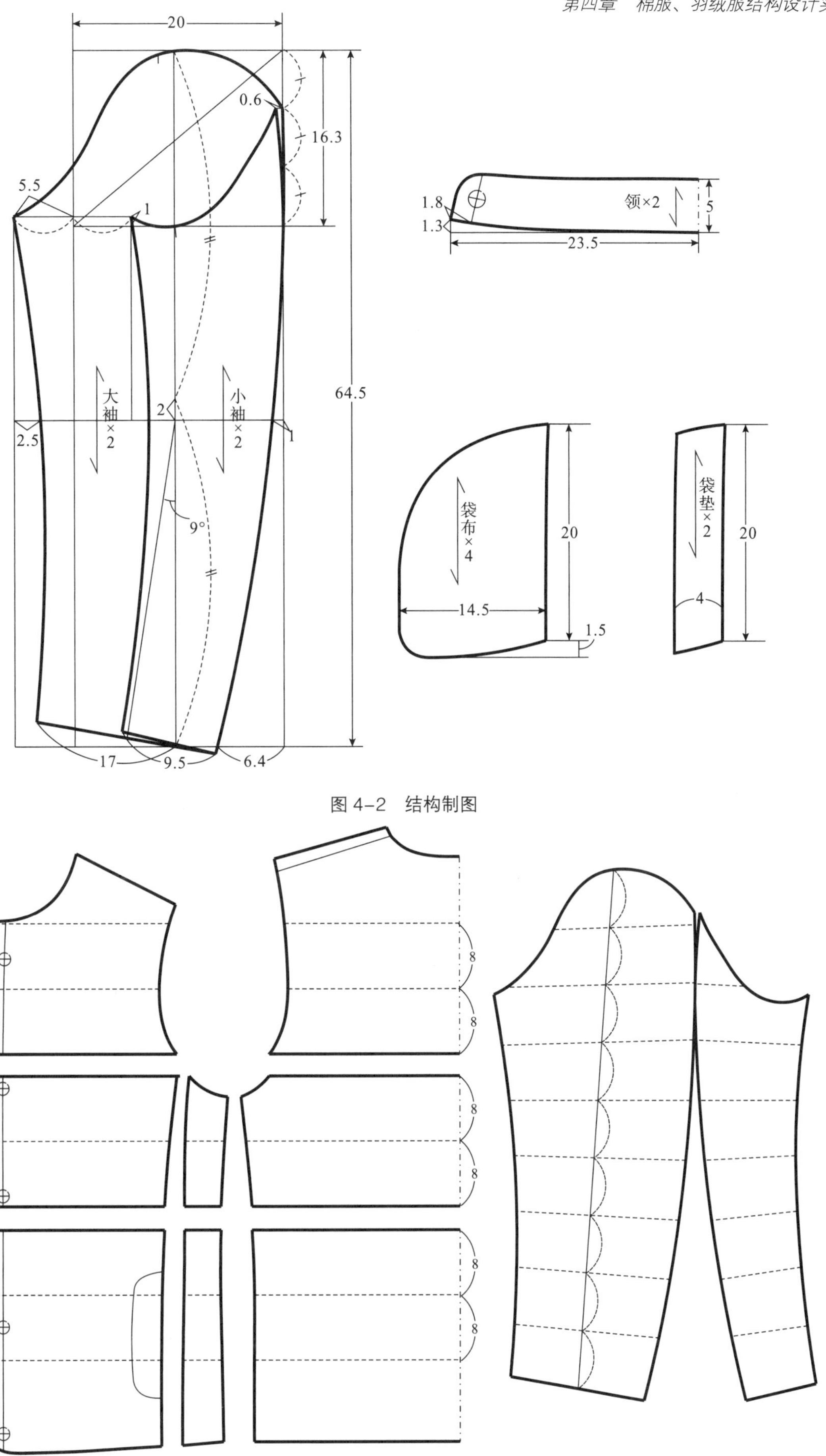

图 4-2　结构制图

图 4-3　绗线图

二、案例 2：男式便服型棉服

（一）款式

直身型。衣长及臀，插肩袖结构，在袖窿处做分割，两片袖，立领，可脱卸帽，前中门襟装拉链，钉四合扣，两侧贴袋。两层结构，面布不绗线，里布与喷胶棉一起绗菱形格线，采用整幅里布机器绗棉（图 4–4）。

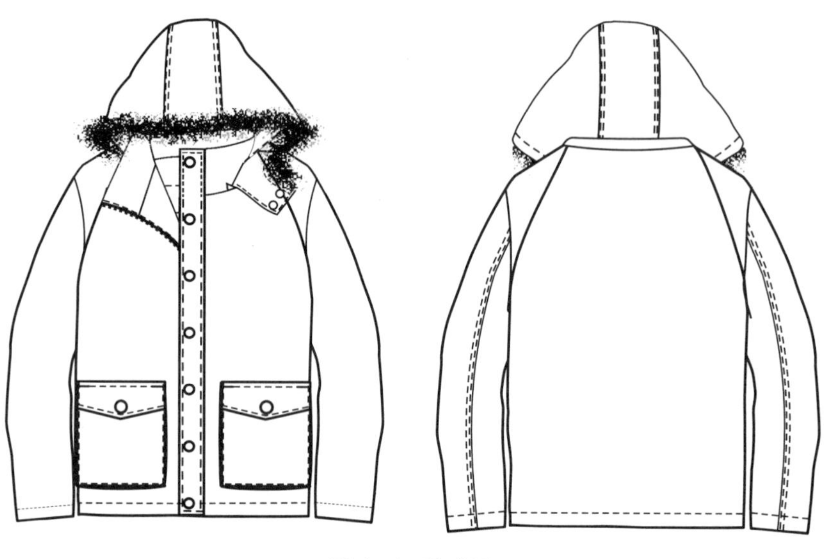

图 4–4　款式图

（二）面料、辅料（表 4–3）

表 4–3　面料、辅料

类型	使用部位	材料	简称
面布	大身、袖、过面、领、后领贴、帽、袋盖、口袋、门襟、帽口贴	涤棉磨毛平纹布	面
里布	大身、袖、帽、袋盖、口袋	涤纶压光里布	里
填充物	大身、帽	160g/m^2 喷胶棉	棉 160
	袖、领	120g/m^2 喷胶棉	棉 120
	门襟、袋盖、口袋	100g/m^2 针棉	棉 100

（三）规格设计（表 4–4）

表 4–4　成品规格（170/88A）　单位：cm

序号	部位	规格	档差	序号	部位	规格	档差
1	后中长	71	2	3	后背宽	43.5	1.2
2	肩宽	46.5	1.2	4	前胸宽	41	1.2

续表

序号	部位	规格	档差	序号	部位	规格	档差
5	胸围	117	4	10	袖口围	28	1
6	摆围	111	4	11	领围	55	1.5
7	袖长	64	1	12	帽高	39	0.5
8	袖窿围	53.5	2	13	帽宽	29.5	0.5
9	袖肥	44	1.5	14	袋口长	17	0.5

（四）结构制图（图 4-5、图 4-6）

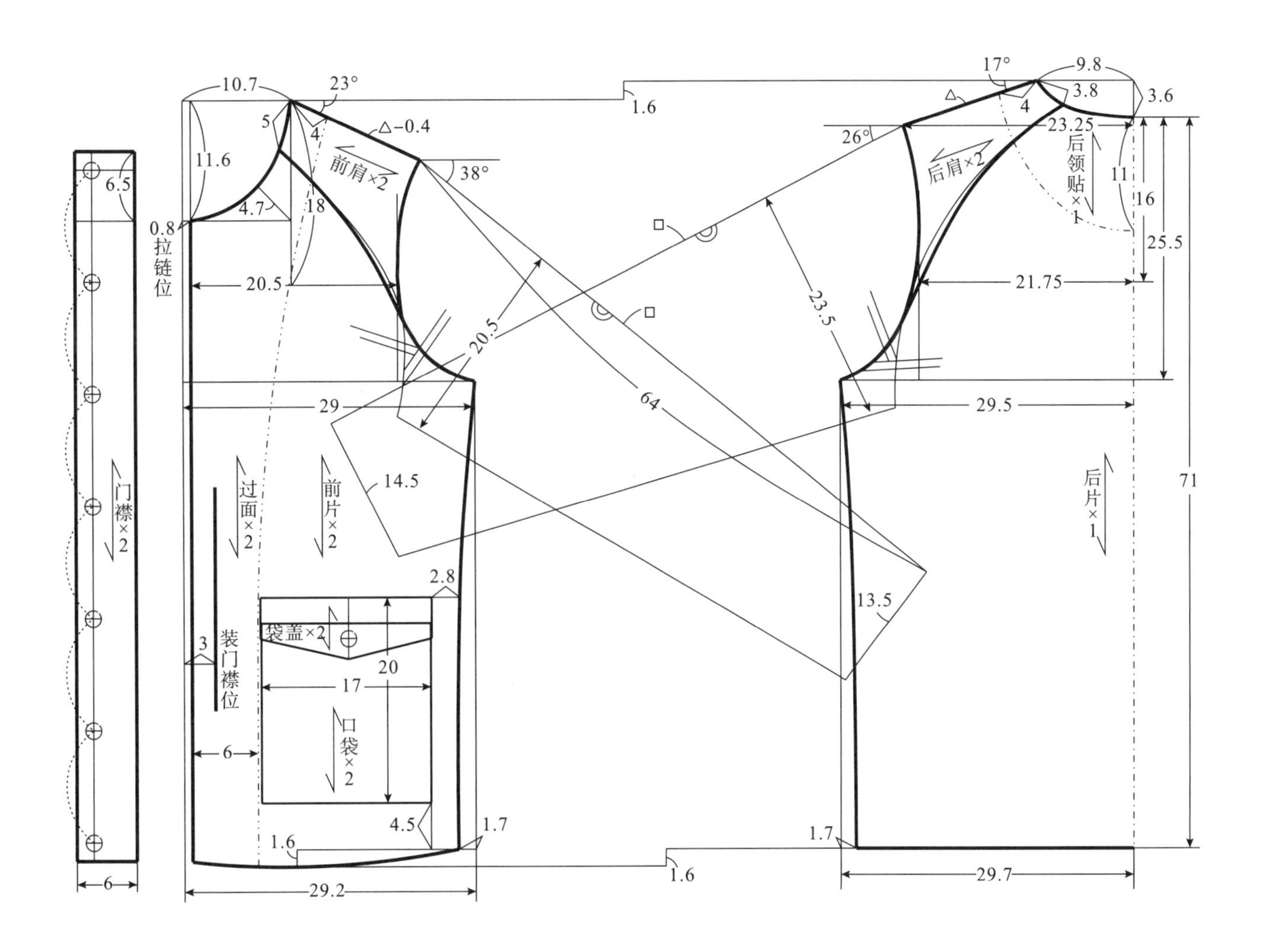

图 4-5

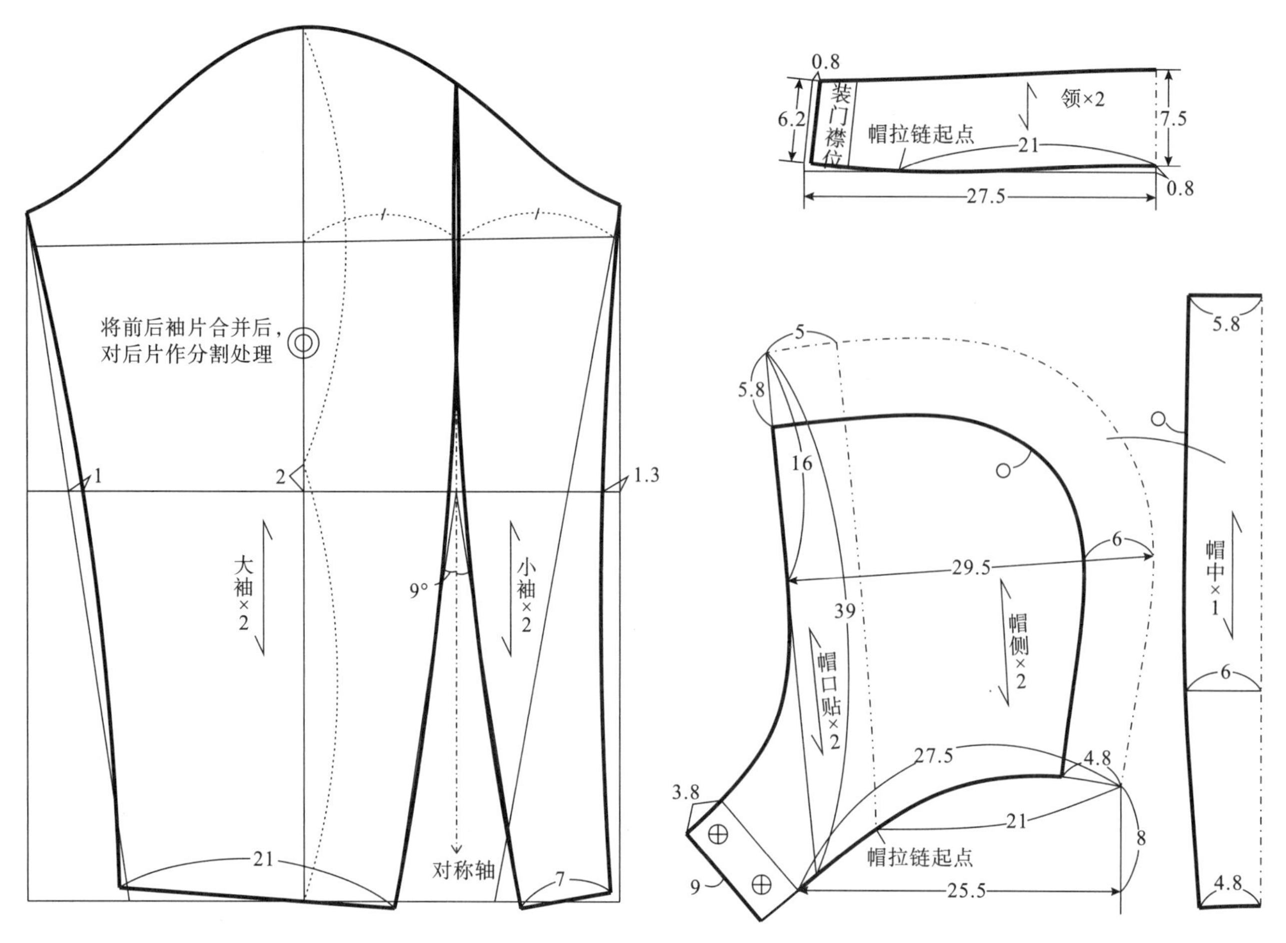
0.8
装门襟位
6.2
帽拉链起点
领×2
21
7.5
0.8
27.5
将前后袖片合并后，
对后片作分割处理
1
2
1.3
大袖×2
9°
小袖×2
对称轴
21
7
5
5.8
16
29.5
6
39
帽口贴×2
帽侧×2
5.8
帽中×1
6
27.5
4.8
3.8
21
8
帽拉链起点
9
25.5
4.8

图 4-5 结构制图

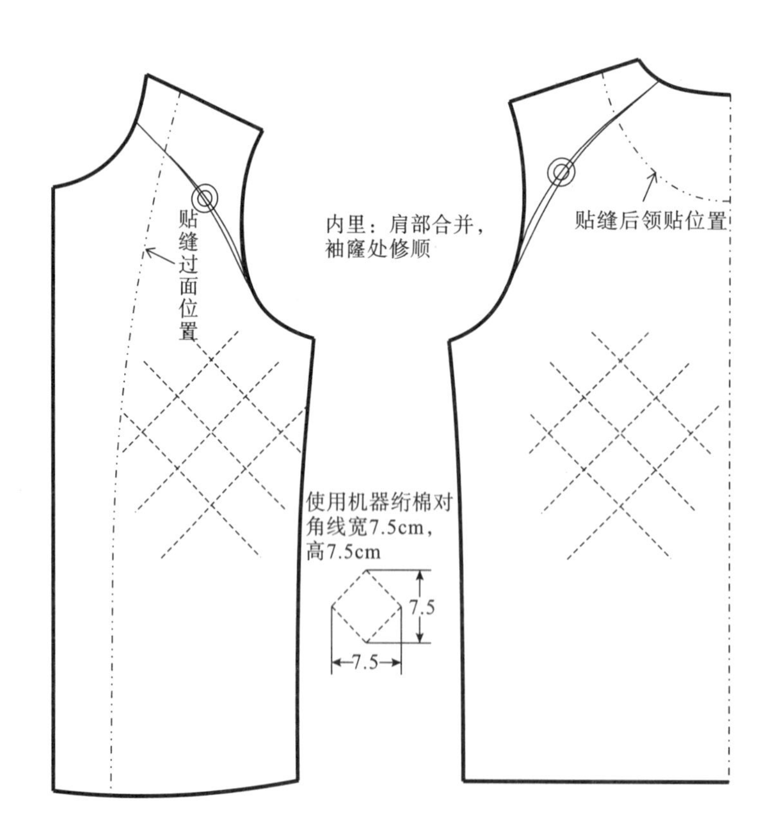
贴缝过面位置
内里：肩部合并，
袖窿处修顺
贴缝后领贴位置
使用机器绗棉对
角线宽7.5cm，
高7.5cm
7.5
7.5

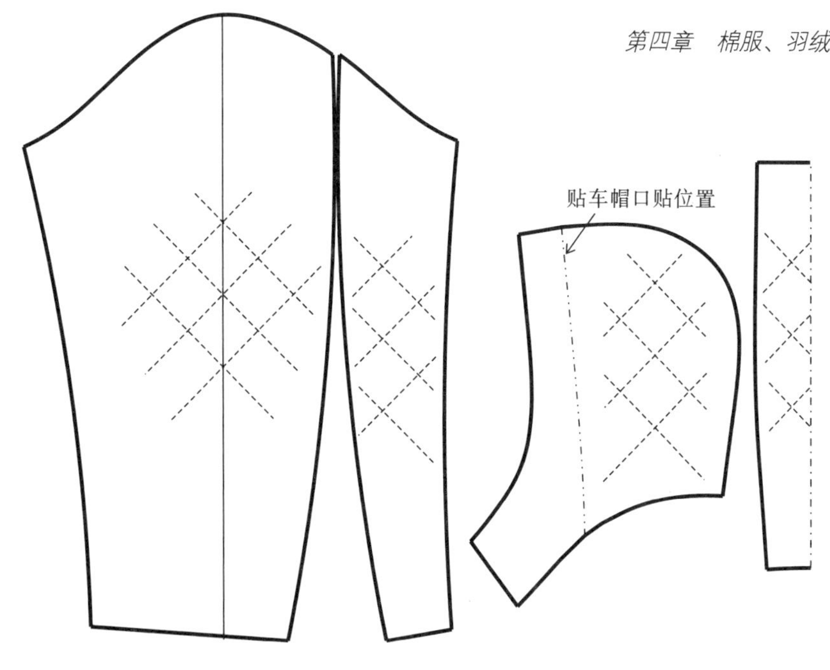

图 4-6 绗线图

为了方便生产，也为了使服装里层厚度均匀，过面、后领贴、帽口贴部位的里布纸样不去除，同时，另做过面、后领贴、帽口贴的纸样。

三、案例 3：男式轻薄型羽绒服

（一）款式

合体型。衣长及臀，一片袖，立领，前中线处装拉链，两侧拼缝处有隐形拉链口袋，下摆及袖口包弹力织带。全件内缝份采用包边工艺。两层结构，面布、里布一起绗线（图 4-7）。

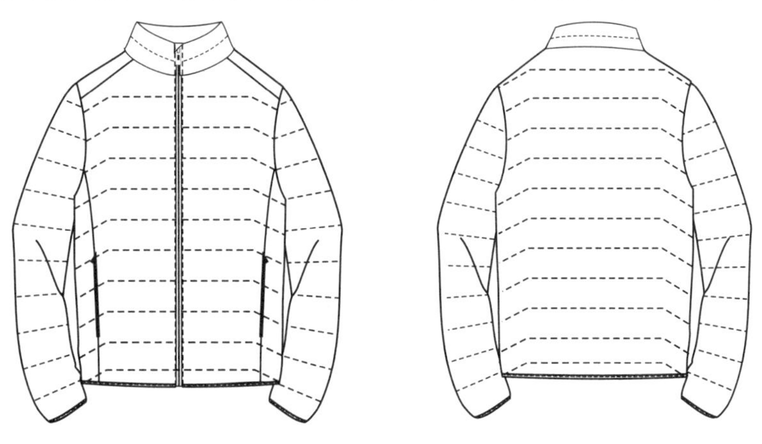

图 4-7 款式图

（二）面料、辅料（表 4-5）

表 4-5 面料、辅料

类型	使用部位	材料	简称
面布	大身（面、里）、袖（面、里）、袋布、领	380T 超密防钻绒尼丝纺	面
填充物	大身、袖	白鸭绒（含绒量 90%）	绒
	领	80g/m² 喷胶棉	棉 80

（三）规格设计（表4-6）

表4-6 成品规格（170/88A） 单位：cm

序号	部位	规格	档差	序号	部位	规格	档差
1	后中长	70	2	8	摆围	拉开106 放松90	4
2	肩宽	46	1.2	9	袖长	66	1
3	后背宽	43	1.2	10	袖窿围	53	2
4	前胸宽	41	1.2	11	袖肥	41.5	1.5
5	胸围	109	4	12	袖口围	拉开30 放松21	1
6	腰节长	42	1	13	领围	52	1.5
7	腰围	103	4	14	袋口长	16	0.5

（四）结构制图（图4-8、图4-9）

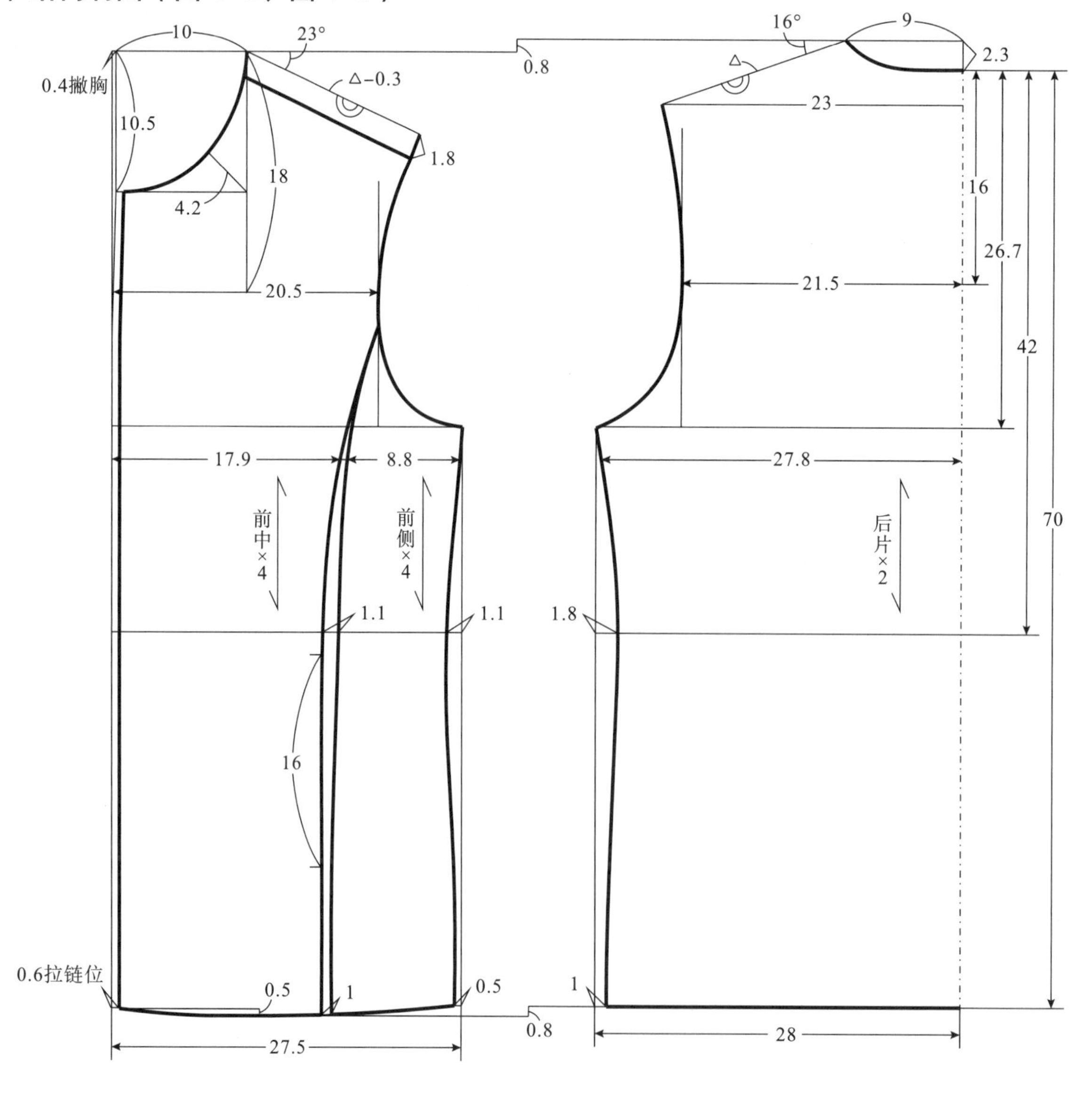

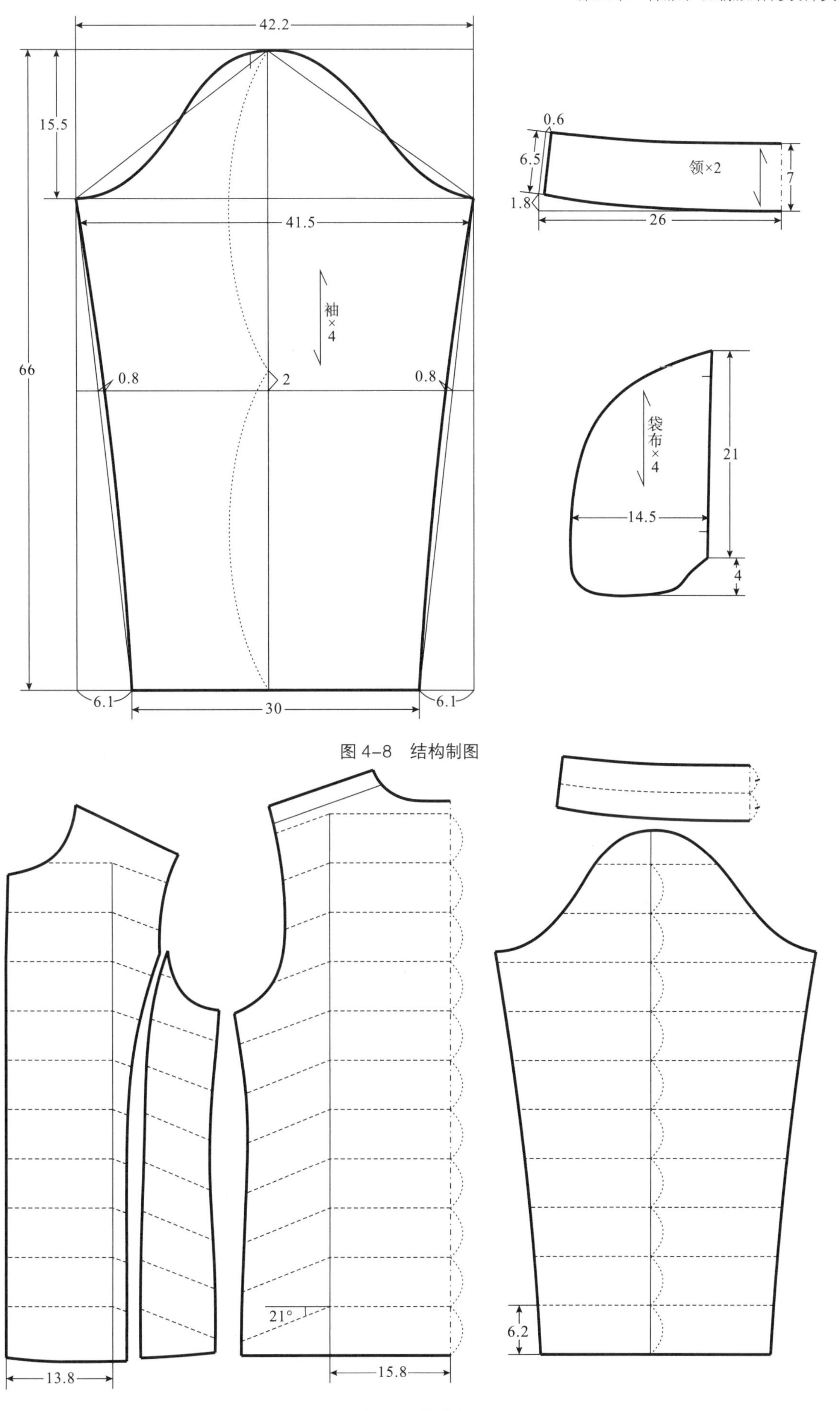

图 4-8　结构制图

图 4-9　绗线图

（五）填充物

1. 充绒

设定大身单位面积充绒量为 65g/m²，袖单位面积充绒量为 50g/m²，各衣片的充绒量及整件衣服的充绒量见表 4-7。

表 4-7 充绒明细

大身部分					袖部分				
纸样 名称	纸样面积（cm²）	纸样份数（片）	各片充绒量（g）	小计（g）	纸样 名称	纸样面积（cm²）	纸样份数（片）	各片充绒量（g）	小计（g）
后片	3608	1	23.45	23.45	袖片	2138	2	10.69	21.38
前侧片	413	2	2.68	5.36					
前中片	1143	2	7.43	14.86					
大身部分合计充绒量：43.67g					袖部分合计充绒量：21.38g				
全件充绒量：65.05g									

2. 充棉

领：80g/m² 喷胶棉。

四、案例 4：男式可脱卸袖羽绒服

（一）款式

两穿羽绒服，合体型。衣长在臀上，袖口、下摆内缝橡筋带做收口。袖装拉链可脱卸，脱卸后可当背心穿用。无领，连帽，前中线处装拉链，拉链可一直拉到帽顶。前侧片开双嵌线袋，装拉链。四层结构，面布与两层胆布一起绗线（水平线），里布不绗线（图 4-10）。

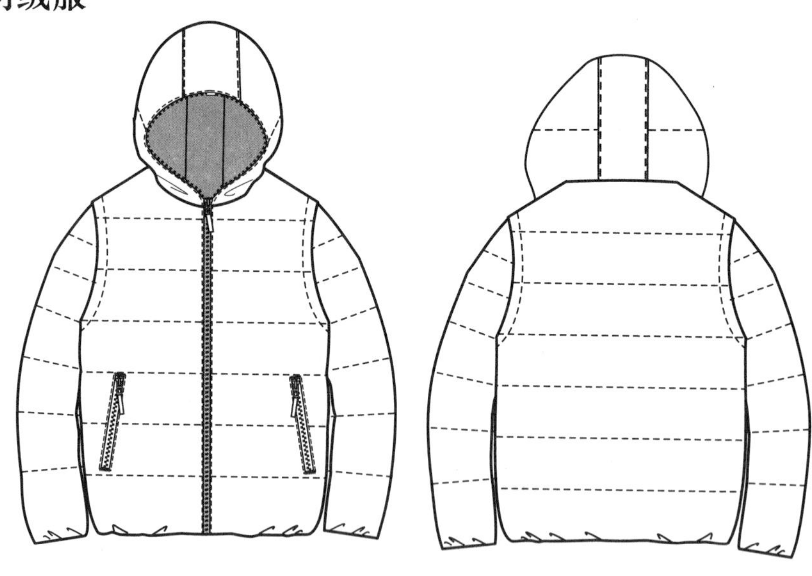

图 4-10 款式图

（二）面料、辅料（表 4-8）

表 4-8 面料、辅料

类型	使用部位	材料	简称
面布	大身、袖、过面、后领贴、袖窿贴、帽、袋嵌线布、袋垫	仿记忆尼丝纺	面
里布	大身、袖	300T 亚光春亚纺	里 1
	帽	超细摇粒绒	里 2
胆布	大身、袖	40 旦涤丝纺	胆
填充物	大身、袖	灰鸭绒（含绒量 80%）	绒
	帽	160g/m² 喷胶棉	棉 160
	袋嵌线	100g/m² 针棉	棉 100

（三）规格设计（表4-9）

表4-9　成品规格（170/88A）　　单位：cm

序号	部位	规格	档差	序号	部位	规格	档差
1	后中长	72	2	8	袖窿围	58.5 （拉链65）	2
2	肩宽	45	1.2	9	袖肥	46.5	1.5
3	后背宽	42.5	1.2	10	袖口围	拉开30.5 放松21	1
4	前胸宽	41	1.2	11	领围	53.5	1.5
5	胸围	114	4	12	帽高	39	0.5
6	摆围	拉开106 放松96	4	13	帽宽	27.5	0.5
7	袖长	64.5	1	14	袋口宽	16.5	0.5

（四）结构制图（图4-11、图4-12）

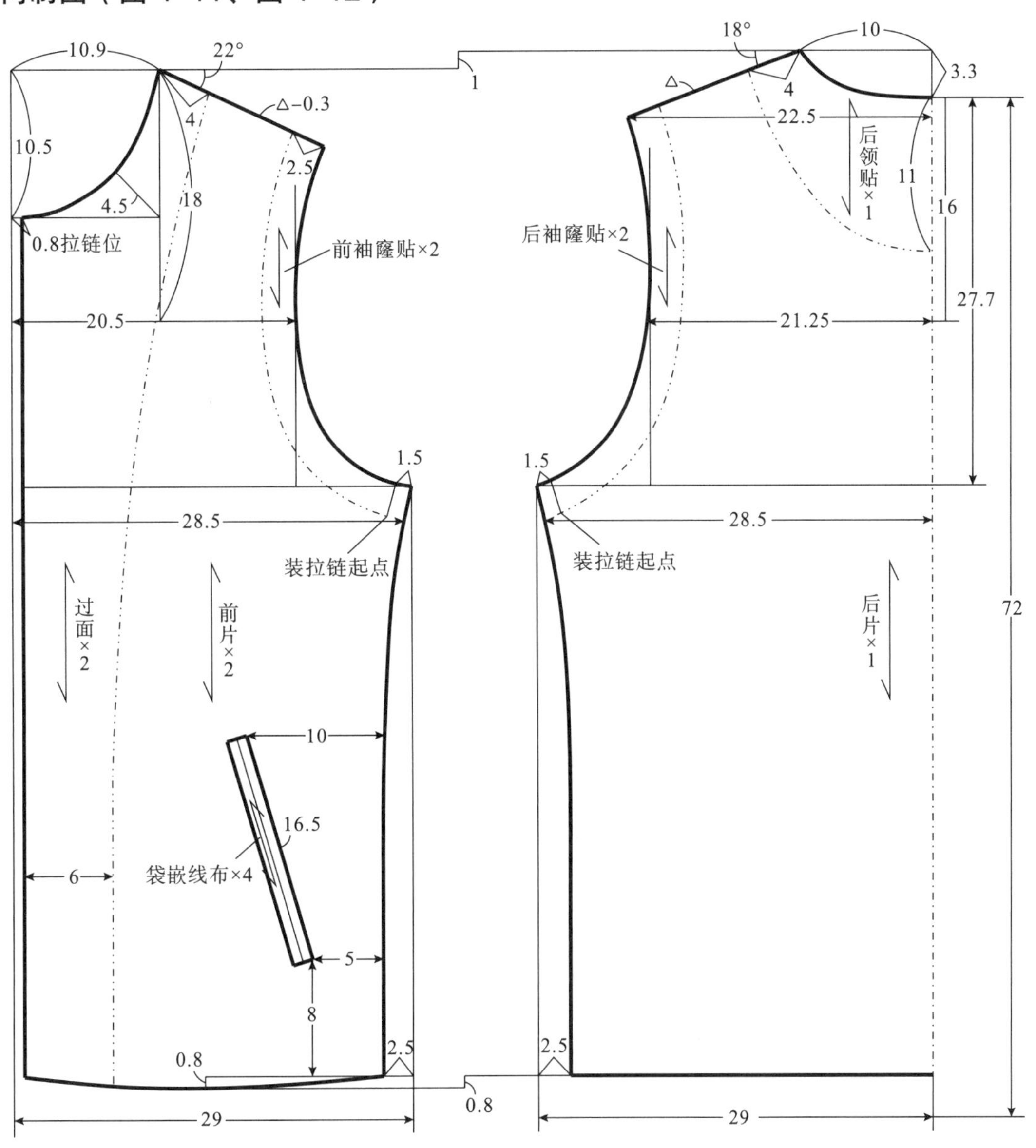

图4-11

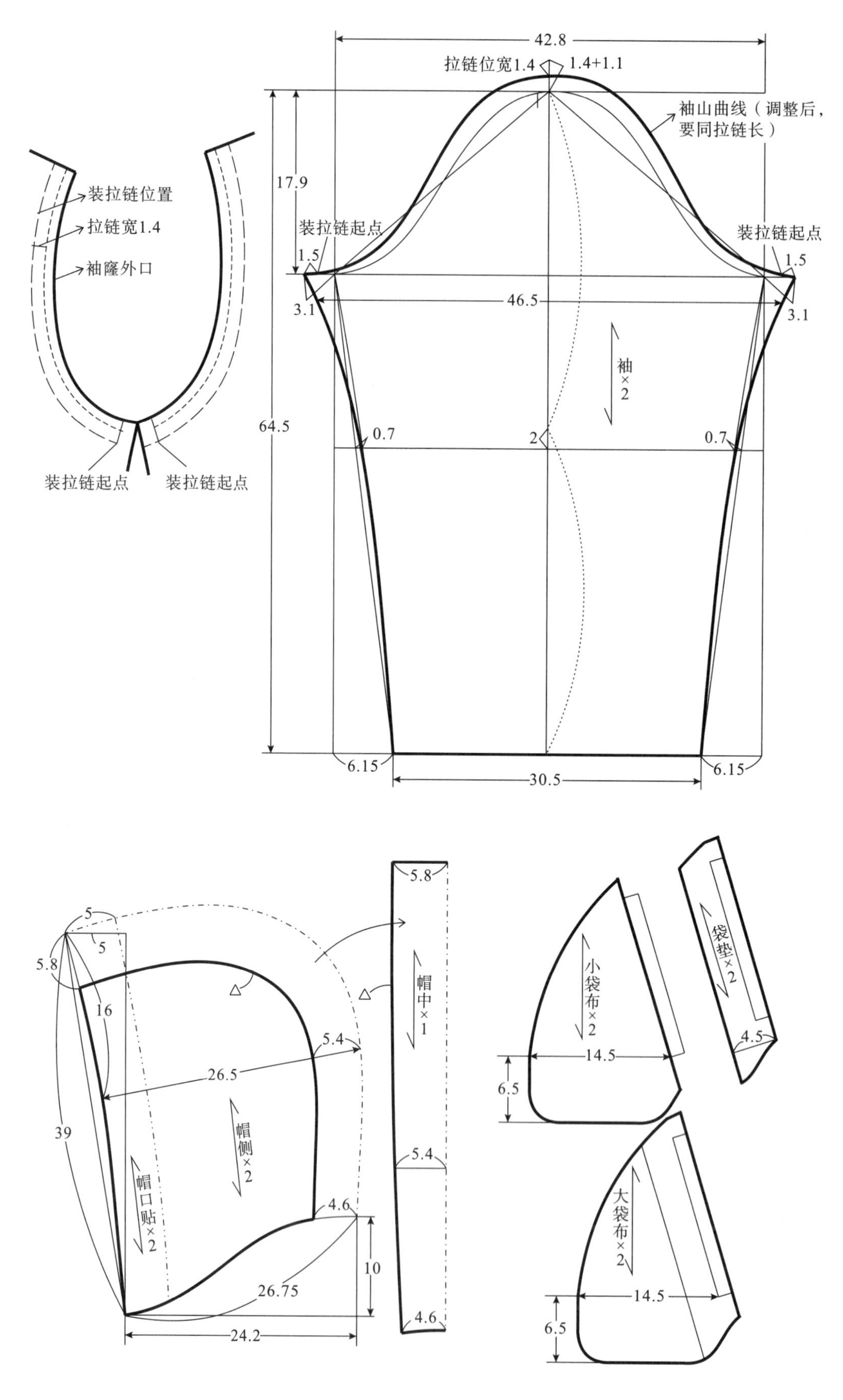

装拉链位置
拉链宽1.4
袖窿外口
装拉链起点
装拉链起点
42.8
拉链位宽1.4
1.4+1.1
袖山曲线（调整后，要同拉链长）
17.9
装拉链起点
装拉链起点
1.5
1.5
3.1
46.5
3.1
袖×2
64.5
0.7
2
0.7
6.15
30.5
6.15
5.8
5
5
5.8
16
39
26.5
5.4
帽中×1
帽侧×2
帽口贴×2
5.4
4.6
10
26.75
24.2
4.6
小袋布×2
袋垫×2
4.5
14.5
6.5
大袋布×2
14.5
6.5

图 4-11　结构制图

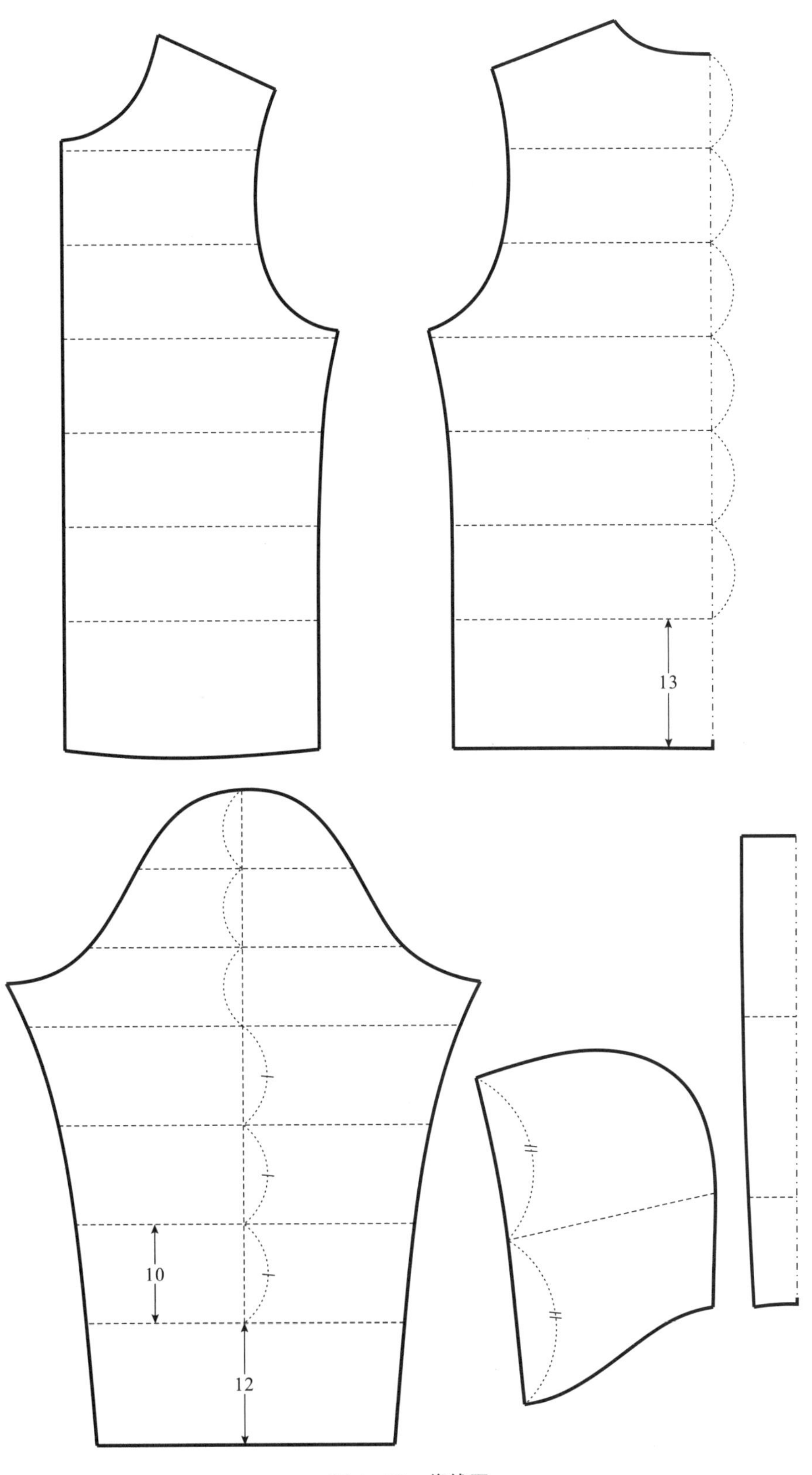

图 4-12　绗线图

（五）填充物

1. 充绒

设定大身单位面积充绒量为 140g/m²，袖单位面积充绒量为 105g/m²，各衣片的充绒量及整件衣服的充绒量见表 4-10。

表 4-10　充绒明细

大身部分					袖部分				
纸样名称	纸样面积（cm^2）	纸样份数（片）	各片充绒量（g）	小计（g）	纸样名称	纸样面积（cm^2）	纸样份数（片）	各片充绒量（g）	小计（g）
后片	3591	1	50.27	50.27	袖	2189	2	22.98	45.96
前片	1668	2	23.35	46.70					
大身部分合计充绒量：96.97g					袖部分合计充绒量：45.96g				
全件充绒量：142.93g									

2. 充棉

帽：160g/m^2 喷胶棉。

袋嵌线：100g/m^2 针棉。

五、案例 5：男式棒球衫羽绒服

（一）款式

男式棒球衫款式，基本型。衣长及臀偏上，前身开单嵌线袋，领、袖口、下摆装罗纹。前中线处装拉链，门襟钉六粒四合扣。四层结构，面布与胆布一起绗线，大身绗双线，袖绗单线，里布不绗线（图 4-13）。

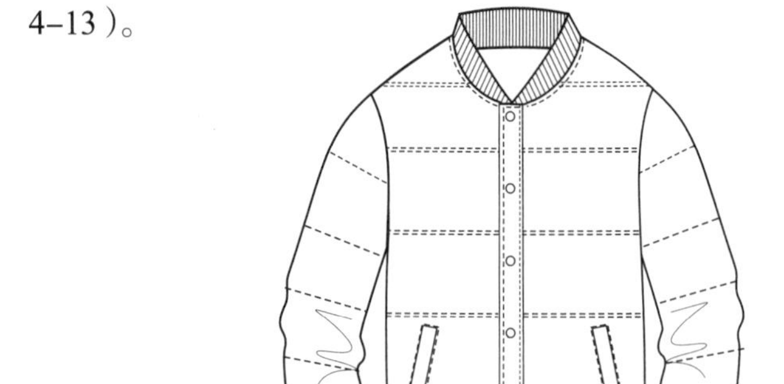
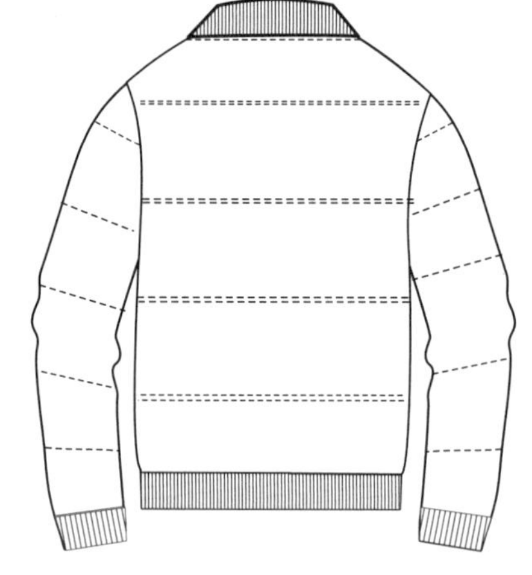

图 4-13　款式图

（二）面料、辅料（表 4-11）

表 4-11　面料、辅料

类型	使用部位	材料	简称
面布	大身、袖、过面、后领贴、袋嵌线布、袋垫	压光涂层涤丝纺	面
里布	大身、袖、袋布	涤纶压光里布	里
胆布	大身、袖	40 旦涤丝纺	胆
罗纹	领、下摆、袖克夫	1000g/m^2 全棉罗纹	罗纹
填充物	大身、袖	灰鸭绒（含绒量 80%）	绒
	门襟、前下摆拼块	100g/m^2 针棉	棉 100
	袋嵌线	60g/m^2 针棉	棉 60

（三）规格设计（表4-12）

表4-12　成品规格（170/88A）　　单位：cm

序号	部位	规格	档差	序号	部位	规格	档差
1	后中长	68	2	8	摆围（带罗纹）	拉开107 放松88	4
2	肩宽	46	1.2	9	袖长	64.5	1
3	后背宽	43.5	1.2	10	袖窿围	55.5	2
4	前胸宽	41	1.2	11	袖肥	40	1.5
5	胸围	112	4	12	袖口围（带罗纹）	拉开29 放松19	1
6	腰节长	44	1	13	领围（带罗纹）	拉开50 放松40	1.5
7	腰围	107	4	14	袋口宽	16	0.5

（四）结构制图（图4-14、图4-15）

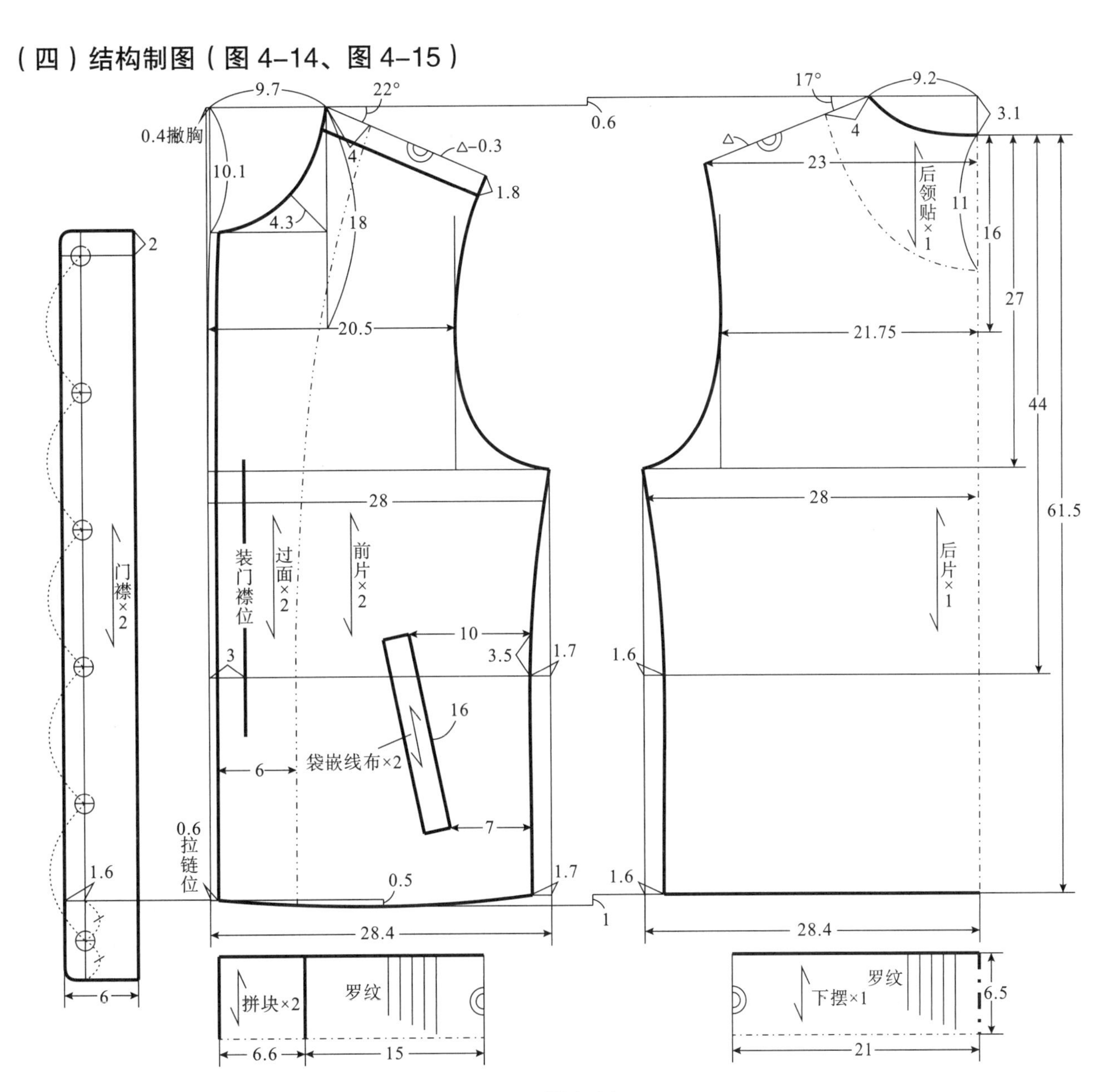

图4-14

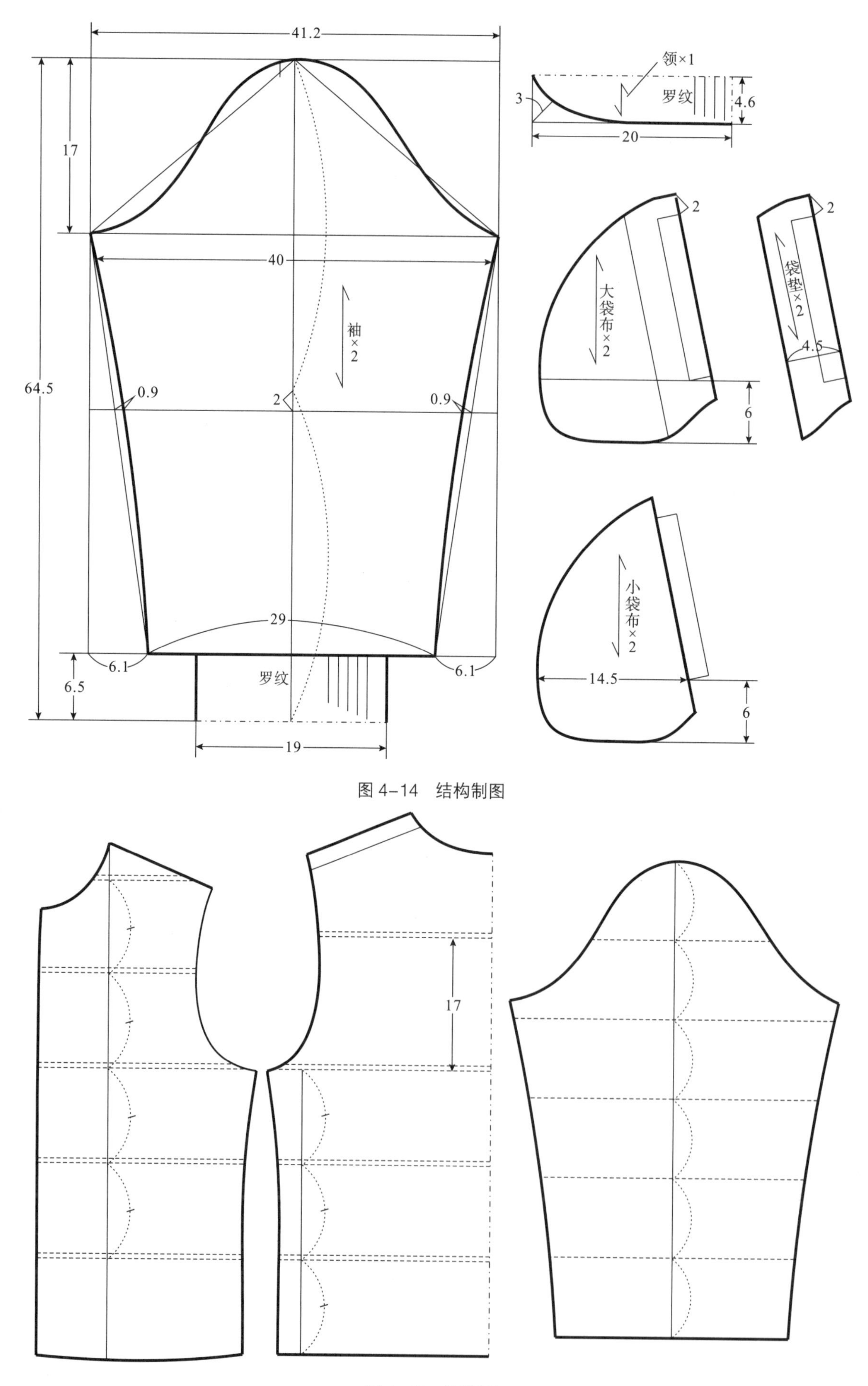

图 4-14 结构制图

图 4-15 绗线图

(五)填充物

1. 充绒

设定大身单位面积充绒量为 160g/m^2，袖单位面积充绒量为 120g/m^2，各衣片的充绒量及整件衣服的充绒量见表 4-13。

表 4-13　充绒明细

大身部分					袖部分				
纸样名称	纸样面积（cm^2）	纸样份数（片）	各片充绒量（g）	小计（g）	纸样名称	纸样面积（cm^2）	纸样份数（片）	各片充绒量（g）	小计（g）
后片	3174	1	50.78	50.78	袖	1751	2	21.01	42.02
前片	1422	2	22.75	45.50					
大身部分合计充绒量：96.28g					袖部分合计充绒量：42.02g				
全件充绒量：138.3g									

2. 充棉

门襟、前下摆拼块：100g/m^2 针棉。

袋嵌线：60g/m^2 针棉。

六、案例 6：男式背心羽绒服

(一)款式

背心款，修身型。衣长及臀偏上，袖窿、领、下摆装罗纹，门襟钉七粒四合扣，两侧开单嵌线袋。四层结构，面布与胆布一起絎线，里布不絎线（图 4-16）。

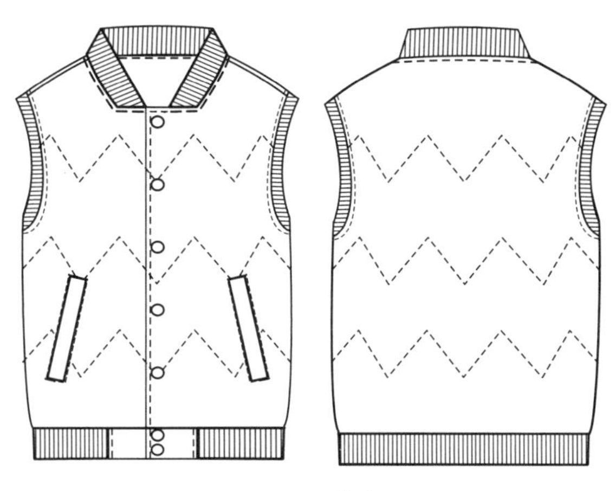

图 4-16　款式图

(二)面料、辅料（表 4-14）

表 4-14　面料、辅料

类型	使用部位	材料	简称
面布	大身、过面、后领贴、袋嵌线布、袋垫	仿记忆涤丝纺	面
里布	大身、袋布	涤纶压光里布	里
胆布	大身	40 旦涤丝纺	胆
罗纹	领、下摆、袖窿	820g/m^2 全棉罗纹	罗纹
填充物	大身	灰鸭绒（含绒量 80%）	绒
	前下摆拼块	100g/m^2 针棉	棉 100
	袋嵌线	60g/m^2 针棉	棉 60

（三）规格设计（表 4–15）

表 4–15　成品规格（170/88A）　　单位：cm

序号	部位	规格	档差	序号	部位	规格	档差
1	后中长	67	2	7	腰围	100	4
2	肩宽	44	1.2	8	摆围（带罗纹）	拉开 99 放松 89	4
3	后背宽	42	1.2	9	袖窿（带罗纹）	拉开 61 放松 52	2
4	前胸宽	40	1.2	10	领围	放松 40	1.5
5	胸围	105	4	11	袋口长	16	0.5
6	腰节长	43	1				

（四）结构制图（图 4–17、图 4–18）

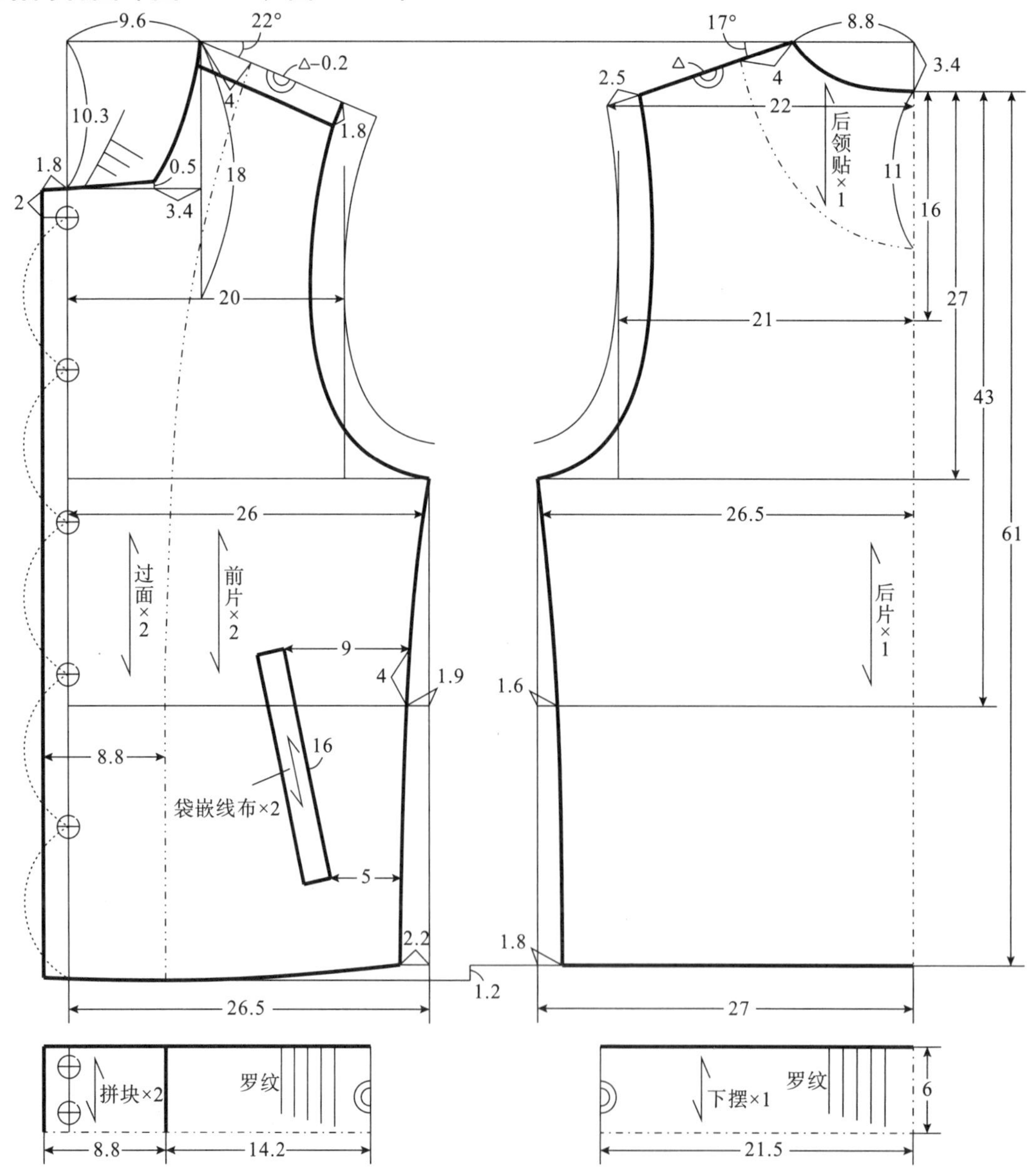

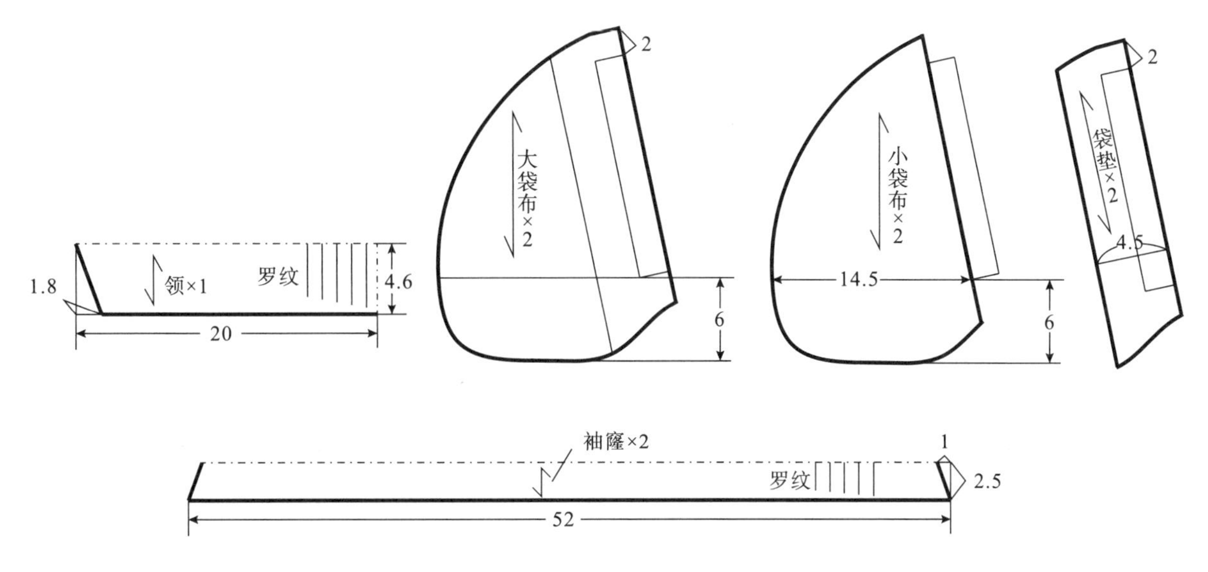

图 4-17　结构制图

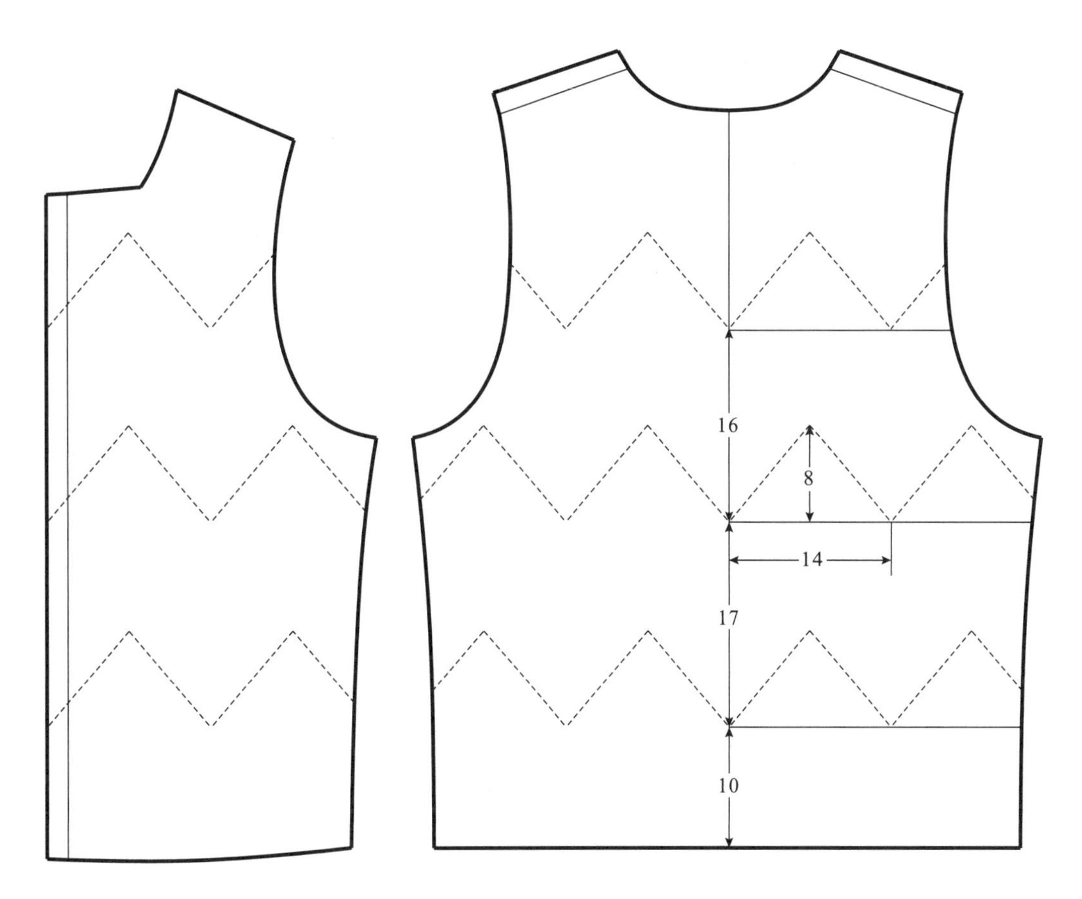

图 4-18　绗线图

（五）填充物

1. 充绒

设定大身单位面积充绒量为 150g/m²，各衣片的充绒量及整件衣服的充绒量见表 4-16。

表 4-16　充绒明细

大身部分				
纸样名称	纸样面积（cm²）	纸样份数（片）	各片充绒量（g）	小计（g）
后片	2910	1	43.65	43.65
前片	1419	2	21.29	42.58
大身部分合计充绒量：86.23g				
全件充绒量：86.23g				

2. 充棉

前下摆拼块：100g/m² 针棉。

袋嵌线：60g/m² 针棉。

七、案例 7：男式可脱卸内件羽绒服

（一）款式

基本型，衣长及大腿处。帽可脱卸。前身有胸袋、口袋，立领，袖后中线处分割，袖口开衩装袖克夫，左袖臂装贴袋。前中线处装拉链，门襟钉六粒四合扣。腰处装调节抽绳。

内件为可脱卸的无袖背心，四层结构，面布不绗线，里布与胆布一起绗线（水平线）（图 4-19）。

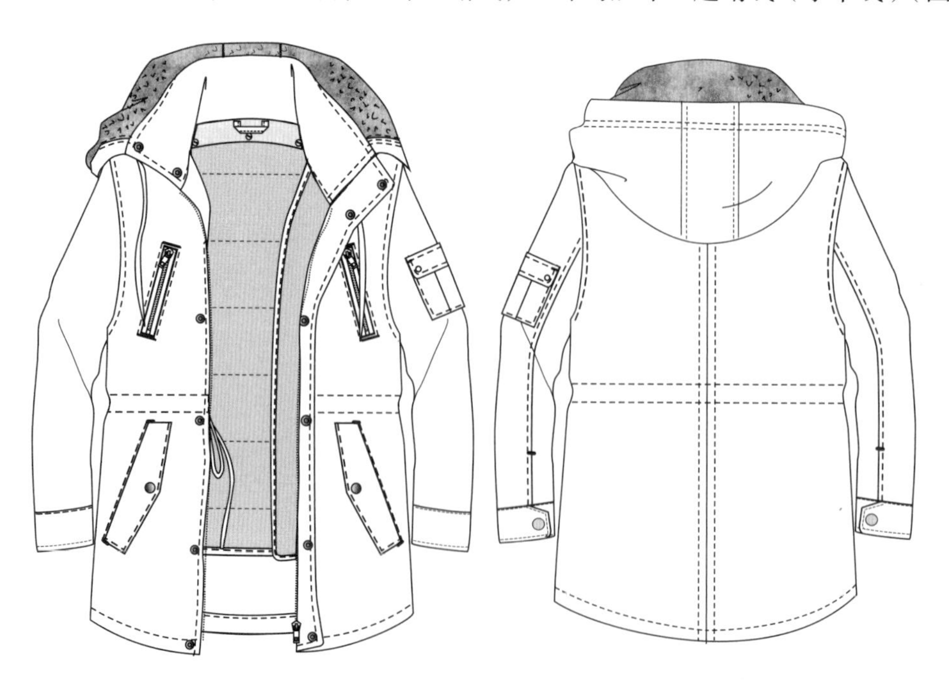

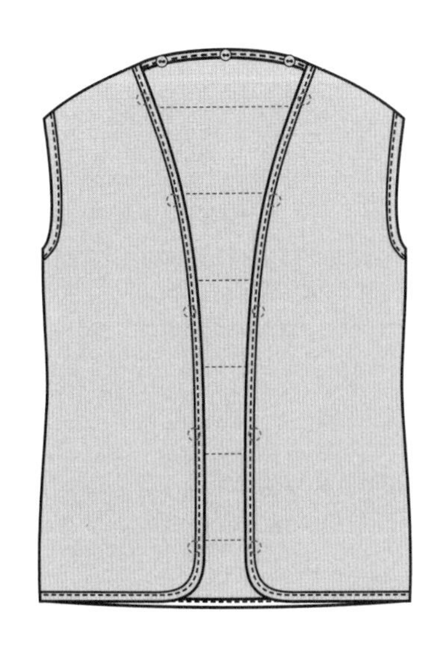

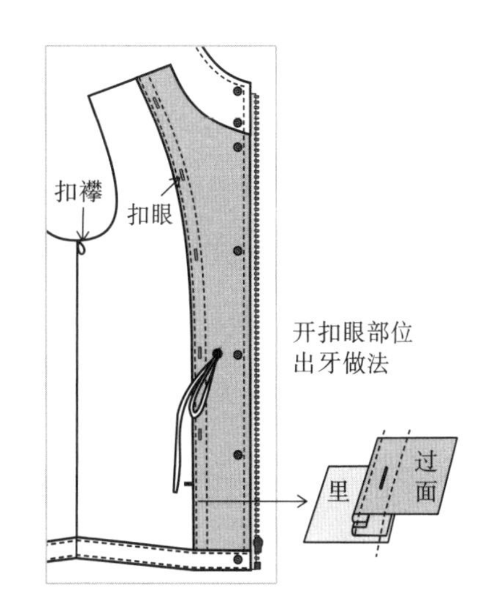

图 4–19　款式图

（二）面料、辅料（表 4–17）

表 4–17　面料、辅料

类型	使用部位	材料	简称
面布 1	外件：大身、袖、脚贴边、过面、帽（面）、领、后领贴、袖袋、袋嵌线布、袋盖、袋垫	细颗粒全棉帆布	面 1
面布 2	内件：大身（面、里）、包边条	高密尼丝纺	面 2
里布 1	外件：大身、袖、袋布	涤纶压光里布	里 1
里布 2	外件：帽（里）	仿羊羔毛	里 2
胆布	内件：大身	40 旦涤丝纺	胆
填充物	内件：大身	灰鸭绒（含绒量 80%）	绒

（三）规格设计（表 4–18）

表 4–18　成品规格（170/88A）　单位：cm

序号	部位	规格	档差	序号	部位	规格	档差
1	后中长	80	2	6	腰节长	46	1
2	肩宽	45.5	1.2	7	腰围	113	4
3	后背宽	43.5	1.2	8	摆围	113	4
4	前胸宽	41.5	1.2	9	袖长	62	1
5	胸围	113	4	10	袖窿围	55	2

续表

序号	部位	规格	档差	序号	部位	规格	档差
11	袖肥	42.5	1.5	14	帽高	38	0.5
12	袖口围	26	1	15	帽宽	27.5	0.5
13	领围	58	1.5	16	袋口长	17	0.5

（四）结构制图（图 4-20 ~图 4-22）

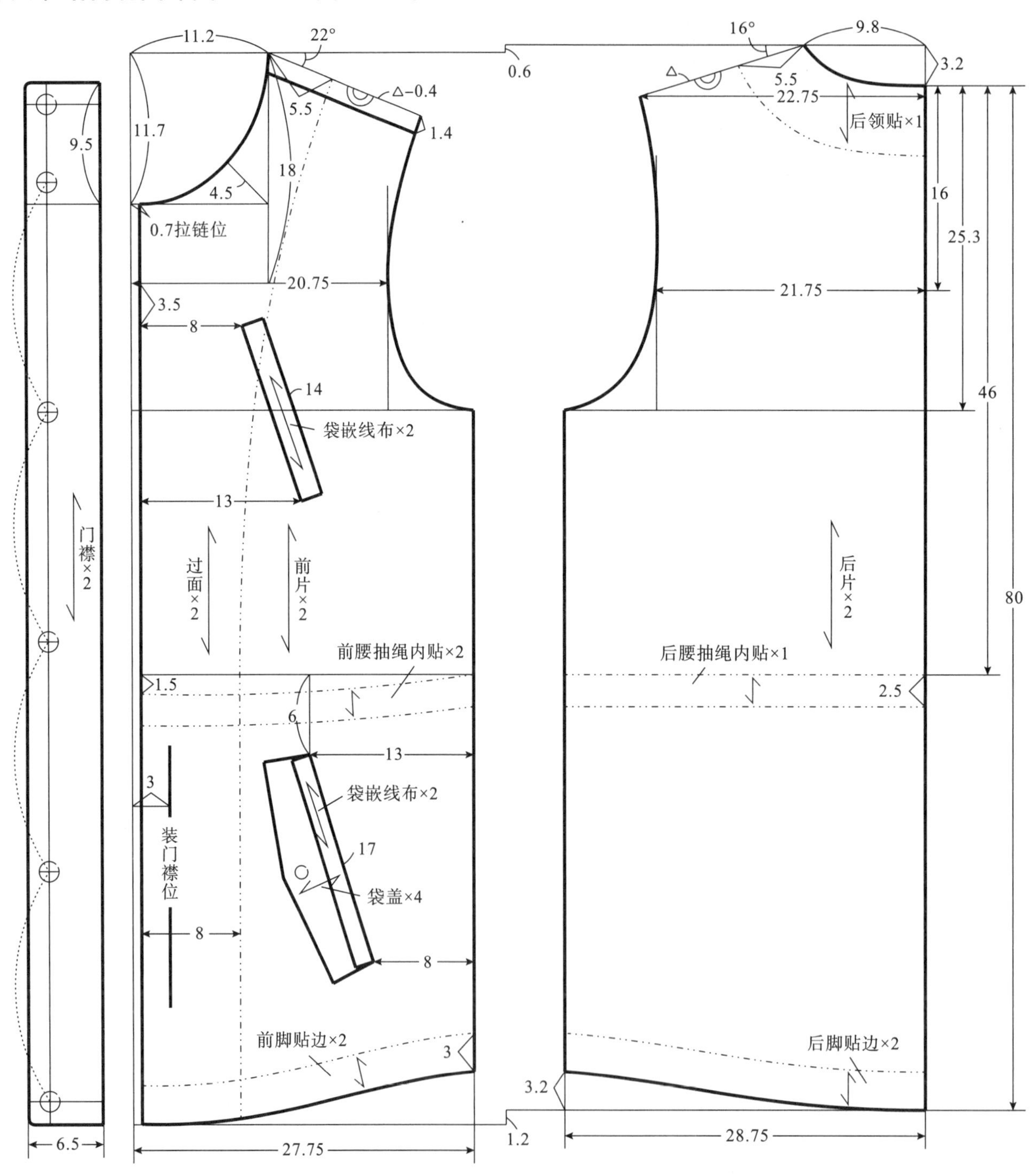

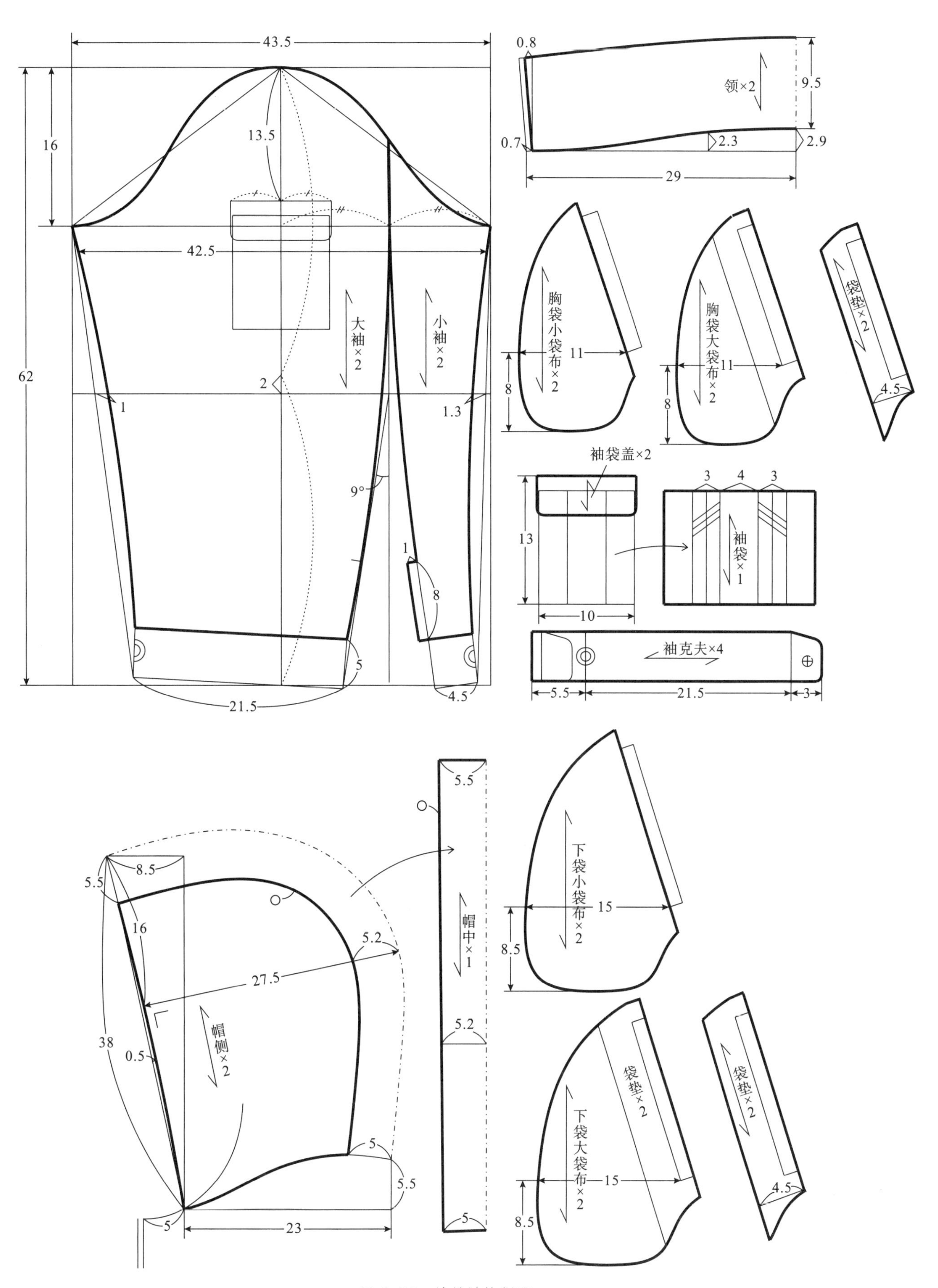
43.5
16
13.5
62
42.5
大袖×2
小袖×2
2
1
1.3
9°
1
8
5
21.5
4.5
0.8
0.7
领×2
9.5
2.3
2.9
29
胸袋小袋布×2
11
8
胸袋大袋布×2
11
8
袋垫×2
4.5
袖袋盖×2
13
10
3
4
3
袖袋×1
袖克夫×4
5.5
21.5
3
8.5
5.5
16
27.5
5.2
38
0.5
帽侧×2
5
5.5
5
23
5.5
帽中×1
5.2
5
下袋小袋布×2
15
8.5
下袋大袋布×2
15
8.5
袋垫×2
袋垫×2
4.5

图 4-20　外件结构制图

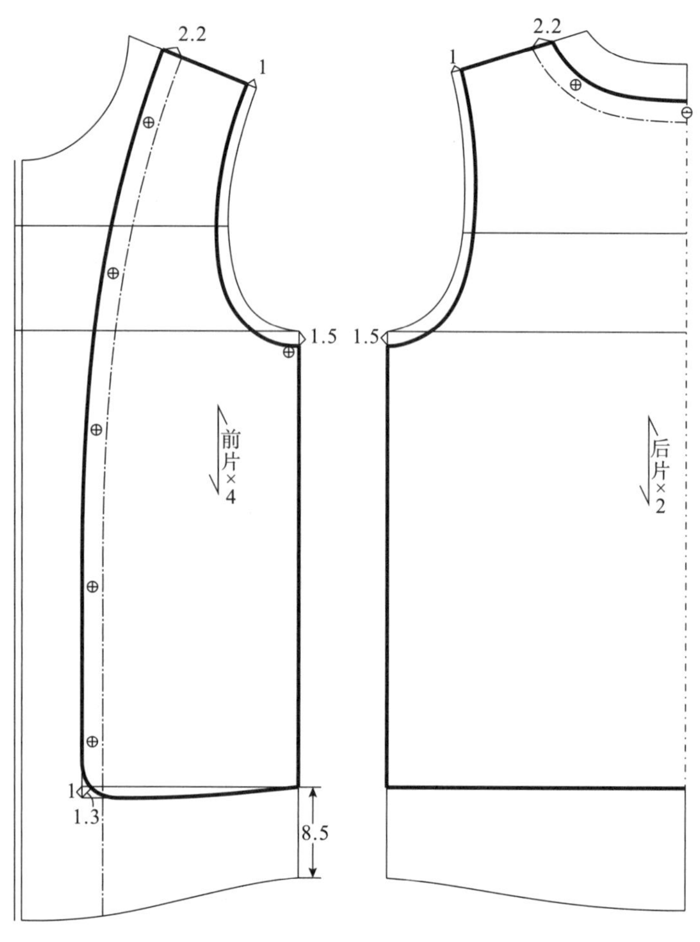

图 4-21　内件结构制图

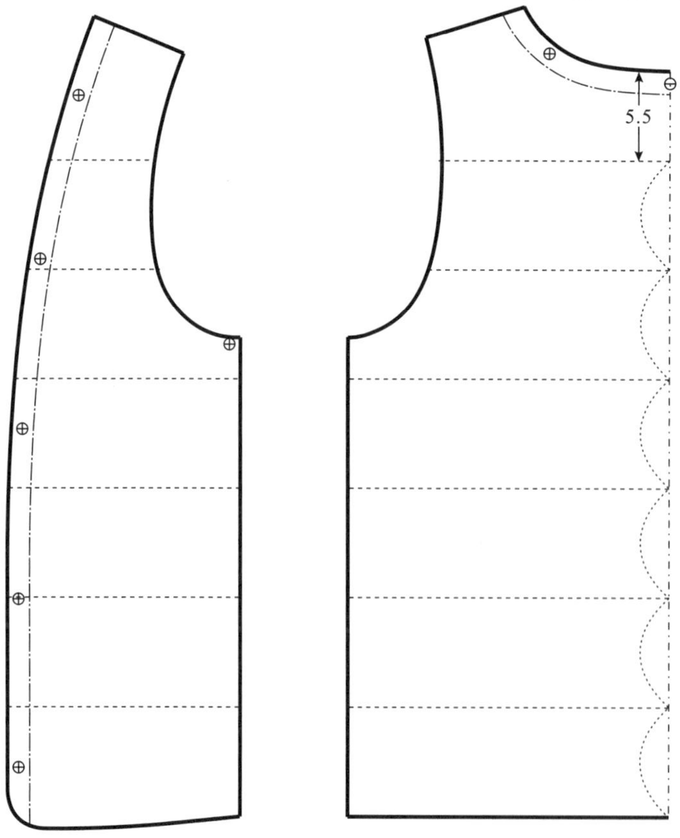

5.5

图 4-22　绗线图

（五）填充物

内件：设定单位面积充绒量为 130g/m^2，各衣片的充绒量及整件衣服的充绒量见表 4-19。

表 4-19　充绒明细

大身部分				
纸样名称	纸样面积（cm^2）	纸样份数（片）	各片充绒量（g）	小计（g）
后片	3520	1	45.76	45.76
前片	1168	2	15.18	30.36
大身部分合计充绒量：76.12g				
全件充绒量：76.12g				

八、案例 8：女式连帽棉服

（一）款式

宽松型，落肩式。衣长及大腿中部，腰部有收腰抽绳。两片袖，袖口装调节襻。无领连身帽，门襟装拉链，外门襟钉四合扣，前身开双嵌线袋，装袋盖。成衣做洗水处理。两层结构，面布无绗线，里布与喷胶棉一起绗线（图 4-23）。

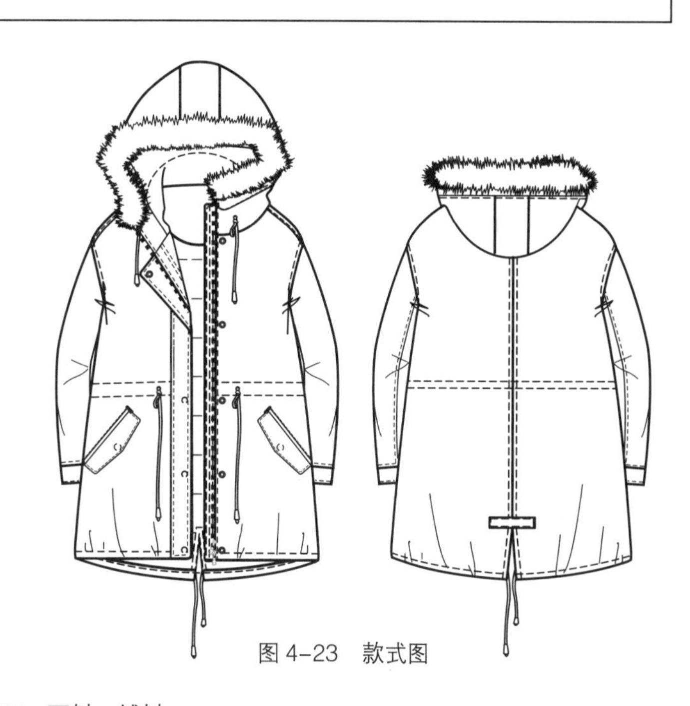

图 4-23　款式图

（二）面料、辅料（表 4-20）

表 4-20　面料、辅料

类型	使用部位	材料	简称
面布	大身、袖、过面、帽、帽口贴、后领贴、门襟、里襟、袋嵌线布、袋盖、袋垫、腰抽绳内贴、开衩贴块	斜纹纱卡全棉面布	面
里布	大身、袖、帽、袋布	300T 消光春亚纺	里
填充物	大身、帽	160g/m^2 喷胶棉	棉 160
	袖	120g/m^2 针棉	棉 120
	门襟、里襟、袋嵌线、袋盖、袖克夫	100g/m^2 针棉	棉 100

（三）规格设计（表 4-21）

表 4-21　成品规格（160/84A）　　单位：cm

序号	部位	规格	档差	序号	部位	规格	档差
1	后中长	87	2	3	后背宽	43	1
2	肩宽	48	1	4	前胸宽	41	1

续表

序号	部位	规格	档差	序号	部位	规格	档差
5	胸围	113	4	11	袖肥	37.5	1.5
6	腰节长	41	1	12	袖口围	27	1
7	腰围	114	4	13	领围	53	1.5
8	摆围	122	4	14	帽高	36.5	0.5
9	袖长	56	1	15	帽宽	29	0.5
10	袖窿围	48	2	16	袋口宽	15.5	0.5

（四）结构制图（图4-24、图4-25）

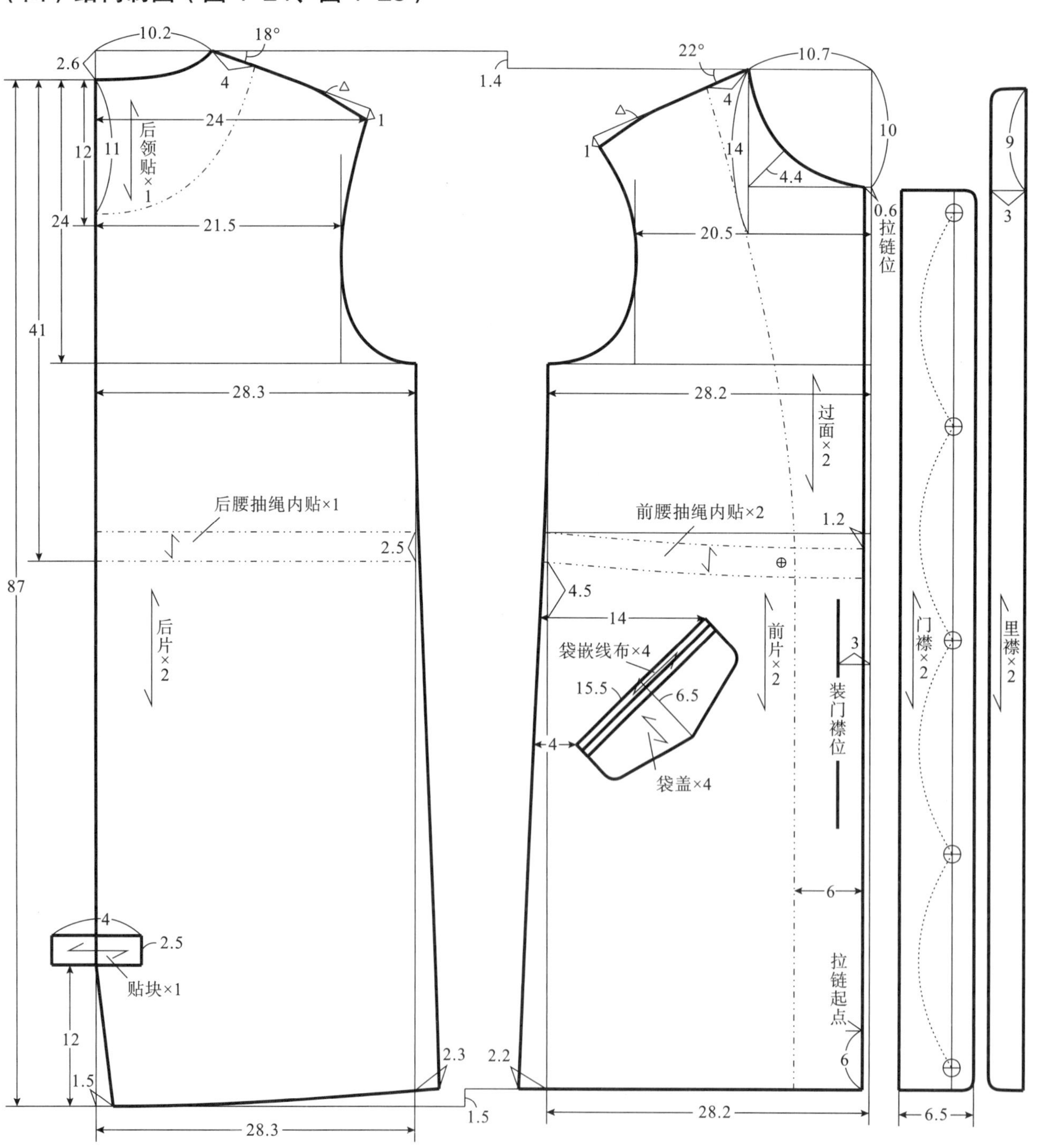

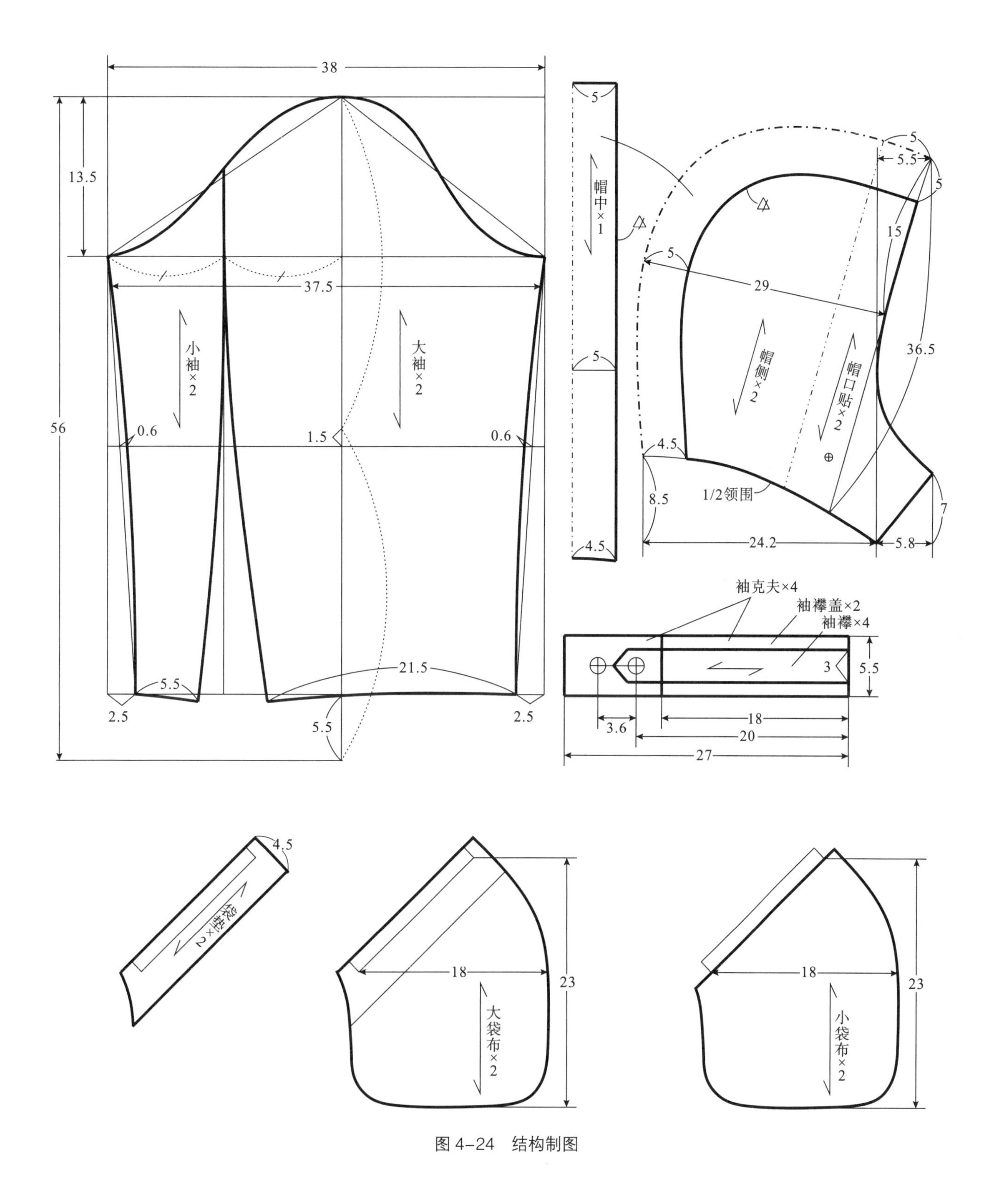
38
13.5
56
37.5
小袖×2
大袖×2
0.6
1.5
0.6
5.5
21.5
2.5
5.5
2.5
5
帽中×1
5
4.5
5
5.5
5
15
5
29
36.5
帽侧×2
帽口贴×2
4.5
8.5
1/2领围
7
24.2
5.8
袖克夫×4
袖襻盖×2
袖襻×4
3
5.5
3.6
18
20
27
4.5
袋垫×2
18
23
大袋布×2
18
23
小袋布×2

图 4-24　结构制图

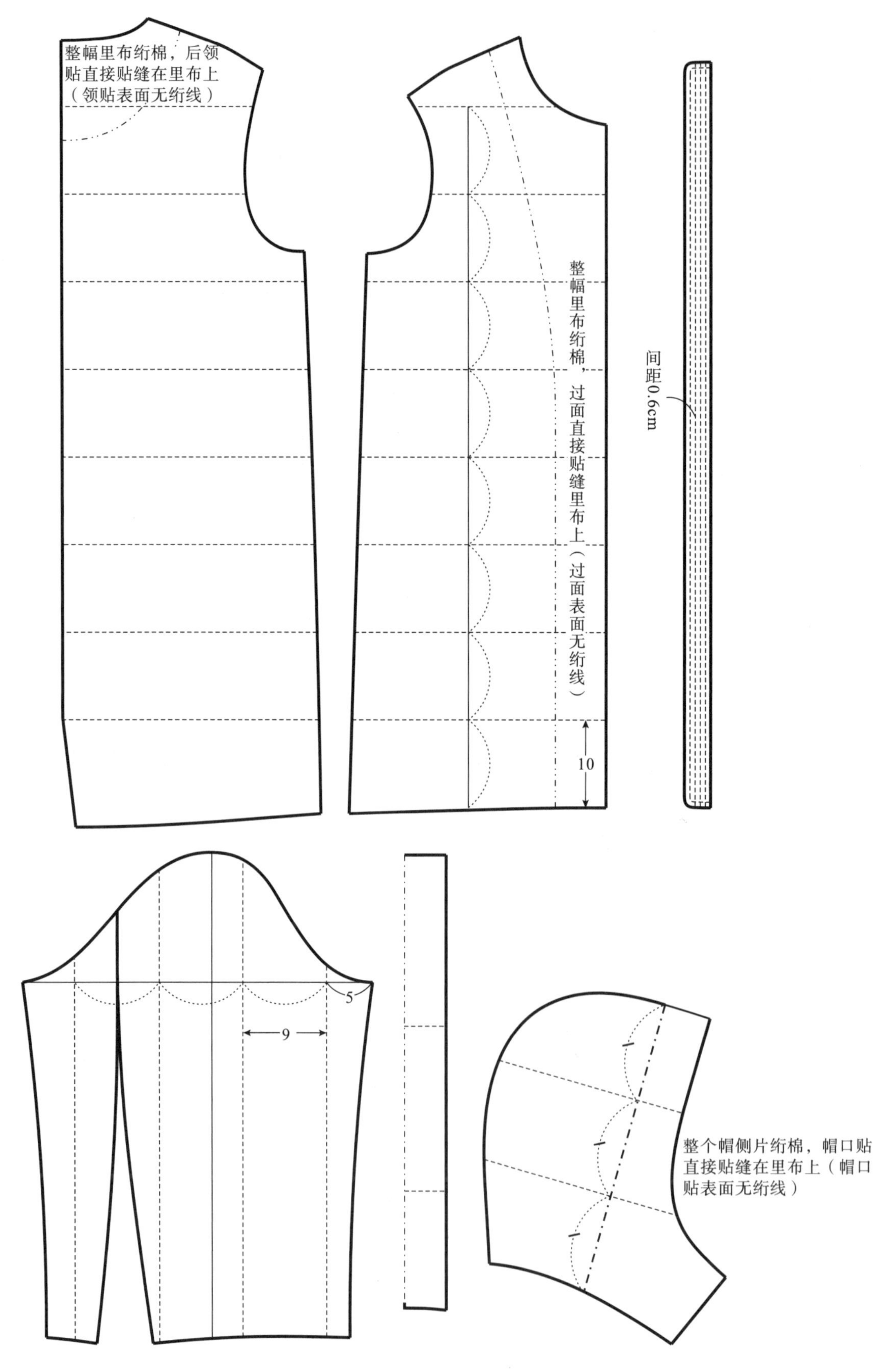
整幅里布绗棉，后领
贴直接贴缝在里布上
（领贴表面无绗线）
整幅里布绗棉，过面直接贴缝里布上（过面表面无绗线）
10
间距0.6cm
5
9
整个帽侧片绗棉，帽口贴
直接贴缝在里布上（帽口
贴表面无绗线）

图 4-25　绗线图

九、案例 9：女式短款连帽棉服

（一）款式

箱型，衣长在臀围与腰围之间。侧缝下端往前偏移，侧缝处开插袋，无领连帽，帽口包弹力织带，下摆内装弹力橡筋抽绳，一片袖，袖口装罗纹，前中线处装拉链。两层结构，面布与喷胶棉一起绗线，里布无绗线（图 4-26）。

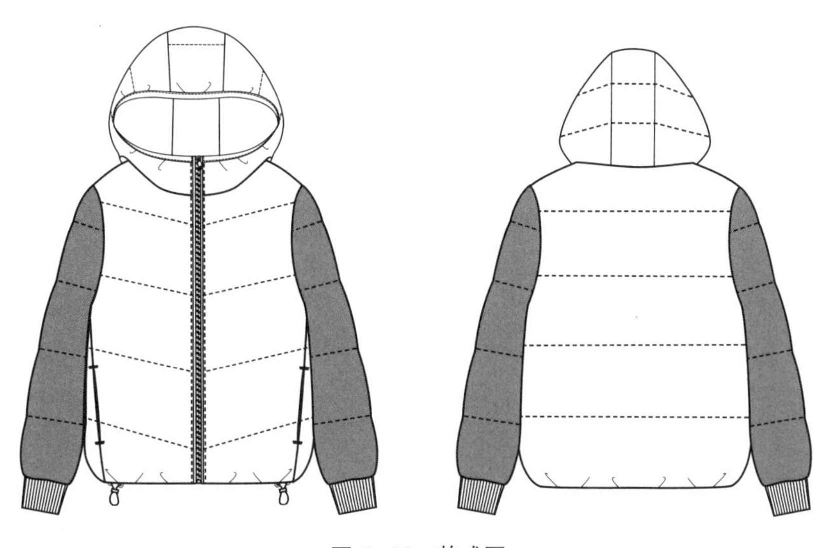

图 4-26　款式图

（二）面料、辅料（表 4-22）

表 4-22　面料、辅料

类型	使用部位	材料	简称
面布	大身、过面、帽、后领贴、袋垫	仿羊羔毛面布	面 1
	袖	320 g/m² 耳仔卫衣布	面 2
里布	大身、袖、袋布	305T 压光涤丝纺	里
罗纹	袖克夫	800g/m² 全棉罗纹	罗纹
填充物	大身、帽	180g/m² 喷胶棉	棉 180
	袖	140g/m² 喷胶棉	棉 140

（三）规格设计（表 4-23）

表 4-23　成品规格（160/84A）　单位：cm

序号	部位	规格	档差	序号	部位	规格	档差
1	后中长	57	2	3	后背宽	38	1
2	肩宽	39	1	4	前胸宽	36	1

续表

序号	部位	规格	档差	序号	部位	规格	档差
5	胸围	102	4	10	袖口围 （带罗纹）	拉开 28 放松 18	1
6	摆围	104	4	11	领围	55	1.5
7	袖长	62	1	12	帽高	拉开 37 放松 32.5	0.5
8	袖窿围	50	2	13	帽宽	26.5	0.5
9	袖肥	36	1.5	14	袋口长	14	0.5

（四）结构制图（图 4-27、图 4-28）

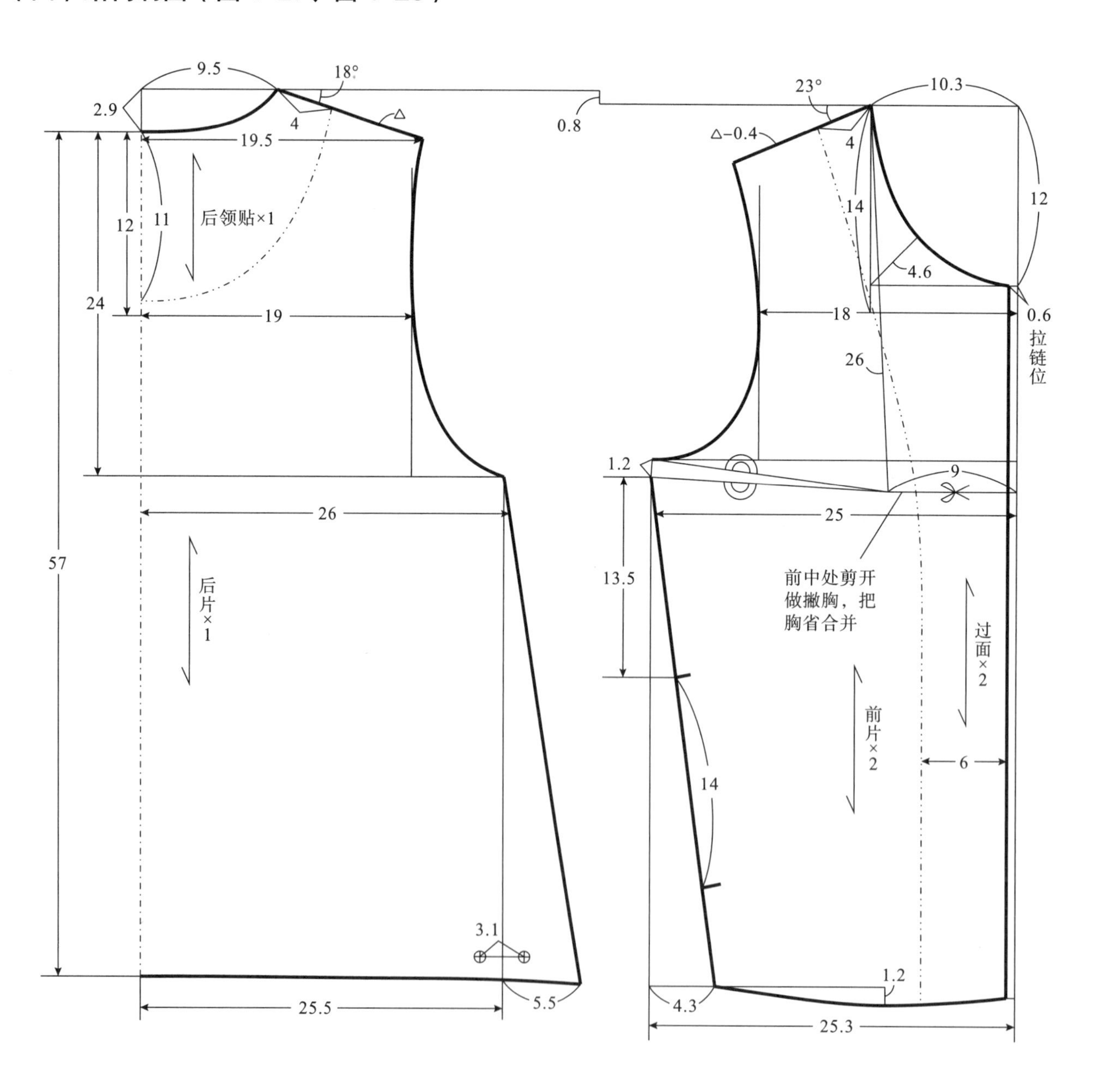

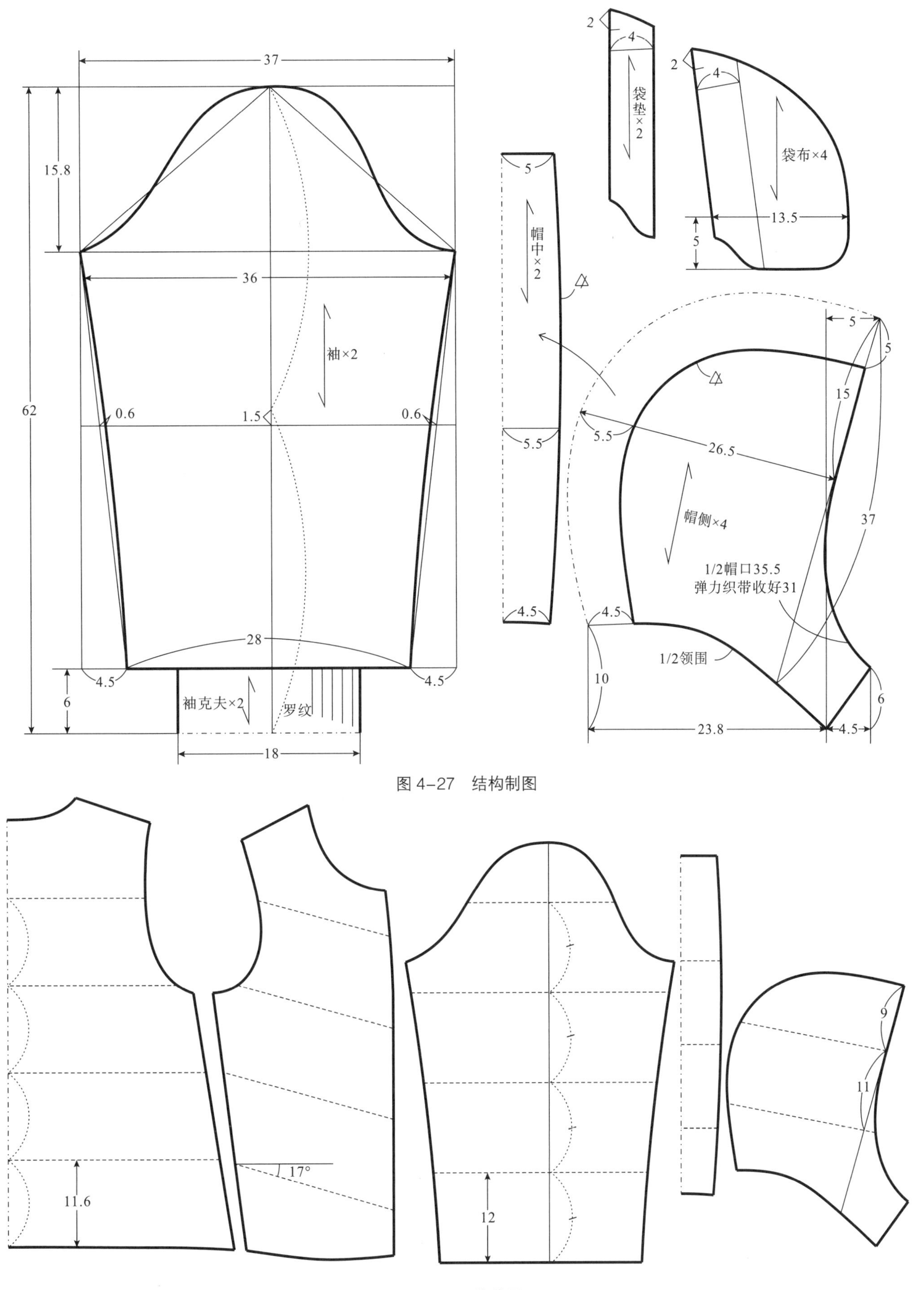

图 4-27　结构制图

图 4-28　绗线图

十、案例 10：女式直身型羽绒服

（一）款式

直身型，衣长至腰围与臀围之间，两片袖，内加罗纹防风袖口，立领，可脱卸帽，门襟装拉链，外门襟钉四合扣两侧开单嵌线袋。四层结构，面布与胆布一起绗线，里布无绗线（图 4–29）。

图 4–29 款式图

（二）面料、辅料（表 4–24）

表 4–24 面料、辅料

类型	使用部位	材料	简称
面布	大身、袖、过面、帽、领、后领贴、门襟、里襟、袋嵌线布、袋垫	仿记忆绒感面布	面
里布	大身、袖、袋布	305T 压光涤丝纺	里
胆布	大身、袖	40 旦涤丝纺	胆
罗纹	里袖克夫	$800g/m^2$ 全棉罗纹	罗纹
填充物	大身、袖	白鸭绒（含绒量 80%）	绒
	帽、领	$140g/m^2$ 喷胶棉	棉 140
	门襟、里襟、袋嵌线	$100g/m^2$ 针棉	棉 100

（三）规格设计（表 4–25）

表 4–25 成品规格（160/84A） 单位：cm

序号	部位	规格	档差	序号	部位	规格	档差
1	后中长	59	2	3	后背宽	39	1
2	肩宽	40.5	1	4	前胸宽	37	1

续表

序号	部位	规格	档差	序号	部位	规格	档差
5	胸围	104	4	10	袖口围	外袖口 29 罗纹 18	1
6	摆围	106	4	11	领围	58	1.5
7	袖长	61.5	1	12	帽高	37	0.5
8	袖窿围	51	2	13	帽宽	26	0.5
9	袖肥	37	1.5	14	袋口长	14	0.5

（四）结构制图（图 4–30、图 4–31）

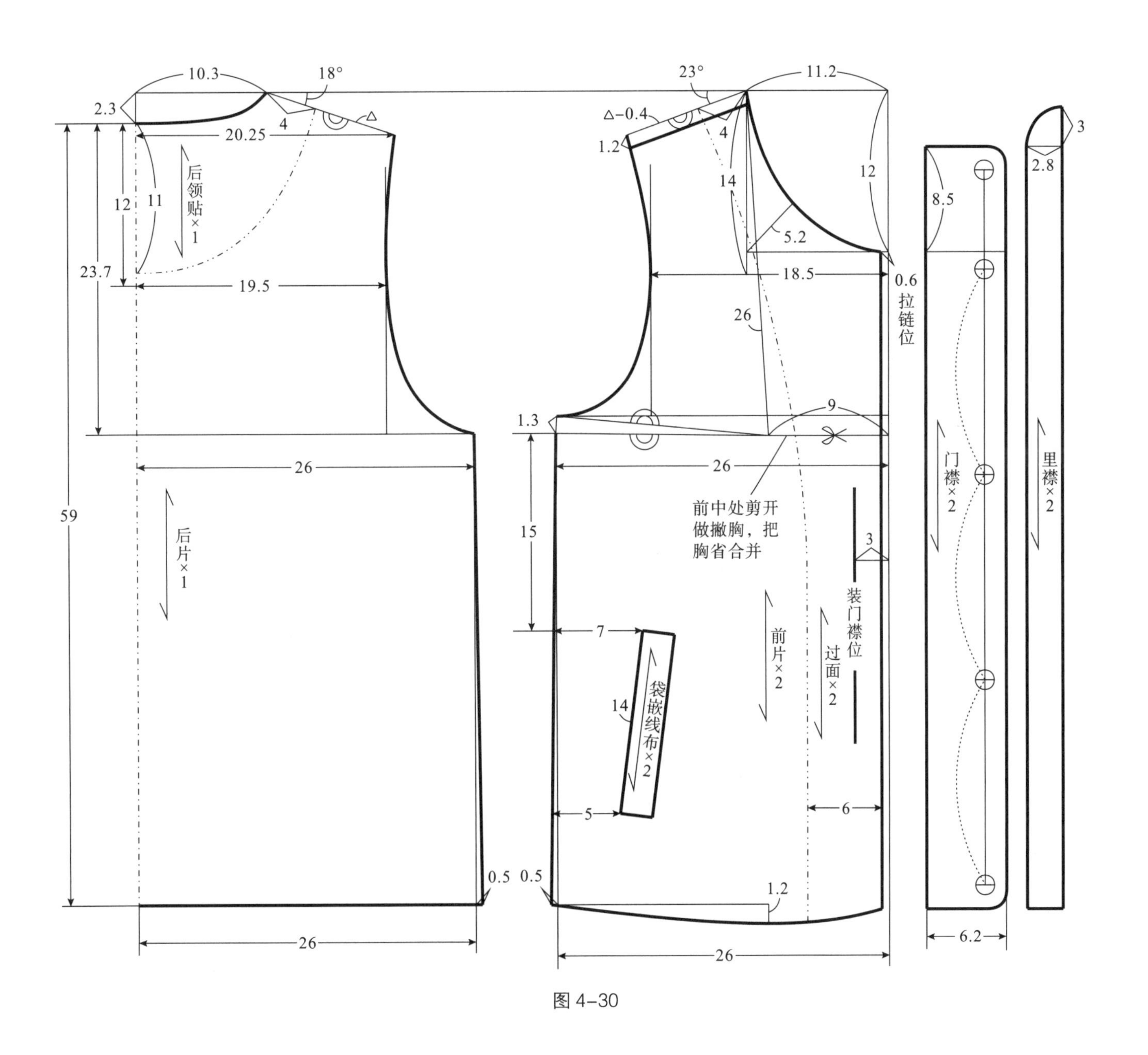

图 4–30

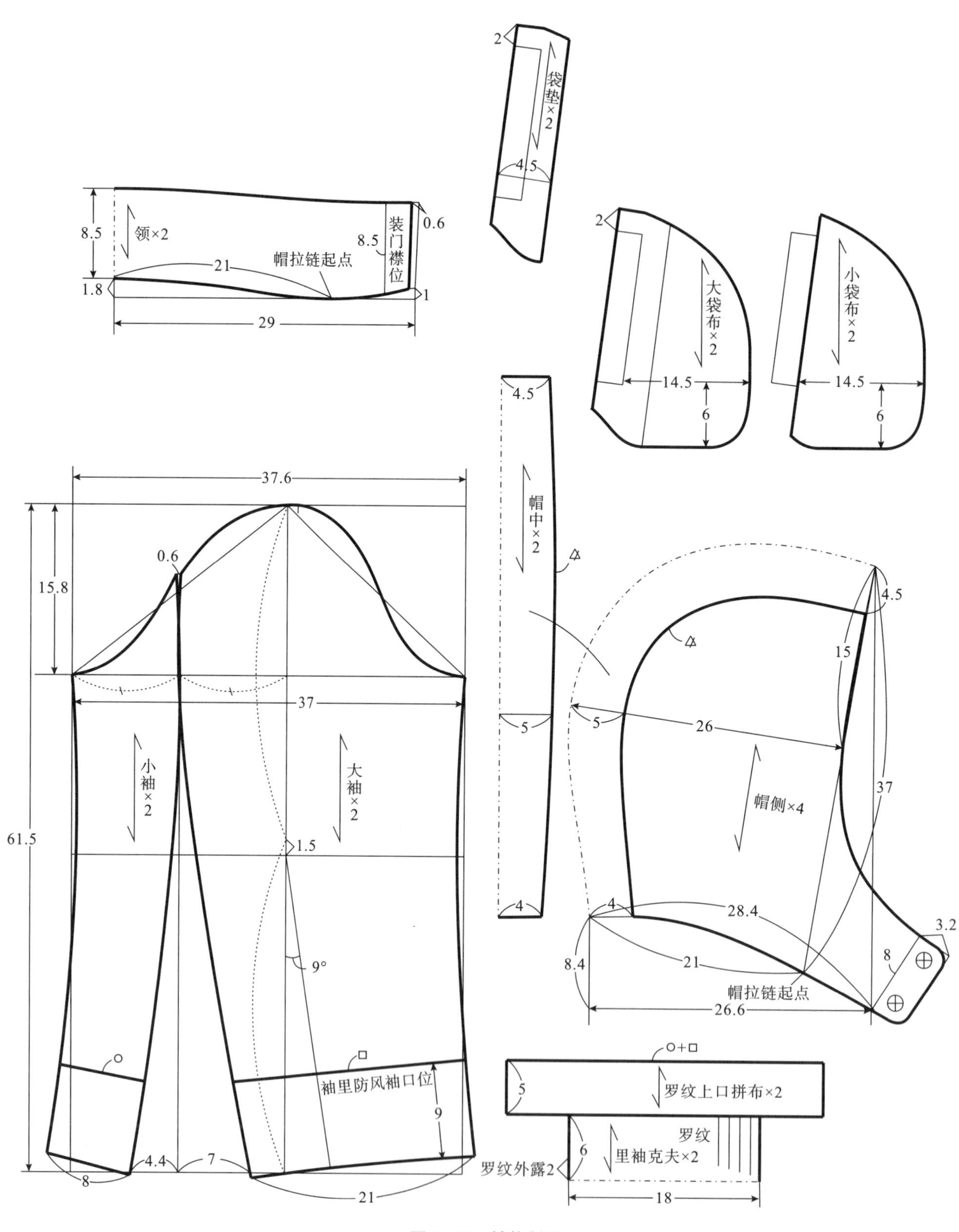

袋垫×2
领×2
装门襟位
帽拉链起点
大袋布×2
小袋布×2
帽中×2
小袖×2
大袖×2
帽侧×4
袖里防风袖口位
罗纹上口拼布×2
罗纹
里袖克夫×2
罗纹外露2

图 4-30 结构制图

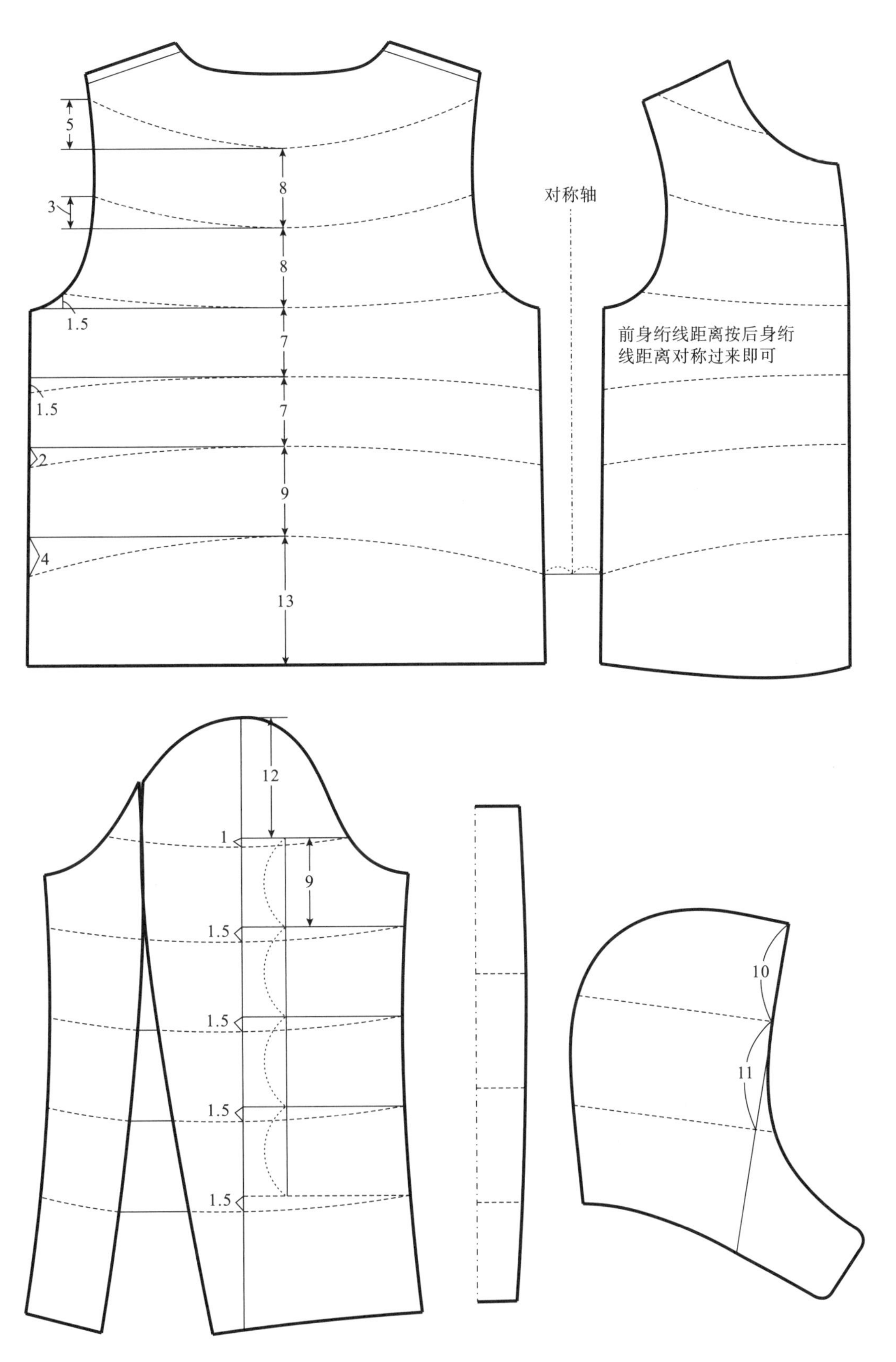
5
3
8
8
1.5
7
1.5
7
2
9
4
13
对称轴
前身绗线距离按后身绗
线距离对称过来即可
12
1
9
1.5
1.5
1.5
1.5
10
11

图 4-31　绗线图

（五）填充物

1. 充绒

设定大身单位面积充绒量为 130g/m²，袖单位面积充绒量为 98g/m²，各衣片的充绒量及整件衣服的充绒量见表 4-26。

表 4-26 充绒明细

大身部分					袖部分				
纸样名称	纸样面积（cm²）	纸样份数（片）	各片充绒量（g）	小计（g）	纸样名称	纸样面积（cm²）	纸样份数（片）	各片充绒量（g）	小计（g）
后片	2911	1	37.84	37.84	大袖	1381	2	13.53	27.06
前片	1338	2	17.39	34.78	小袖	435	2	4.26	8.52
大身部分合计充绒量：72.62g					袖部分合计充绒量：35.58g				
全件充绒量：108.2g									

2. 充棉

帽、领：140g/m² 喷胶棉。

门襟、里襟、袋嵌线：100g/m² 针棉。

十一、案例 11：女式修身中长款羽绒服

（一）款式

修身型，衣长至大腿中间位置，前后公主线分割，合体收腰效果，腰节线处进行分割，两片袖，立领，领里是罗纹织物，可脱卸帽，前中装拉链，外门襟钉四合扣，两侧开单嵌线袋，装袋盖。四层结构，面布与胆布一起绗线，里布不绗线（图 4-32）。

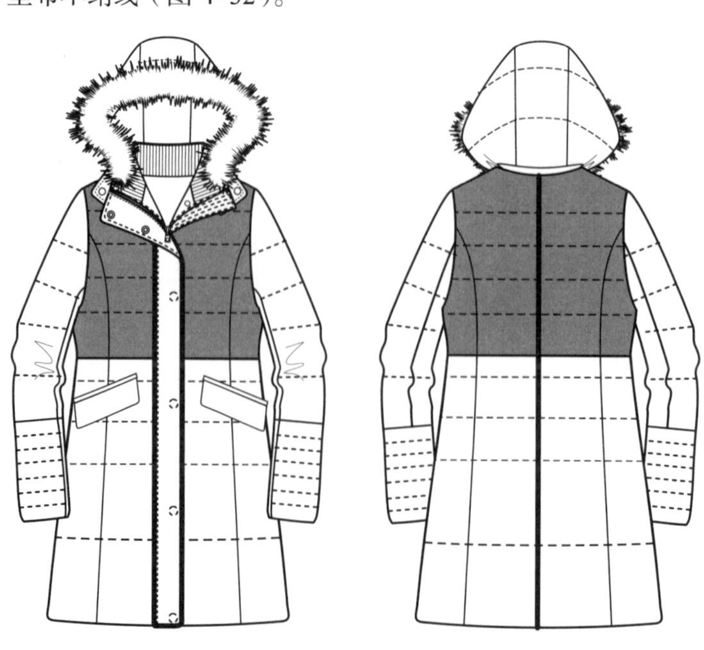

图 4-32 款式图

（二）面料、辅料（表 4-27）

表 4-27　面料、辅料

类型	使用部位	材料	简称
面布	大身上节	薄毛呢面布	面 1
	大身下节、袖、过面、领（面）、后领贴、帽、门襟、里襟、袋嵌线布、袋盖、袋垫	仿记忆绒感面布	面 2
里布	大身、袖、袋布	290T 涤丝纺	里
胆布	大身、袖	40 旦涤丝纺	胆
罗纹	领（里）	800g/m² 全棉罗纹	罗纹
填充物	大身、袖	白鸭绒（含绒量 80%）	绒
	帽、领	140g/m² 喷胶棉	棉 140
	门襟、里襟、袋嵌线、袋盖	100g/m² 针棉	棉 100

（三）规格设计（表 4-28）

表 4-28　成品规格（160/84A）　单位：cm

序号	部位	规格	档差	序号	部位	规格	档差
1	后中长	85	2	9	袖长	61.5	1
2	肩宽	40.5	1	10	袖窿围	50	2
3	后背宽	39	1	11	袖肥	36.5	1.5
4	前胸宽	36	1	12	袖口围	27	1
5	胸围	101	4	13	领围	55	1.5
6	腰节长	36.5	1	14	帽高	37	0.5
7	腰围	90	4	15	帽宽	26	0.5
8	摆围	121	4	16	袋口长	15	0.5

（四）结构制图（图4-33、图4-34）

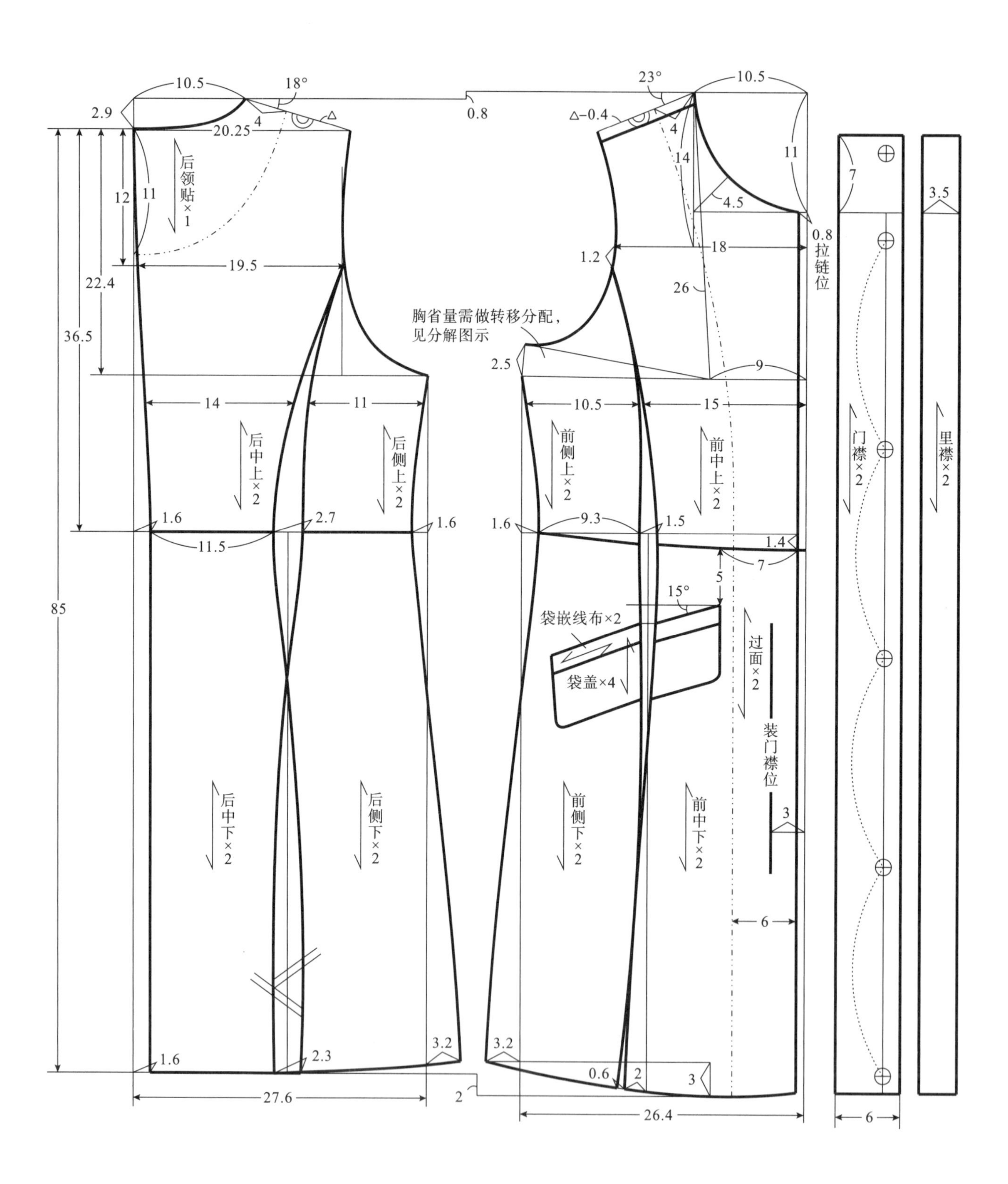

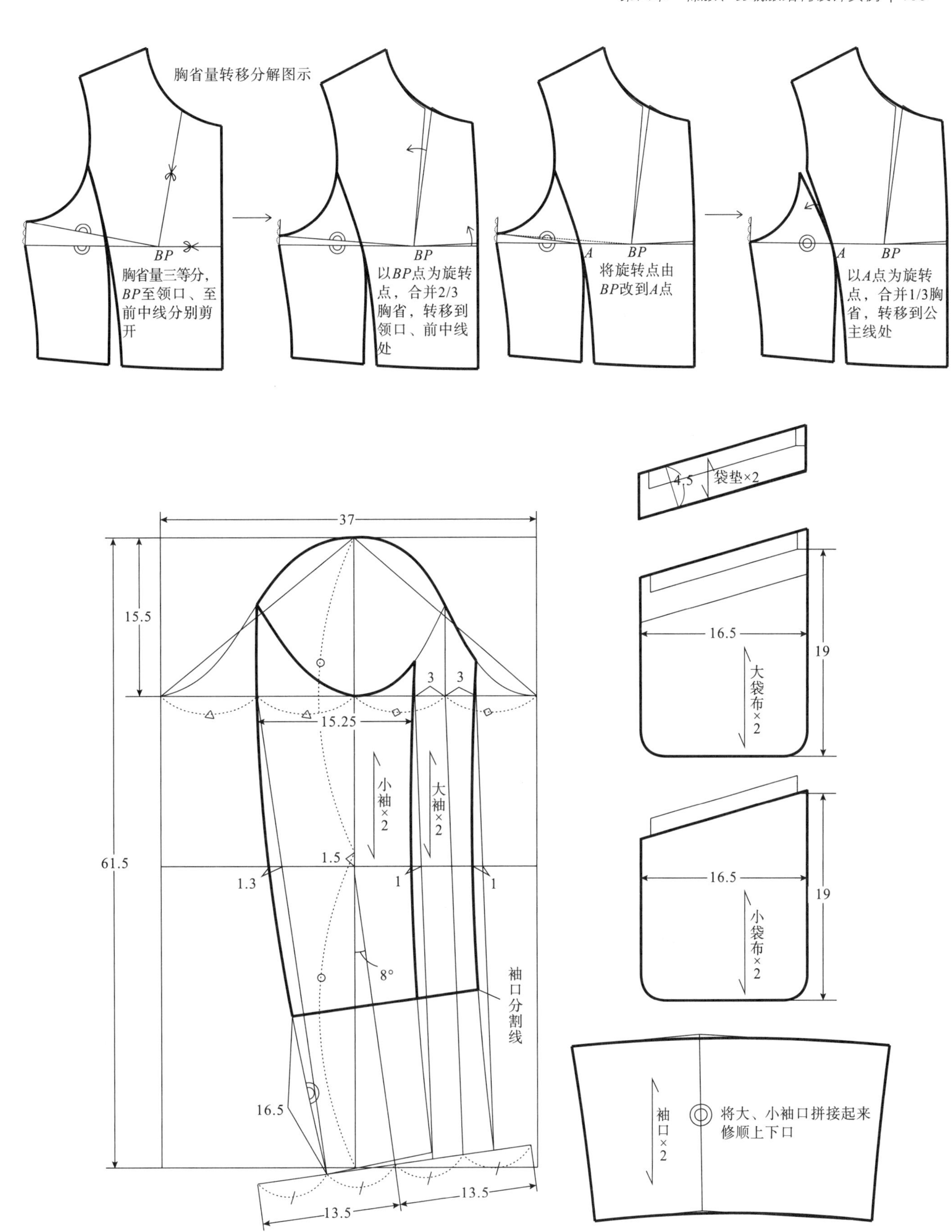
胸省量转移分解图示
BP
胸省量三等分，BP至领口、至前中线分别剪开
BP
以BP点为旋转点，合并2/3胸省，转移到领口、前中线处
A
BP
将旋转点由BP改到A点
A
BP
以A点为旋转点，合并1/3胸省，转移到公主线处
37
15.5
61.5
15.25
3
3
小袖×2
大袖×2
1.5
1.3
1
1
8°
袖口分割线
16.5
13.5
13.5
4.5
袋垫×2
16.5
19
大袋布×2
16.5
19
小袋布×2
袖口×2
将大、小袖口拼接起来修顺上下口

图 4-33

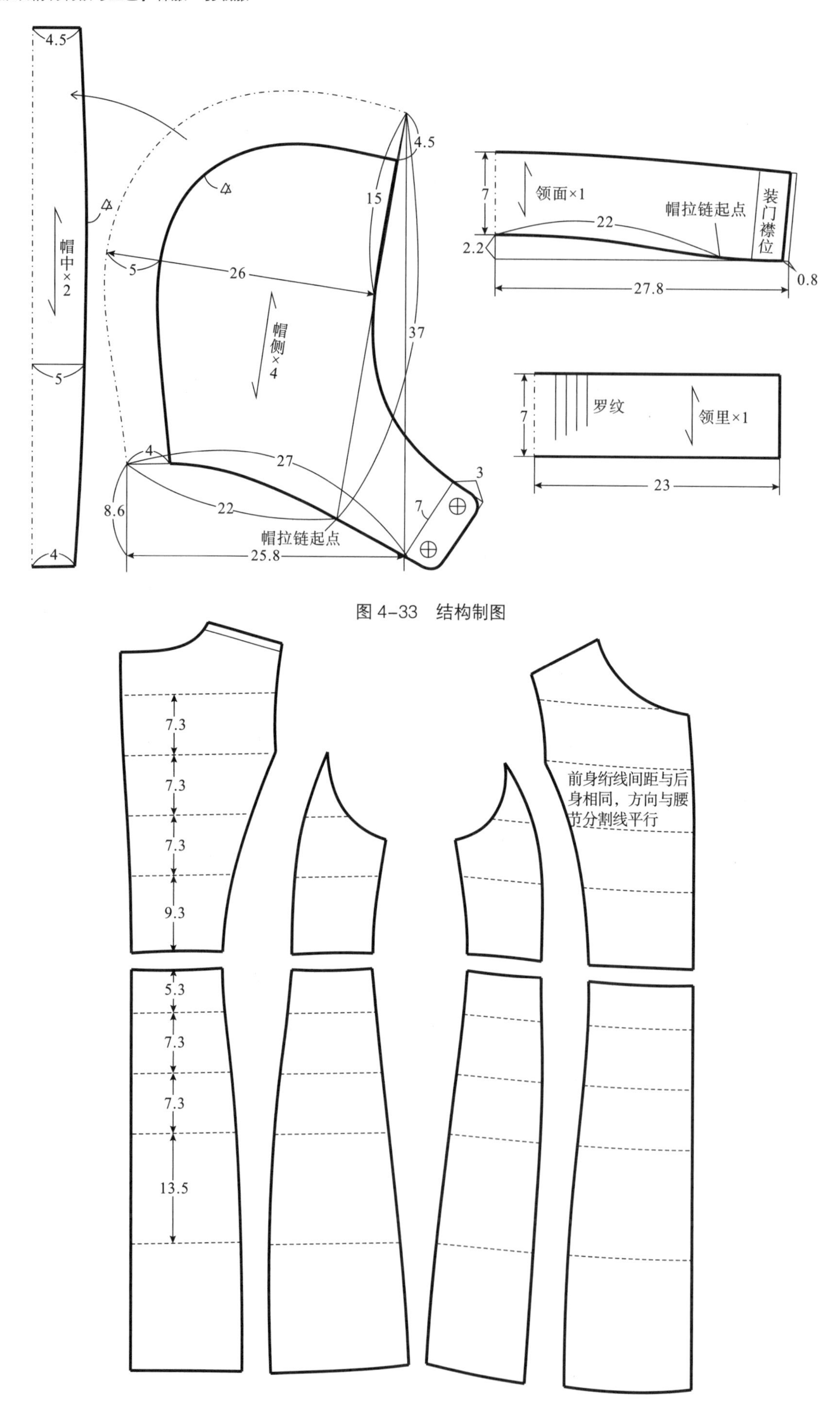
4.5
帽中×2
5
4
4.5
15
5
26
帽侧×4
37
4
27
8.6
22
帽拉链起点
25.8
7
3
7
领面×1
22
帽拉链起点
装门襟位
2.2
27.8
0.8
7
罗纹
领里×1
23
7.3
7.3
7.3
9.3
5.3
7.3
7.3
13.5
前身绗线间距与后身相同，方向与腰节分割线平行

图 4-33 结构制图

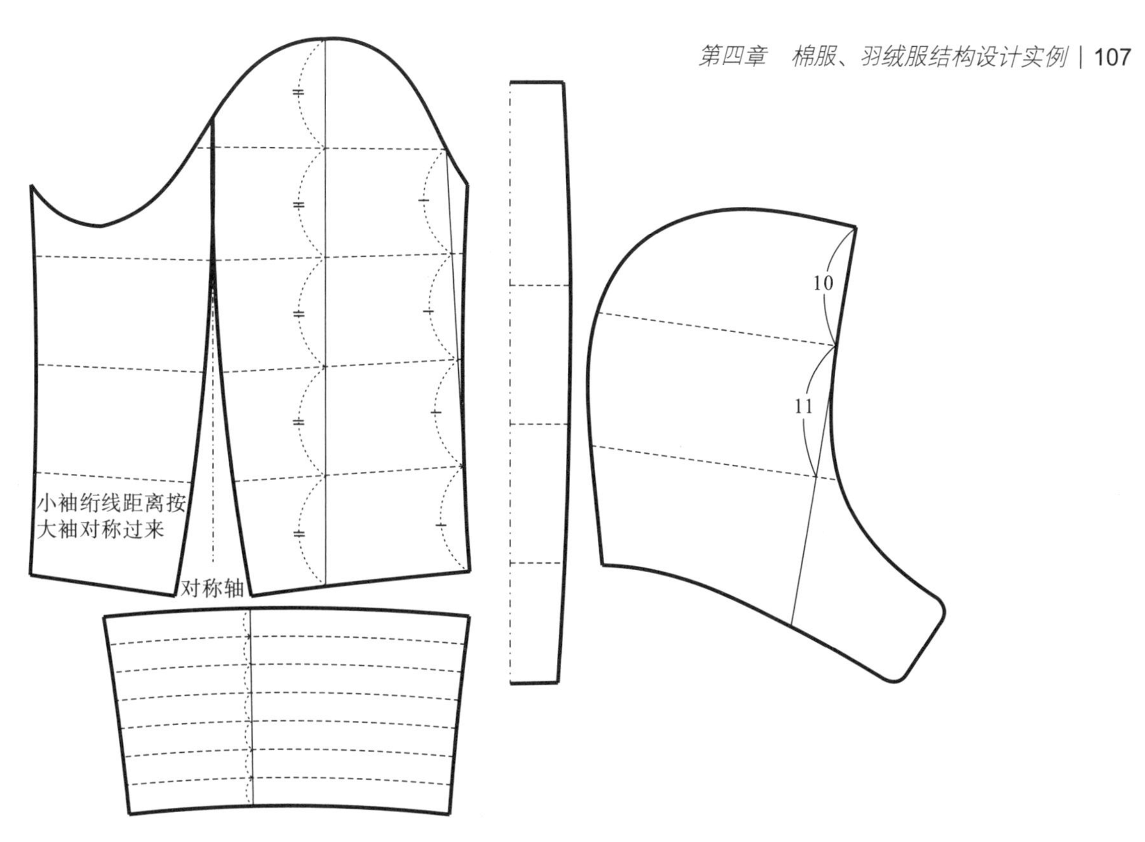

图 4-34 绗线图

（五）填充物

1. 充绒

设定大身单位面积充绒量为 145g/m²，袖单位面积充绒量为 105g/m²，各衣片的充绒量及整件衣服的充绒量见表 4-29。

表 4-29 充绒明细

大身部分					袖部分				
纸样名称	纸样面积（cm²）	纸样份数（片）	各片充绒量（g）	小计（g）	纸样名称	纸样面积（cm²）	纸样份数（片）	各片充绒量（g）	小计（g）
后中上	622	2	9.02	18.04	大袖	881	2	9.25	18.50
后中下	653	2	9.47	18.94	小袖	446	2	4.68	9.36
后侧上	190	2	2.76	5.52	袖口	521	2	5.47	10.94
后侧下	724	2	10.50	21.00					
前侧上	174	2	2.52	5.04					
前侧下	558	2	8.09	16.18					
前中上	565	2	8.19	16.38					
前中下	718	2	10.41	20.82					
大身部分合计充绒量：121.92g					袖部分合计充绒量：38.8g				
全件充绒量：160.72g									

2. 充棉

帽、领：140g/m² 喷胶棉。

门襟、里襟、袋嵌线、袋盖：100g/m² 针棉。

十二、案例 12：女式宽松型羽绒服

（一）款式

宽松型，衣长到膝盖上方，腰围线处有抽带，可调节收腰。两片袖，领、袖口装罗纹，前中线处装拉链，外门襟钉四合扣，前胸有单嵌线袋，腰围线下开双嵌线袋，有袋盖。下摆装橡筋带做收口。四层结构，面布与胆布一起绗线，里布不绗线（图 4-35）。

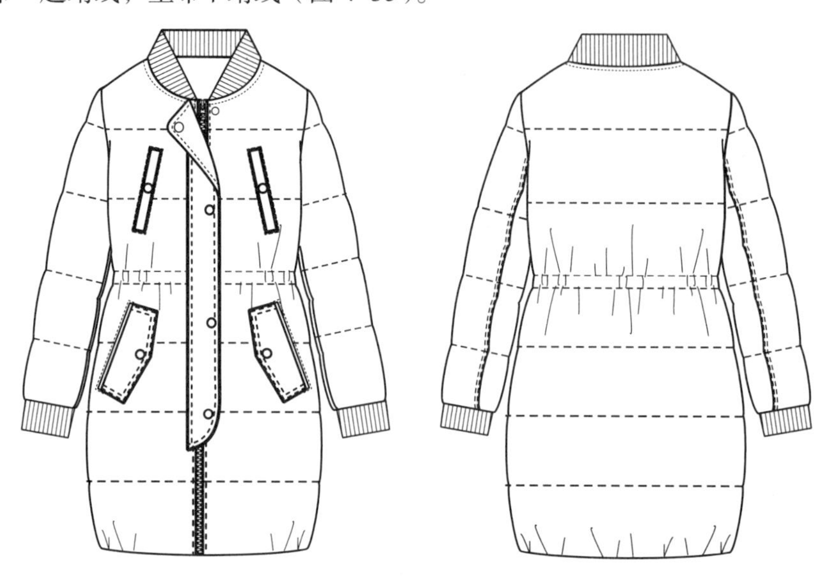

图 4-35 款式图

（二）面料、辅料（表 4-30）

表 4-30 面料、辅料

类型	使用部位	材料	简称
面布	大身、袖、过面、后领贴、门襟、袋嵌线布、袋盖、袋垫	微弹花瑶	面
里布	大身、袖、袋布	290T 涤丝纺	里
胆布	大身、袖	40 旦涤丝纺	胆
罗纹	领、袖克夫	1200g/m^2 全棉罗纹	罗纹
填充物	大身、袖	灰鸭绒（含绒量 80%）	绒
	门襟	140g/m^2 针棉	棉 140
	袋嵌线、袋盖	100g/m^2 针棉	棉 100

（三）规格设计（表 4-31）

表 4-31 成品规格（160/84A） 单位：cm

序号	部位	规格	档差	序号	部位	规格	档差
1	后中长	90	2	3	后背宽	39	1
2	肩宽	40.5	1	4	前胸宽	38	1

续表

序号	部位	规格	档差	序号	部位	规格	档差
5	胸围	108	4	10	袖窿围	51.5	2
6	腰节长	38	1	11	袖肥	38.5	1.5
7	腰围	108	4	12	袖口围（带罗纹）	拉开 28 放松 18	1
8	摆围（带橡筋）	拉开 127 放松 100	4	13	领围	51.5	1.5
9	袖长	61.5	1	14	袋口长	16.5	0.5

（四）结构制图（图 4-36、图 4-37）

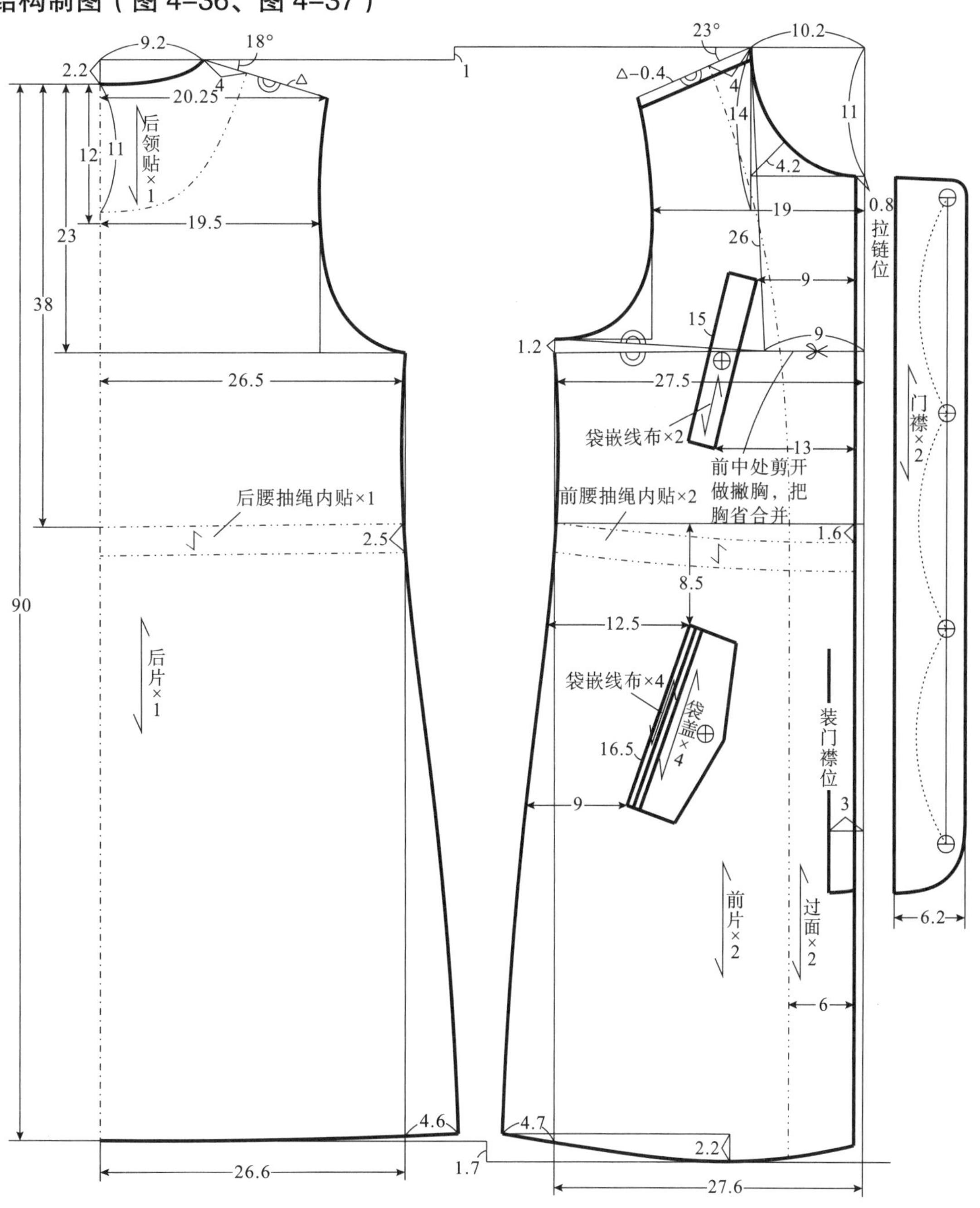

图 4-36

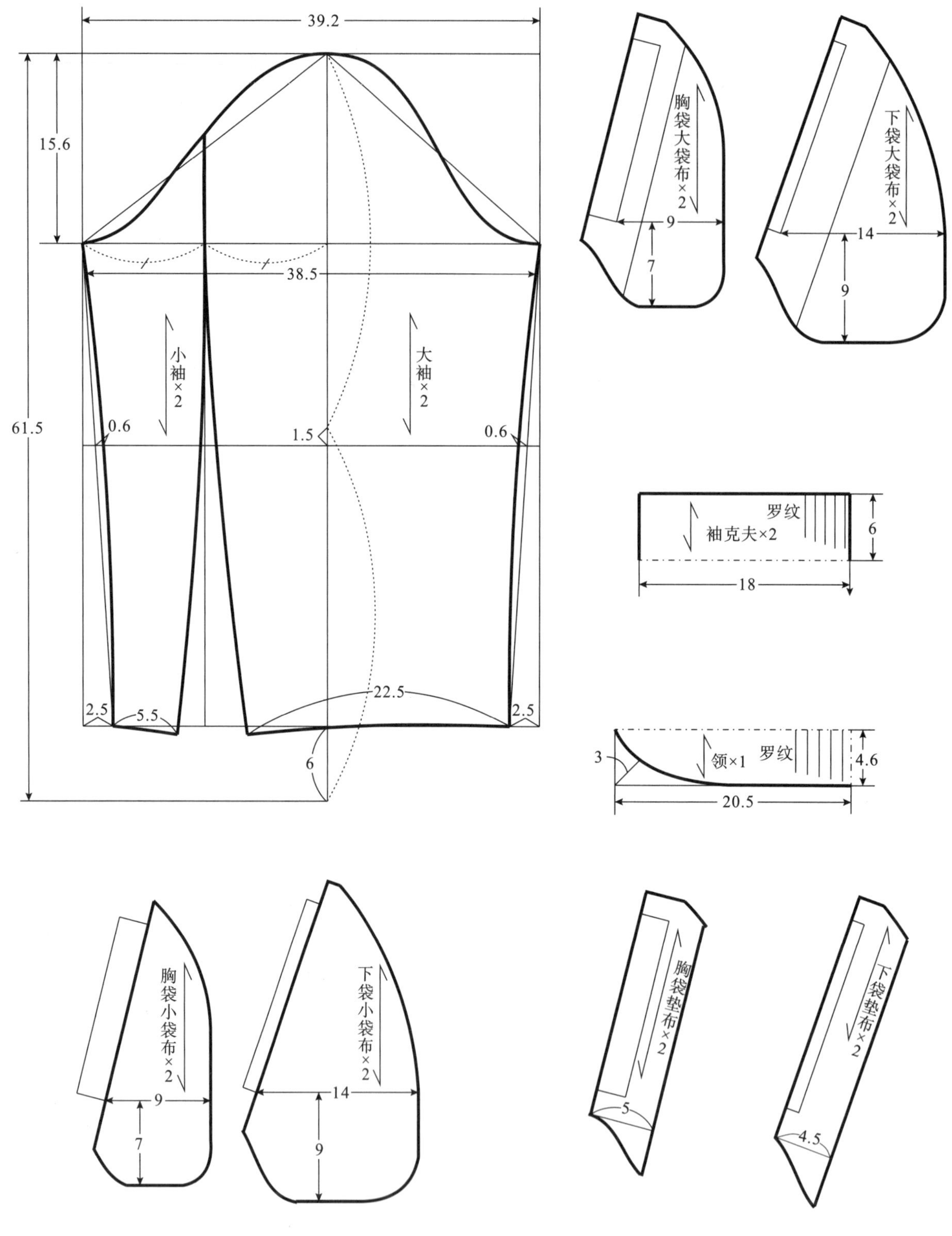
39.2
15.6
61.5
38.5
小袖×2
大袖×2
0.6
1.5
0.6
22.5
2.5
5.5
2.5
6
胸袋大袋布×2
9
7
下袋大袋布×2
14
9
罗纹
袖克夫×2
6
18
3
领×1
罗纹
4.6
20.5
胸袋小袋布×2
9
7
下袋小袋布×2
14
9
胸袋垫布×2
5
下袋垫布×2
4.5

图 4-36　结构制图

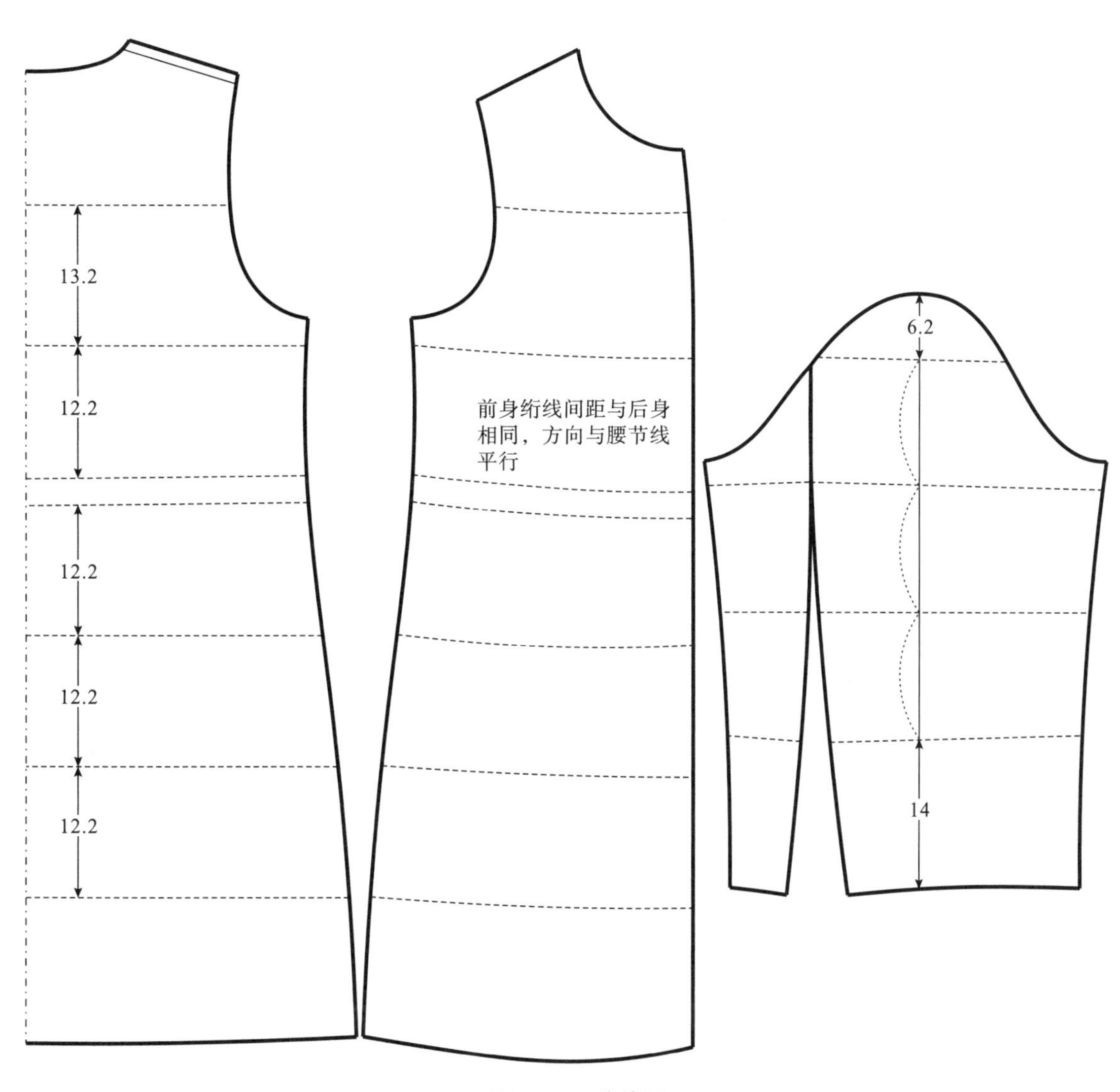

图 4-37 绗线图

（五）填充物

1. 充绒

设定大身单位面积充绒量为 135g/m^2，袖单位面积充绒量为 100g/m^2，各衣片的充绒量及整件衣服的充绒量见表 4-32。

表 4-32 充绒明细

大身部分					袖部分				
纸样名称	纸样面积（cm^2）	纸样份数（片）	各片充绒量（g）	小计（g）	纸样名称	纸样面积（cm^2）	纸样份数（片）	各片充绒量（g）	小计（g）
后片	4898	1	66.12	66.12	大袖	1305	2	13.05	26.10
前片	2377	2	32.09	64.18	小袖	352	2	3.52	7.04
大身部分合计充绒量：130.3g					袖部分合计充绒量：33.14g				
全件充绒量：163.44g									

2. 充棉

门襟：140g/m² 针棉。

袋嵌线、袋盖：100g/m² 针棉。

十三、案例 13：女式斜翻领茧型羽绒服

（一）款式

茧型，衣长到大腿处，款式造型整体呈茧型，两片袖，领为翻领，斜门襟装拉链，两侧插袋。四层结构，面布与胆布一起绗线（前侧片、前下片在胆布进行暗绗线），里布不绗线（图 4–38）。

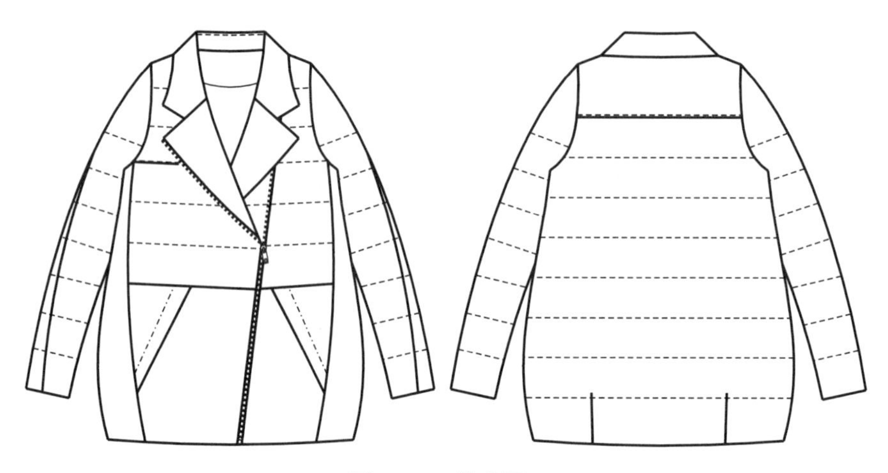

图 4–38 款式图

（二）面料、辅料（表 4–33）

表 4–33 面料、辅料

类型	使用部位	材料	简称
面布	大身、袖、过面、领、后领贴、袋盖	仿记忆尼丝纺	面
里布	大身、袖、袋布	290T 压光涤丝纺	里
胆布	大身、袖、袋盖	40 旦涤丝纺	胆
填充物	大身、袖、袋盖	灰鸭绒（含绒量 80%）	绒
	领	140g/m² 喷胶棉	棉 140

（三）规格设计（表 4–34）

表 4–34 成品规格（160/84A） 单位：cm

序号	部位	规格	档差	序号	部位	规格	档差
1	后中长	72	2	3	后背宽	36	1
2	肩宽	37	1	4	前胸宽	32	1

续表

序号	部位	规格	档差	序号	部位	规格	档差
5	胸围	102	4	10	袖窿	52	2
6	腰节长	50	1	11	袖肥	37	1.5
7	腰围	118	4	12	袖口	28	1
8	摆围	108	4	13	横开领	21	0.5
9	袖长	63.5	1	14	袋口长	19	0.5

（四）结构制图（图 4-39、图 4-40）

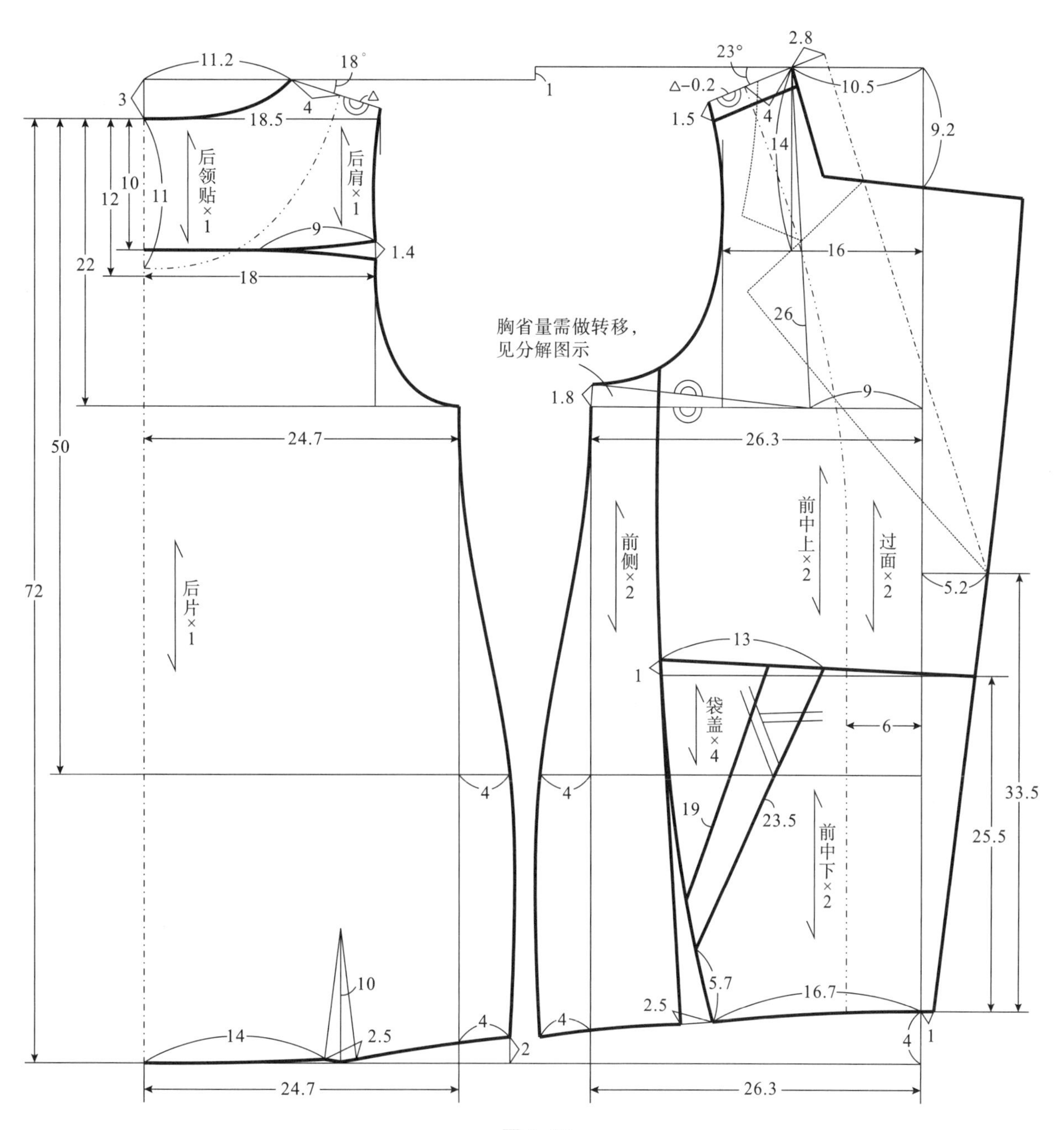

图 4-39

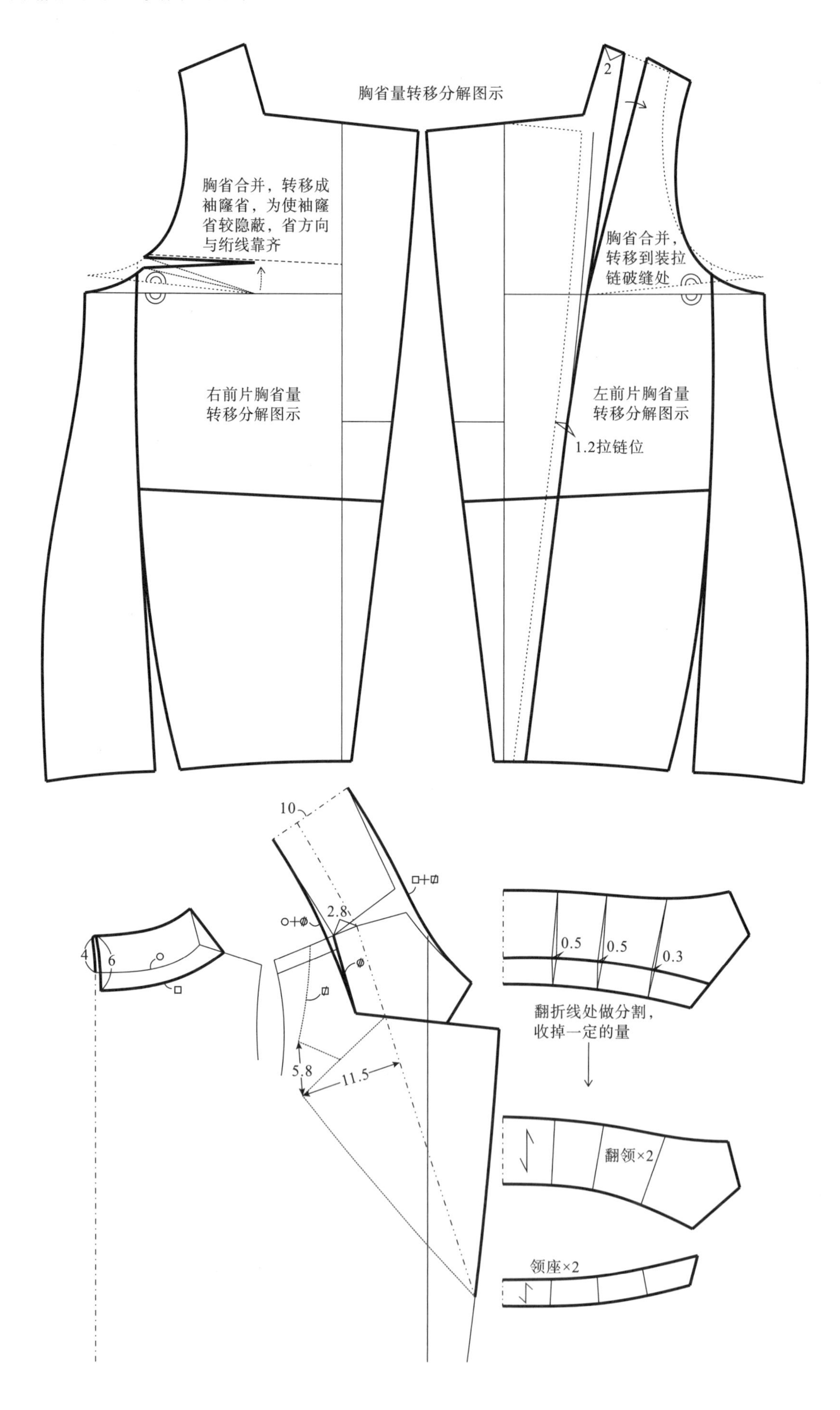
胸省量转移分解图示
2
胸省合并，转移成
袖窿省，为使袖窿
省较隐蔽，省方向
与绗线靠齐
胸省合并，
转移到装拉
链破缝处
右前片胸省量
转移分解图示
左前片胸省量
转移分解图示
1.2拉链位
10
○+Ø
2.8
□+Ø
4
6
5.8
11.5
0.5
0.5
0.3
翻折线处做分割，
收掉一定的量
翻领×2
领座×2

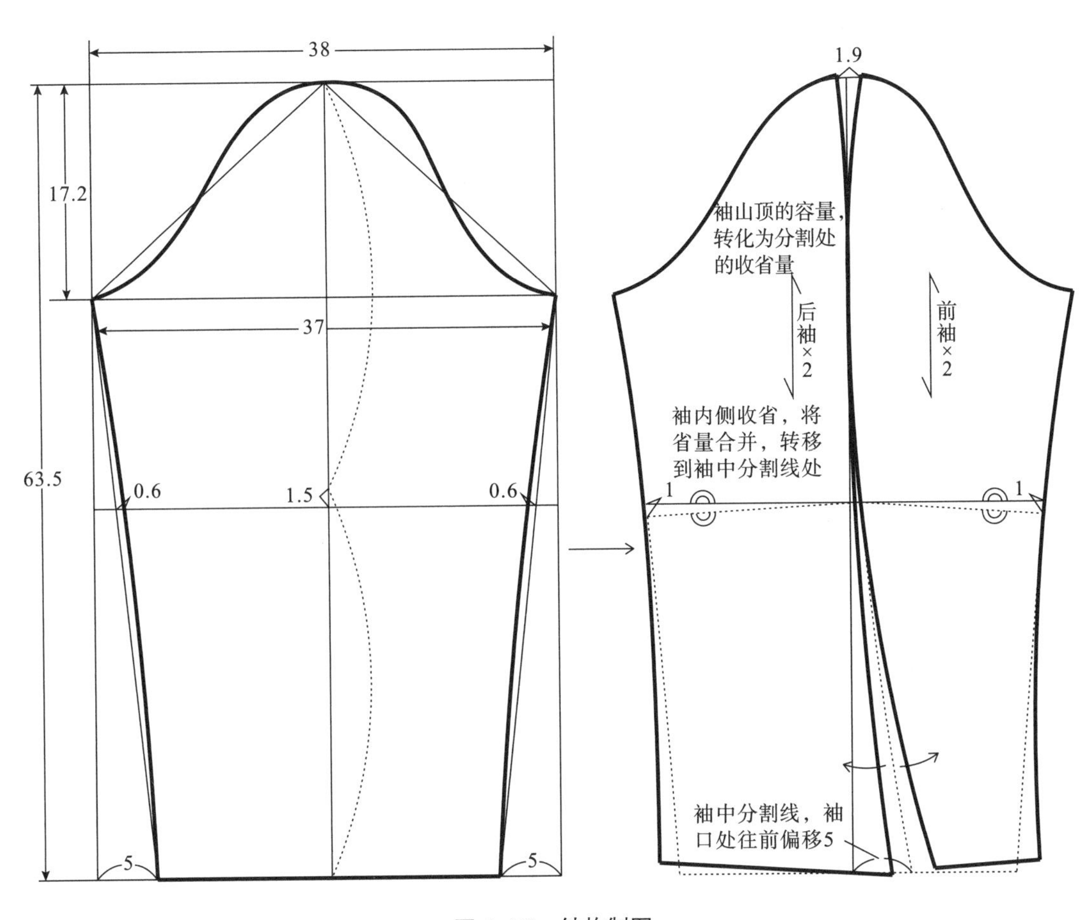

图 4-39　结构制图

前侧片：绗线间
距7.7cm，绗线
只在胆布上，不
缉面布

（右前片）

绗线间距7.7cm，
与分割线平行

7.7

10

口袋：绗线只在
胆布上，不缉
面布

9

图 4-40

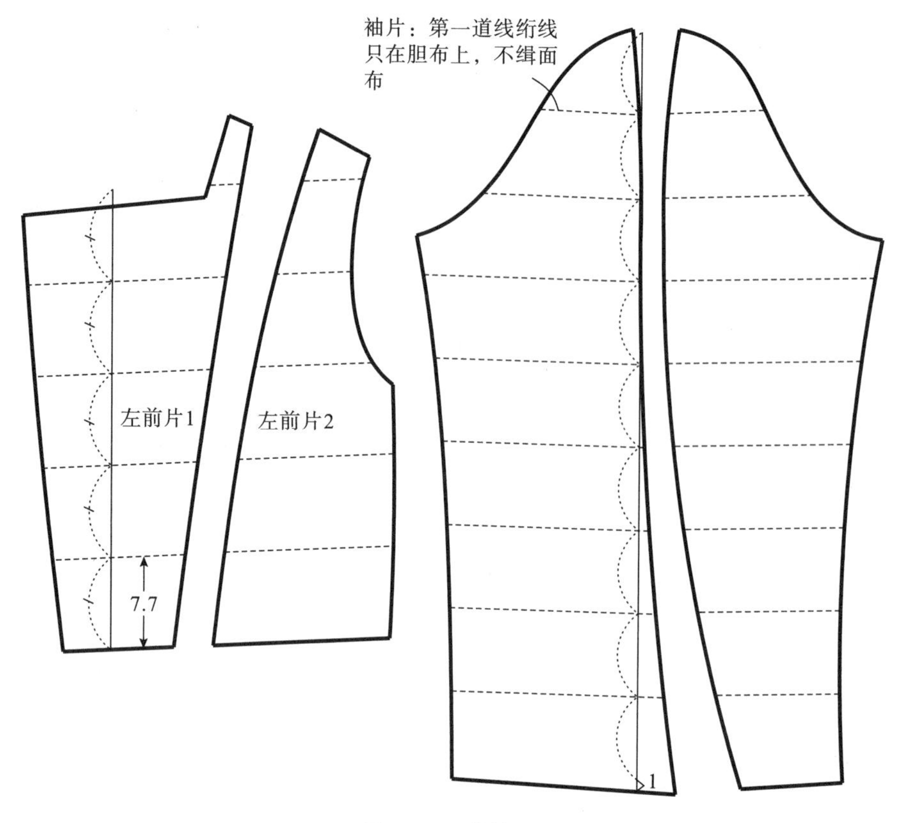

图 4–40　绗线图

（五）填充物

1. 充绒

设定大身单位面积充绒量为 140g/m²，袖单位面积充绒量为 105g/m²，各衣片的充绒量及整件衣服的充绒量见表 4–35。

表 4–35　充绒明细

大身部分					袖部分				
纸样名称	纸样面积（cm²）	纸样份数（片）	各片充绒量（g）	小计（g）	纸样名称	纸样面积（cm²）	纸样份数（片）	各片充绒量（g）	小计（g）
后肩	419	1	5.87	5.87	后袖	998	2	10.48	20.96
后片	3152	1	44.13	44.13	前袖	802	2	8.42	16.84
前侧	412	2	5.77	11.54					
右前上	995	1	13.93	13.93					
袋盖	149	2	2.09	4.18					
前下片	497	2	6.96	13.92					
左前上中	546	1	7.64	7.64					
左前上侧	444	1	6.22	6.22					
大身部分合计充绒量：107.43g					袖部分合计充绒量：37.80g				
全件充绒量：145.23g									

2. 充棉

领：140g/m² 喷胶棉。

十四、案例 14：女式泡泡袖可脱卸毛领羽绒服

（一）款式

合体型、收腰呈 X 型，衣长到大腿处，两片立体袖，袖山顶收四个褶，成泡泡袖型（袖山顶内加棉做支撑），圆领，加可脱卸毛领，双排扣门襟，两侧插袋。四层结构，面布与胆布一起絎线，里布不絎线（图 4-41）。

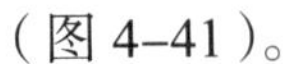

图 4-41　款式图

（二）面料、辅料（表 4-36）

表 4-36　面料、辅料

类型	使用部位	材料	简称
面布	大身、袖、过面、领（里）、后领贴、袋垫	仿记忆尼丝纺	面
里布	大身、袖、袋布、袖山顶内撑	290T 压光涤丝纺	里
胆布	大身、袖	40 旦涤丝纺	胆
假毛	领（面）	仿狐狸毛	毛
填充物	大身、袖	灰鸭绒（含绒量 80%）	绒
	领底、袖山顶内撑	60g/m² 喷胶棉	棉 60

（三）规格设计（表 4-37）

表 4-37　成品规格（160/84A）　单位：cm

序号	部位	规格	档差	序号	部位	规格	档差
1	后中长	77	2	3	后背宽	37	1
2	肩宽	34.5	1	4	前胸宽	34	1

续表

序号	部位	规格	档差	序号	部位	规格	档差
5	胸围	100	4	10	袖窿	52.5	2
6	腰节长	36.5	1	11	袖肥	36.5	1.5
7	腰围	91	4	12	袖口	27	1
8	摆围	115	4	13	领围	51	0.5
9	袖长	66	1	14	袋口宽	14.5	0.5

（四）结构制图（图4-42、图4-43）

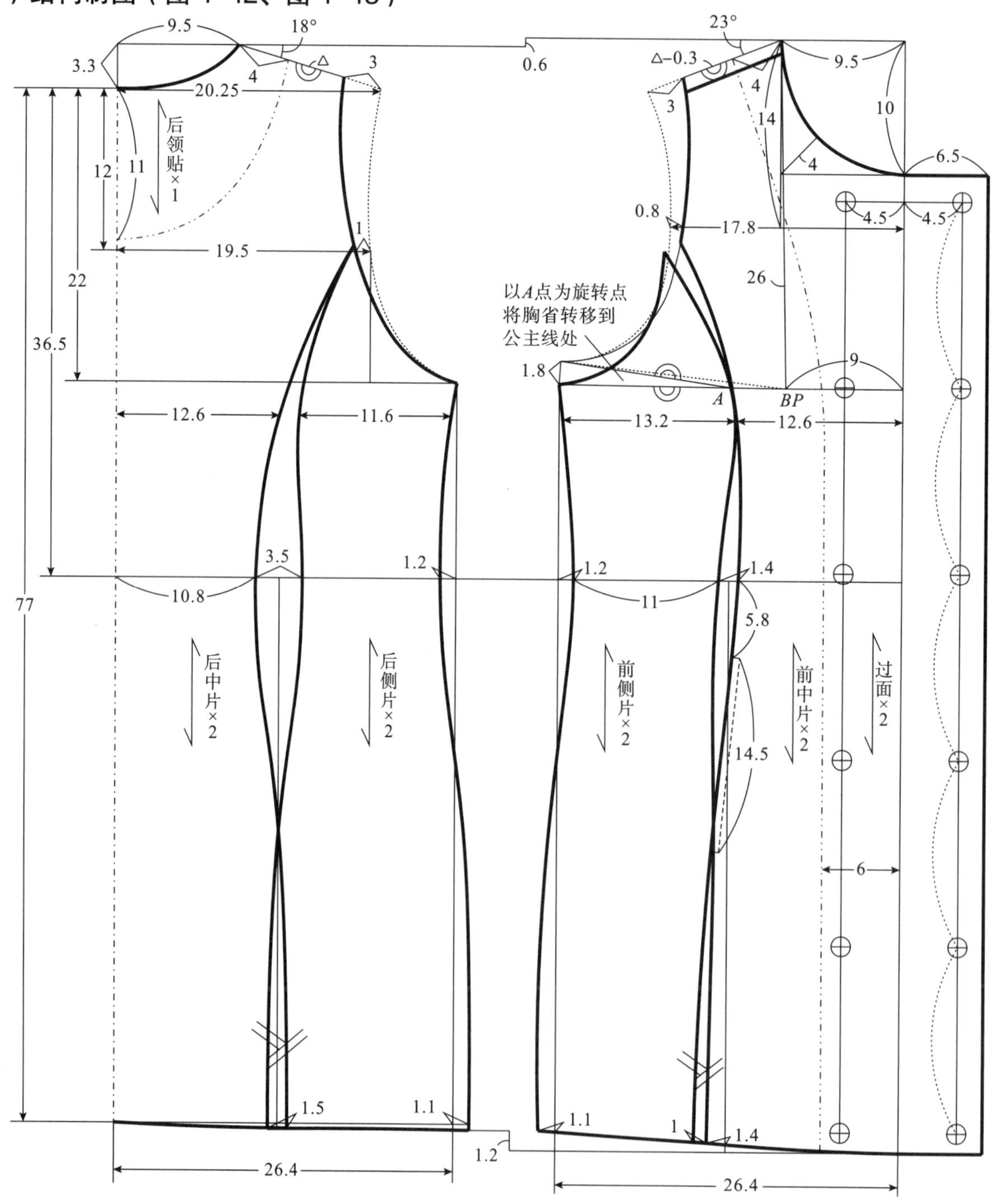

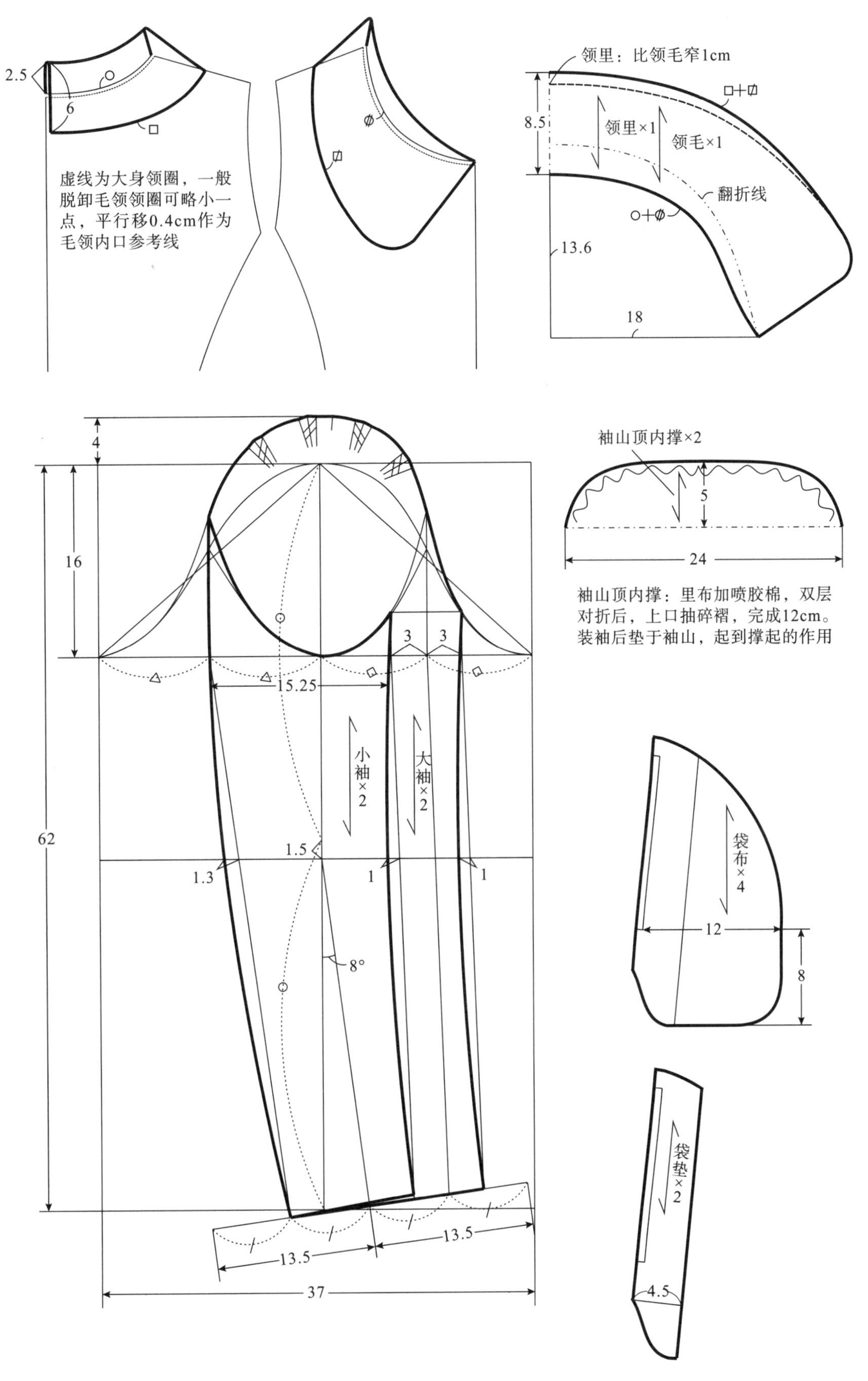

2.5
6
虚线为大身领圈，一般脱卸毛领领圈可略小一点，平行移0.4cm作为毛领内口参考线
领里：比领毛窄1cm
8.5
领里×1
领毛×1
翻折线
13.6
18
袖山顶内撑×2
5
24
袖山顶内撑：里布加喷胶棉，双层对折后，上口抽碎褶，完成12cm。装袖后垫于袖山，起到撑起的作用
4
16
62
15.25
3
3
小袖×2
大袖×2
1.5
1.3
1
1
8°
13.5
13.5
37
袋布×4
12
8
袋垫×2
4.5

图 4-42　结构制图

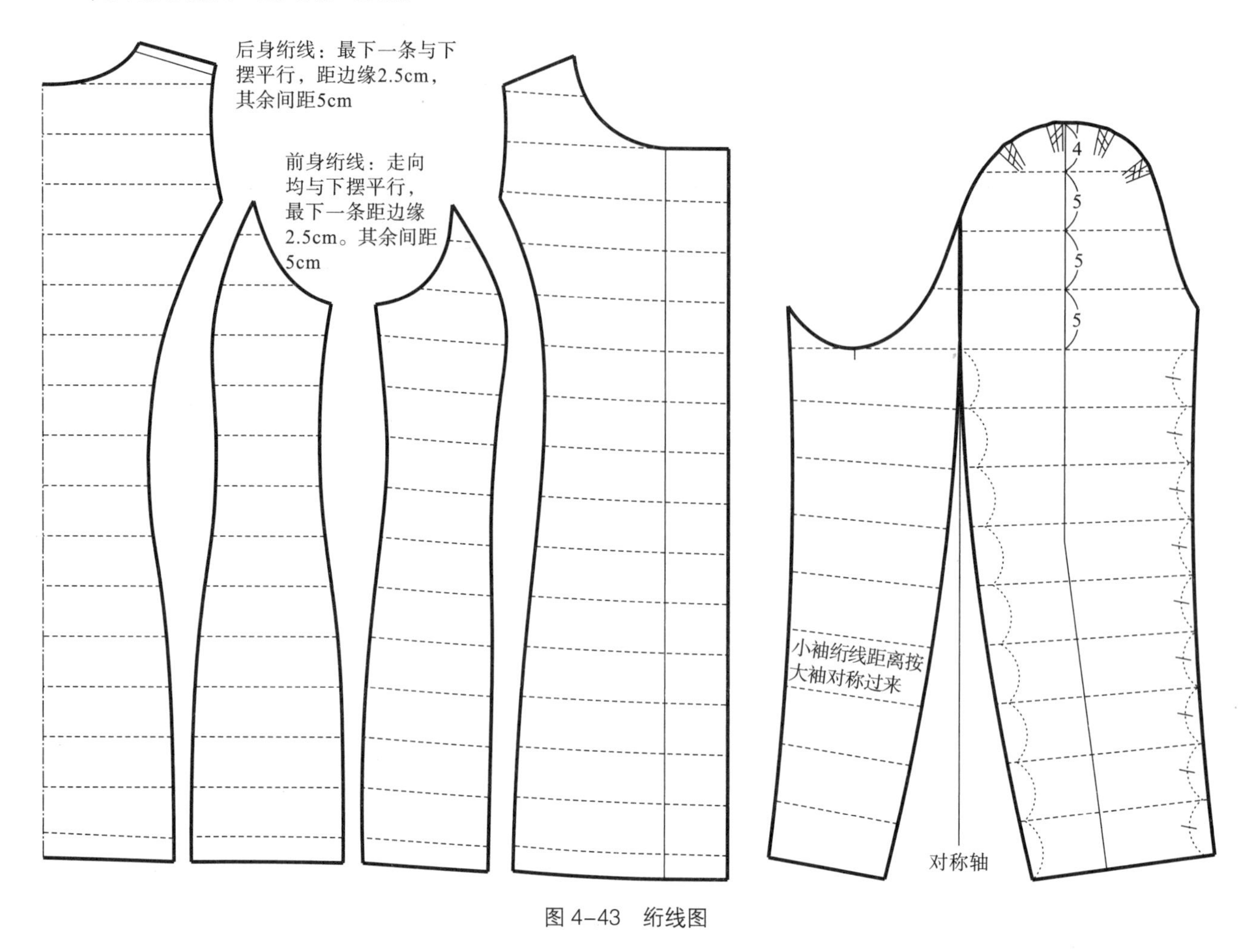

图 4-43　绗线图

（五）填充物

1. 充绒

设定大身单位面积充绒量为 140g/m²，袖单位面积充绒量为 100g/m²，各衣片的充绒量及整件衣服的充绒量见表 4-38。

表 4-38　充绒明细

大身部分					袖部分				
纸样名称	纸样面积（cm²）	纸样份数（片）	各片充绒量（g）	小计（g）	纸样名称	纸样面积（cm²）	纸样份数（片）	各片充绒量（g）	小计（g）
后中	2154	1	30.16	30.16	大袖	1239	2	12.39	24.78
后侧	781	2	10.93	21.86	小袖	648	2	6.48	12.96
前侧	738	2	10.33	20.66					
前中	1579	2	22.11	44.22					
大身部分合计充绒量：116.9g					袖部分合计充绒量：37.74g				
全件充绒量：154.64g									

2. 充棉部位

领底、袖山顶内撑：60g/m² 喷胶棉。

十五、案例 15：男式棉裤

（一）款式

基本型，前身斜插袋，后身开单嵌线袋，腰头内穿橡筋带，加调节抽绳。脚口内里有防风脚口，装橡筋带。两层结构，面布与喷胶棉一起绗线，里布不绗线（图 4-44）。

图 4-44　款式图

（二）面料、辅料（表 4-39）

表 4-39　面料、辅料

类型	使用部位	材料	简称
面布	大身、腰头、袋嵌线布、袋垫	高耐磨亚光尼丝纺	面
里布	大身、防风脚口、袋布	290T 压光涤丝纺	里
填充物	大身	160g/m² 喷胶棉	棉 160
	腰头、袋嵌线	80g/m² 针棉	棉 80

（三）规格设计（表 4-40）

表 4-40　成品规格（170/74A）　　单位：cm

序号	部位	规格	档差	序号	部位	规格	档差
1	裤长	108	2	4	腿围	67.5	2.6
2	腰围	拉开 102 放松 72	4	5	膝位	34	1
3	臀围	110	4	6	膝围	52	1.6

续表

序号	部位	规格	档差	序号	部位	规格	档差
7	裤口围	外口 47 内防风口放松 28	1.6	9	后裆	41.5	1.4
8	前裆	30	1	10	袋口长	15.5	0.5

（四）结构制图（图 4-45、图 4-46）

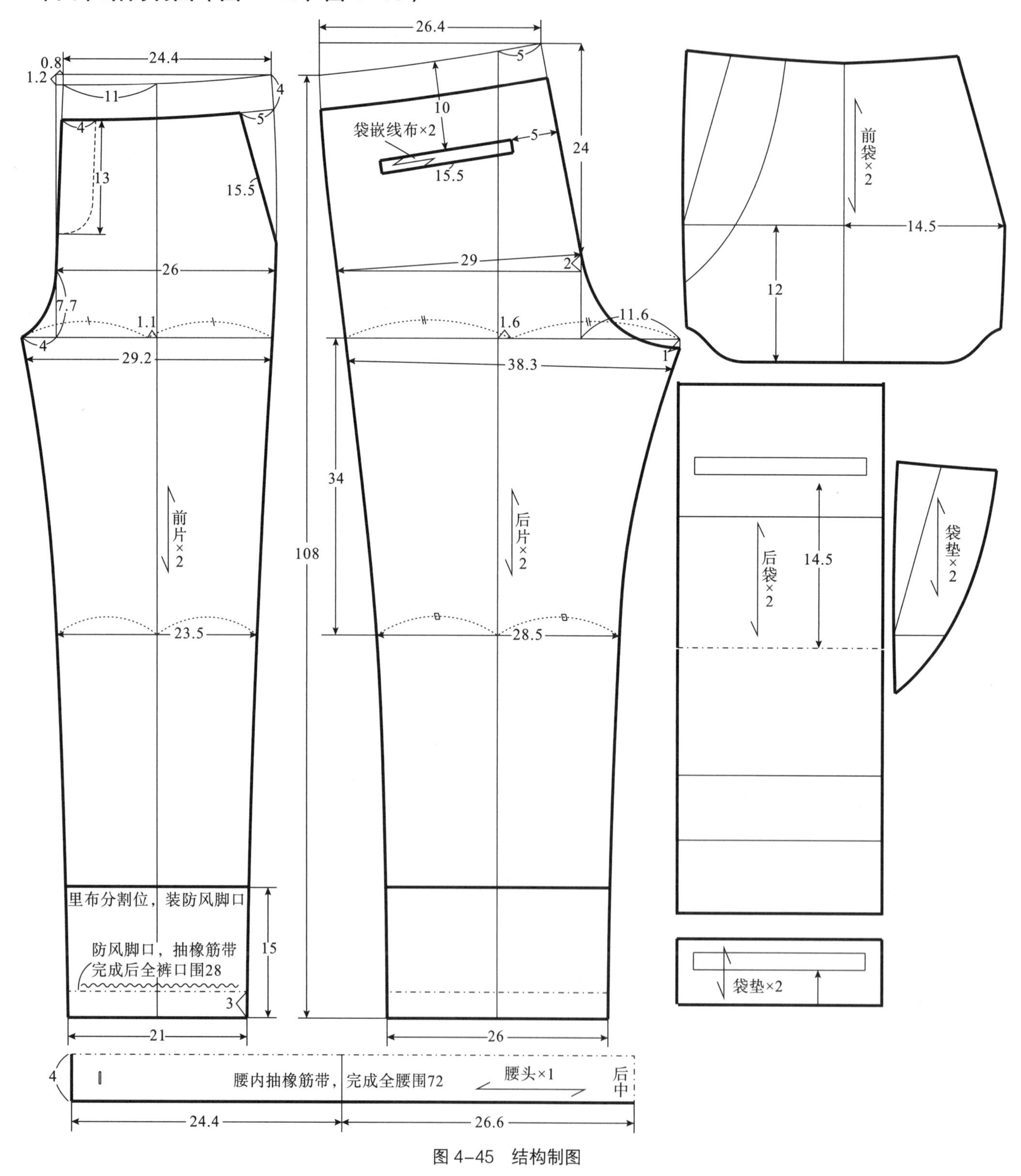

图 4-45　结构制图

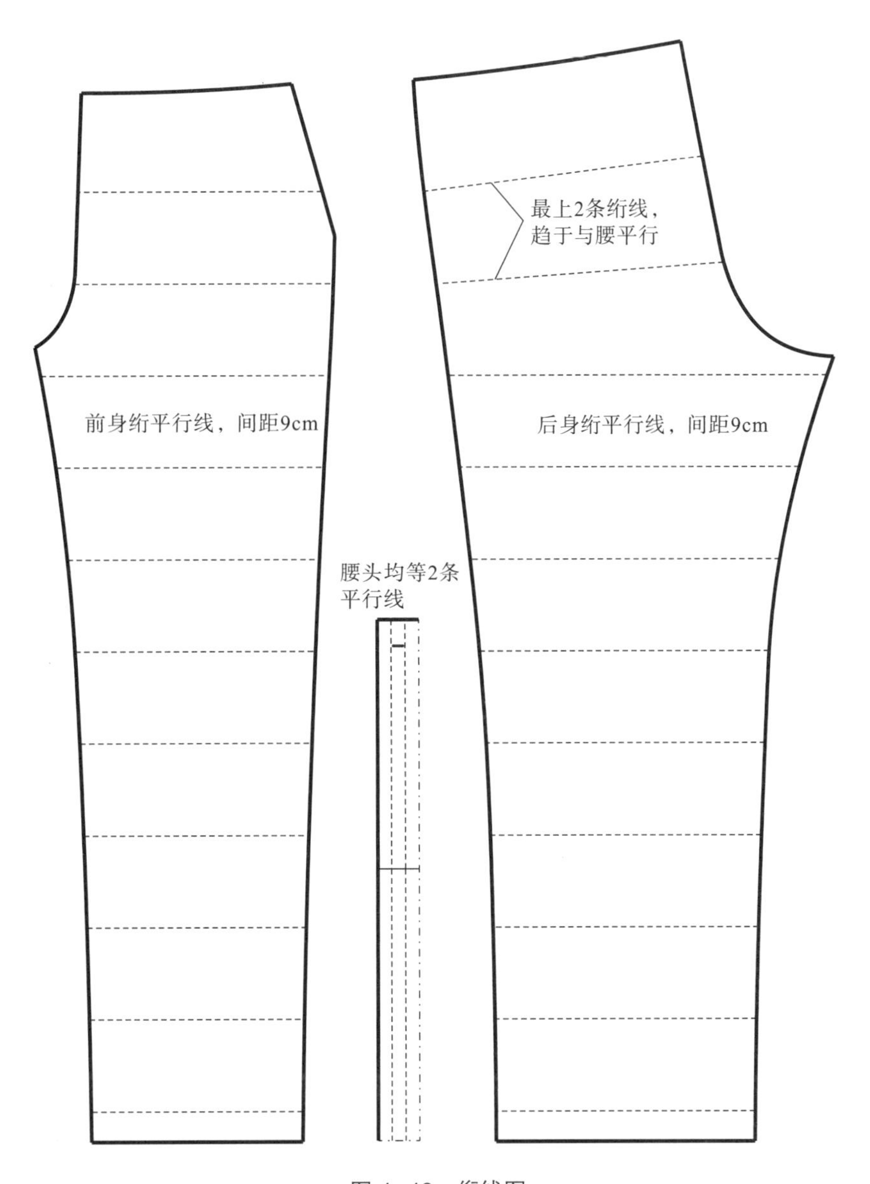

图 4-46 绗线图

里布纸样处理方法：通常围度上不需要增加松量，将裆底处略抬高，以避开面布缝份高度，可通过切展的方法来增加松量（图 4-47）。

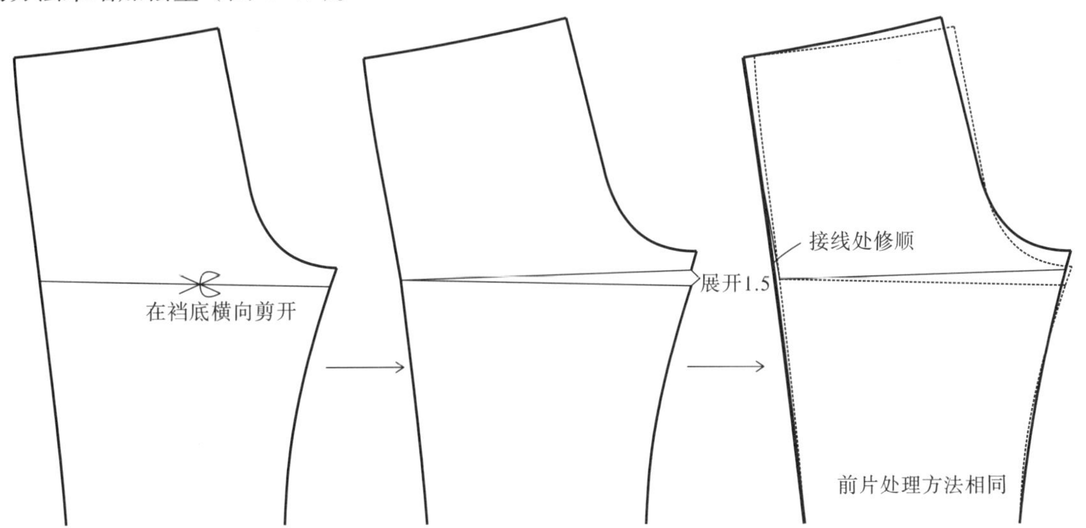

图 4-47 里布纸样处理

十六、案例 16：女式拼接修身羽绒裤

（一）款式

修身型，后身为厚型抓绒针织布（无里布），单嵌线假袋；前身填充羽绒，单嵌线袋，有袋盖。四层结构，面布与胆布一起绗线，里布不绗线（图 4-48）。

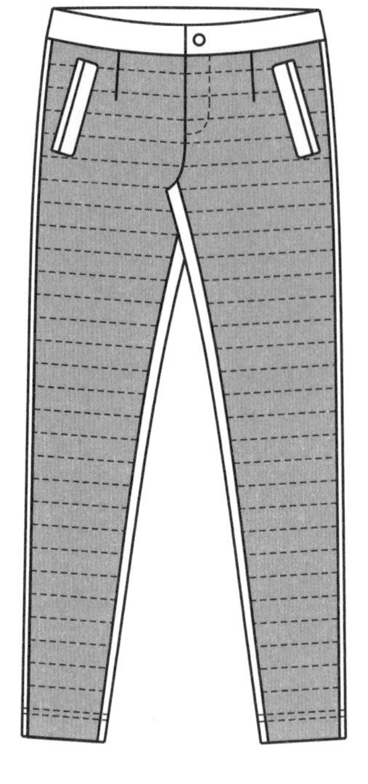
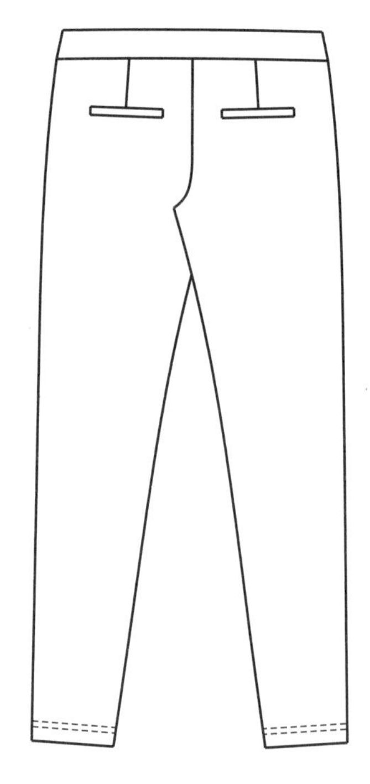

图 4-48 款式图

（二）面料、辅料（表 4-41）

表 4-41 面料、辅料

类型	使用部位	材料	简称
面布	前大身、袋垫	高 F 涤丝纺	面 1
	后大身、腰头、袋嵌线布、袋盖	380g/m² 抓绒罗马布	面 2
里布	前大身、袋布	290T 压光涤丝纺	里
胆布	前大身	40 旦胆布	胆
填充物	前大身	白鸭绒（含绒量 90%）	绒

（三）规格设计（表 4-42）

表 4-42 成品规格（160/68A） 单位：cm

序号	部位	规格	档差	序号	部位	规格	档差
1	裤长	93	2	6	膝围	35.5	1.6
2	腰围	74.5	4	7	裤口围	26.5	1.6
3	臀围	89	4	8	前裆	22.5	1
4	腿围	53	2.6	9	后裆	33	1.4
5	膝位	32	1	10	袋口长	12.5	0.5

（四）结构制图（图 4–49、图 4–50）

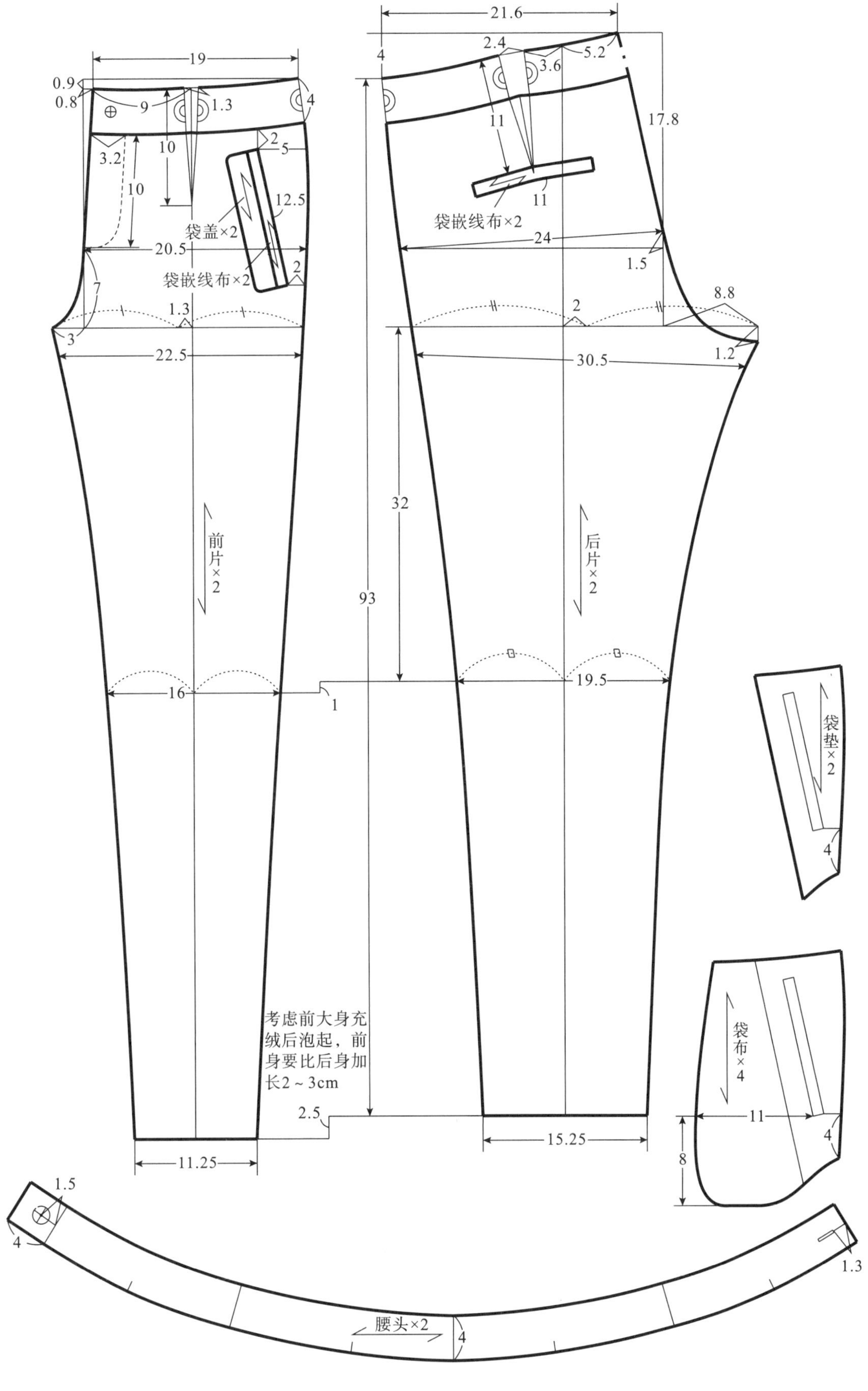

图 4–49　结构制图

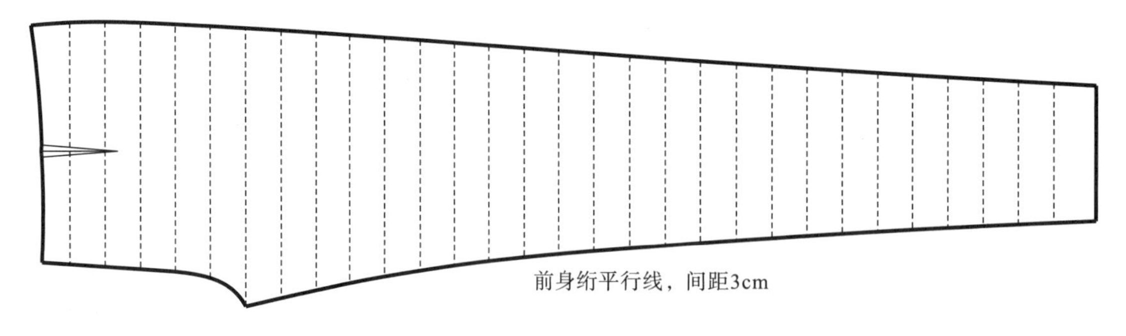

图 4-50 绗线图

里布纸样处理方法：此款前片充羽绒，有里布。面布、胆布绗线充绒后再与里布四周缝份固定，只需将面布纸样减短 2.5cm（数值根据大身绗线后的泡量进行调整，确保穿着后里布不反吐）作为里布纸样（图 4-51）。

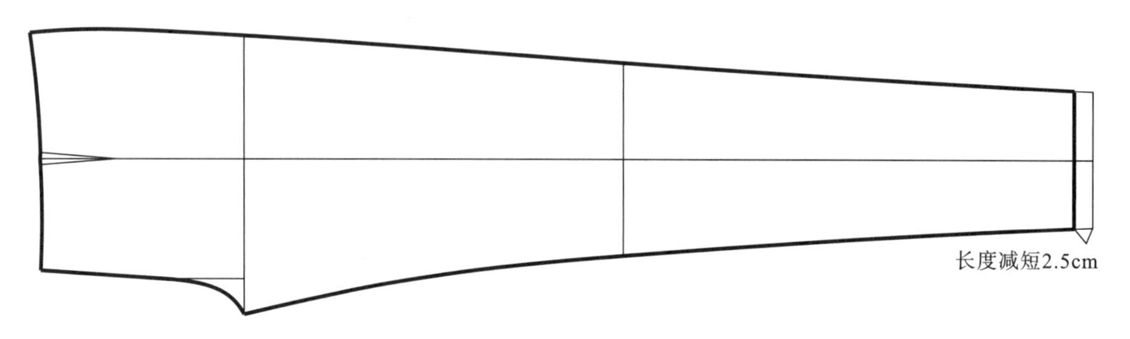

图 4-51 里布纸样处理

（五）填充物

设定前大身单位面积充绒量为 100g/m^2，各裤片的充绒量及整条裤子的充绒量见表 4-43。

表 4-43 充绒明细

大身部分				
纸样名称	纸样面积（cm^2）	纸样份数（片）	各片充绒量（g）	小计（g）
前片	1519	2	15.19	30.38
全件充绒量：30.38g				

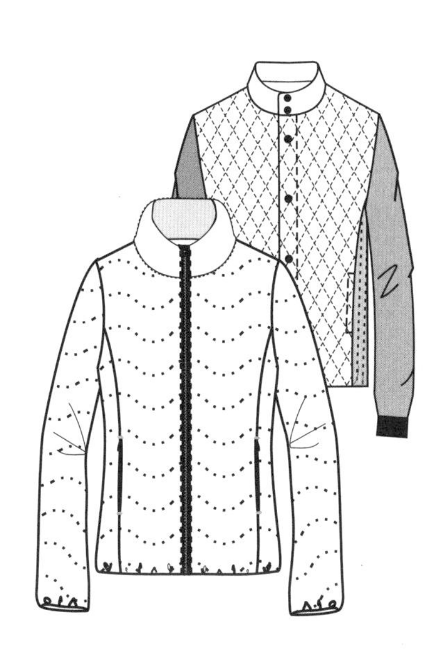

第三部分　制作工艺实训

第五章　棉服、羽绒服缝制工艺基础知识

一、棉服、羽绒服常用线迹名称

虽然棉服、羽绒服其内部结构、层数不同，但都需将填充物固定在衣片中间，形成一个封闭的空间。由于应用部位及生产工艺的不同，产生了各种机缝线迹（表 5-1）。

表 5-1　常用线迹名称

线迹名称	图示	说明
明绗线	 明绗线 面布（正面） 填充物	将面布与填充物绗缝固定，其特点是在面布表面可看到绗缝线
暗绗线	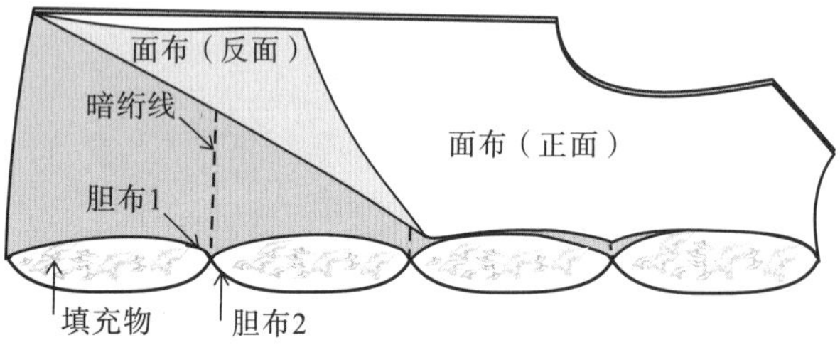 面布（反面） 暗绗线 面布（正面） 胆布1 填充物 胆布2	仅将填充物与胆布绗缝固定，其特点是在面布表面看不到绗缝线
充绒口固定线	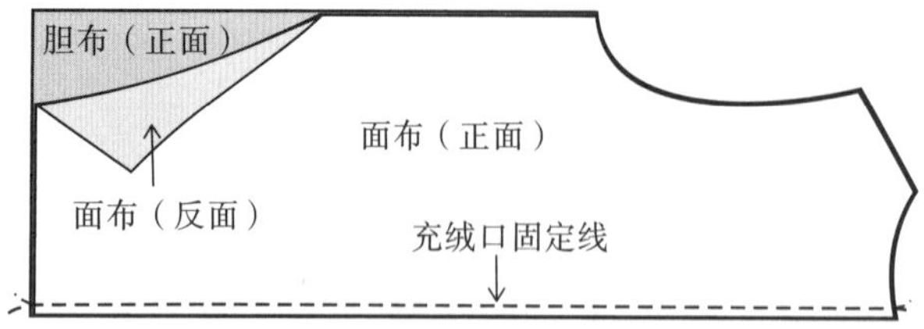 胆布（正面） 面布（正面） 面布（反面） 充绒口固定线	三层、四层结构的絮状填充物，为准确填充在要求的层次内，在填充口处，把不充绒的面料与胆布先机缝固定，缝份要比拼缝缝份窄 0.2cm
衣片边缘缉线（游线）	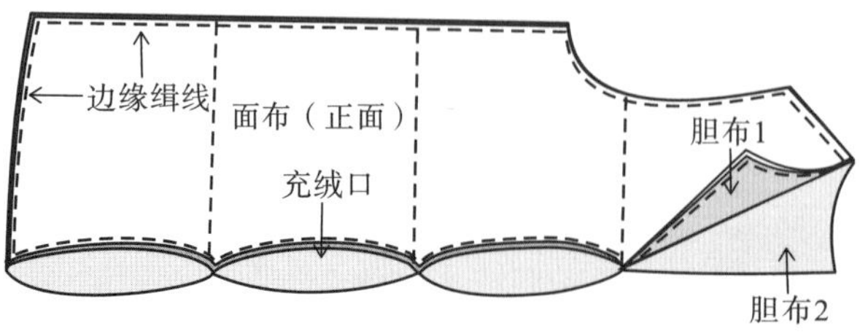 边缘缉线 面布（正面） 胆布1 充绒口 胆布2	将裁片边缘三边缉线机缝（留一边作为填充口，不需机缝），形成填充密封空间，缝份比拼缝缝份窄 0.2cm

续表

线迹名称	图示	说明
充绒口封口线	面布（正面） 充绒口封口线	絮状填充物填充后，将填充口机缝固定，缝份比拼缝缝份窄 0.2cm

二、用针、线及针距匹配选用

棉服、羽绒服缝制时，应选择与缝线相适宜的最小号机针，羽绒服使用防热圆头机针，针尖不可有毛刺。相关用针、用线及针距的匹配选用如表 5-2 所示。另外，要注意定时换针，轻薄羽绒服绗线用针每四小时更换一次，拼缝处用针每八小时更换一次；普通羽绒服每天更换一次。生产中做好用针更换记录。

表 5-2 用针、用线及针距匹配要求

序号	类型	轻薄羽绒款	普通羽绒款	偏厚面料羽绒款	棉服
1	机针型号	8#、9#	8# ~ 11#	9# ~ 12#	9# ~ 12#
2	面线	603#	603#	603#、403#	403#、202#（特殊效果用线除外）
3	底线	603#	603#	603#	603#、403#
4	明线针距	（13 ~ 14）针 /3cm	（12 ~ 13）针 /3cm	（11 ~ 12）针 /3cm	（11 ~ 12）针 /3cm
5	暗线针距	（13 ~ 14）针 /3cm	（12 ~ 13）针 /3cm	（12 ~ 13）针 /3cm	（12 ~ 13）针 /3cm
6	胆布边缘固定线	603#			
7	胆布边缘固定线针距	（14 ~ 15）针 / 3cm			
8	锁边线	402#、603#			
9	锁边针距	13 针 /3cm			
10	套结线	402#、603#		603#	
11	套结针距	44 针 /1cm			
12	平眼线	603#			
13	圆头眼线	603#、403#		403#	
14	平眼针距	（14 ~ 15）针 /1cm			
15	圆头眼针距	603# 线针距（11 ~ 12）针 /1cm，403# 线针距（10 ~ 11）针 /1cm			
16	钉扣线	603#		403#	
17	钉扣线数	每眼不少于 8 根线，上下 4 针			

三、棉服绗缝设备与绗线方法

（一）绗缝设备（表5-3）

表5-3 绗缝设备

绗缝设备	用处	图示	说明
平缝机	对裁片进行手工绗线		是机织面料服装企业中广泛使用的缝制设备，可完成拼接、缝合等多种缝制工序。 对平缝机的压脚、送布牙等进行改装，可成为模板绗线平缝机
模板全自动缝纫机	对裁片进行自动化绗线		绗线原理同绣花机，电脑输入花型，衣片四周固定，自动送料缉缝，适用于衣片裁剪后再绗缝，减少工人劳动，保证质量，在棉服及羽绒服工业化生产中广泛使用
电脑绗缝绣花机	对整幅面料进行绗缝		使用电脑绗缝绣花机进行整匹面料的绗缝，绗缝完成后再裁剪衣片

（二）绗线方法

所有需要填充喷胶棉的衣片内，不能缺漏喷胶棉。绗线时，喷胶棉需平整，不可拉扯、撕破、缺角、缩进、破损，绗线针距统一，不跳线、浮线，面底线松紧一致，绗线针眼处无明显钻棉现象，在明显部位不接受接线现象。绗线后衣片需饱满，不起扭，大身喷胶棉厚度要均匀，各零部件与大身厚度匹配（特殊设计要求除外）。不同情况的绗线步骤如下。

1. 手工明绗线（表 5–4）

表 5–4　手工明绗线

序号	步骤	图示	方法
1	裁片	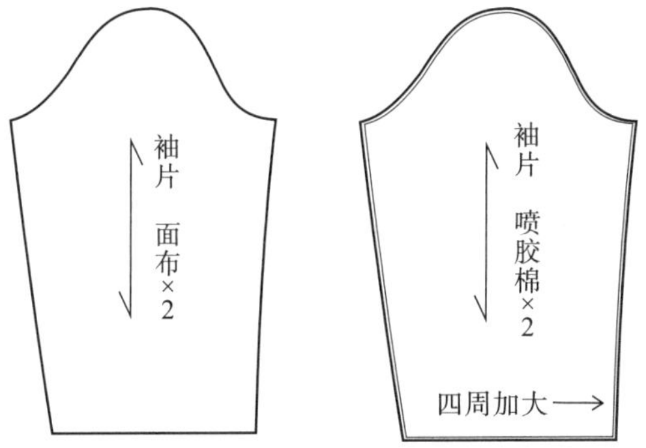	采用手工裁剪、绗线时，受操作产生的差异，喷胶棉裁片比面料裁片大，一般情况下，（40 ~ 80）g/m² 喷胶棉，四周加大 1cm；（100 ~ 160）g/m² 喷胶棉，四周加大 1.3cm；（180 ~ 220）g/m² 喷胶棉，四周加大 1.5cm
2	划线		按绗线的形状、间距，在面料上刷粉或用划粉画线，形成可视的印迹
3	绗线	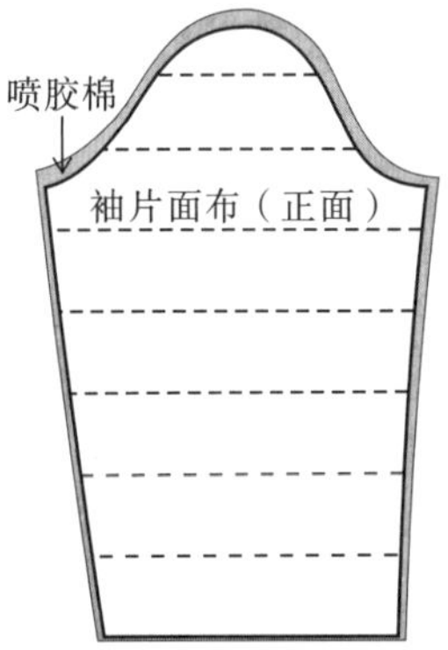	将面料覆在喷胶棉上，按印迹位置，将面料与喷胶棉机缝，在面料表面形成绗线线迹，注意，绗线时，应先完成中间的横向绗线，再由中间向两边绗线 绗线时，略将喷胶棉多推送一点，使衣片饱满
4	修片、四周固定	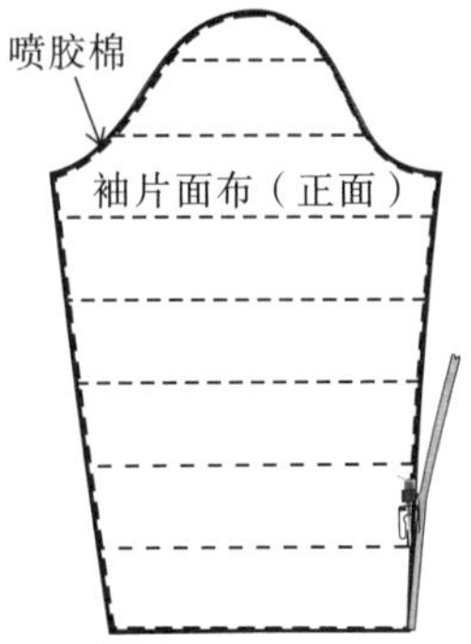	衣片四周边缘缉线固定。用平缝带刀机，将衣片四周多余的喷胶棉切除，绗好棉的衣片形成

2. 手工暗绗线（表 5–5）

表 5–5　手工暗绗线

序号	步骤	图示	方法
1	裁片	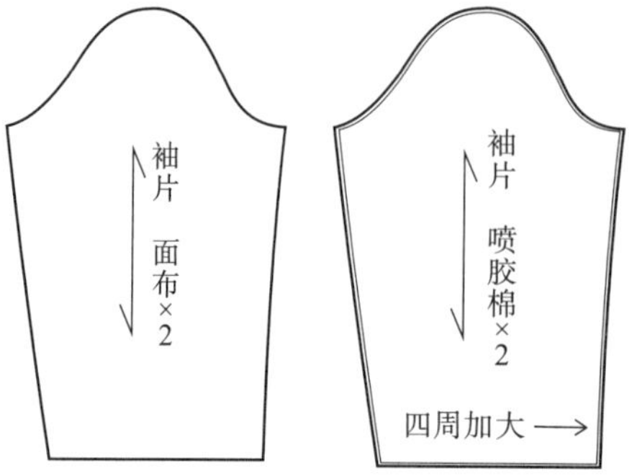 袖片 面布×2 袖片 喷胶棉×2 四周加大	因喷胶棉绗线后产生泡量，所以需比面料裁片大，一般情况下（40 ~ 80）g/m² 喷胶棉，四周加大 1.5cm；（100 ~ 160）g/m² 喷胶棉，四周加大 2cm；（180 ~ 220）g/m² 喷胶棉，四周加大 2.5cm（视裁片大小调整）
2	定位	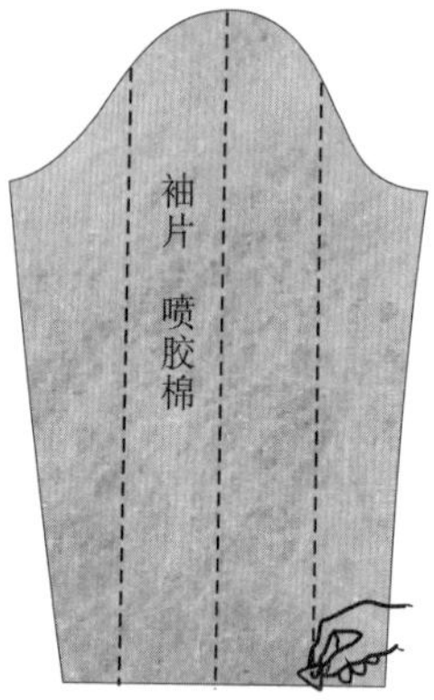 袖片 喷胶棉	在喷胶棉上绗线一般是顺衣片的经向方向绗线。各绗线间距 10cm 宽，可用褪色记号笔，在喷胶棉反面上作记号
3	绗线	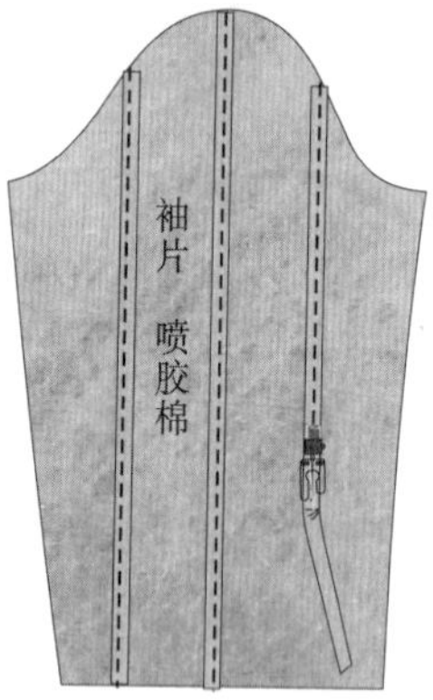 袖片 喷胶棉	用 1.2cm 宽布条（也可用整块无纺布作胆料），按记号位置裥线，以固定喷胶棉，避免生产中或洗水中拉扯破损
3	修片、四周固定	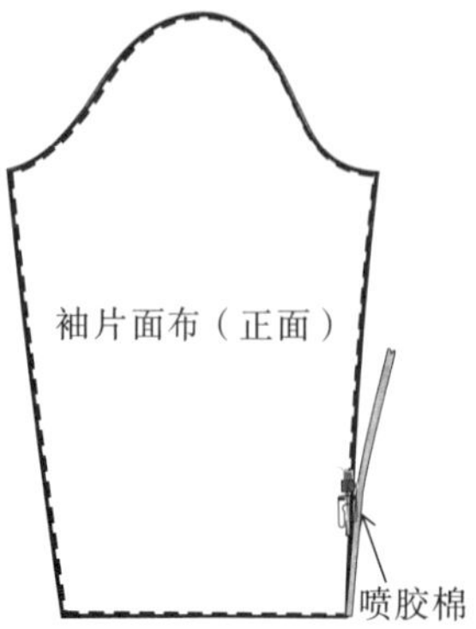 袖片面布（正面） 喷胶棉	将面料覆在喷胶棉上，用平缝带刀机在衣片四周边缘缉线固定，同时将衣片四周多余的喷胶棉切除，绗好棉的衣片形成

3. 模板全自动绗线（表 5–6）

表 5–6　模板全自动绗线

序号	步骤	图示	方法
1	裁片	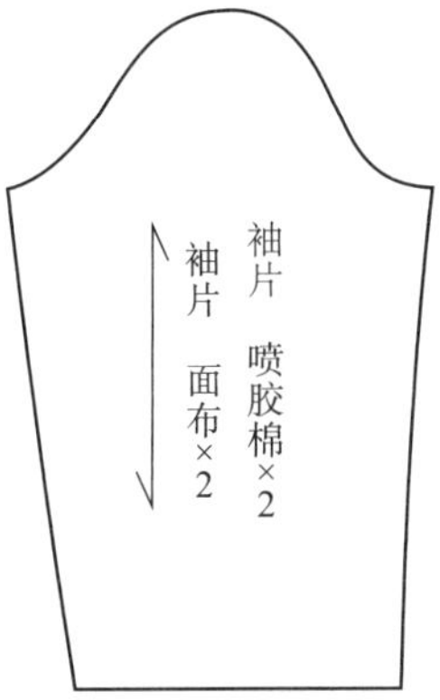 袖片 面布×2 袖片 喷胶棉×2	由于采用自动裁床裁剪、模板全自动绗缝机生产，喷胶棉裁片不需在面料裁片基础上加大
2	CAD 设计	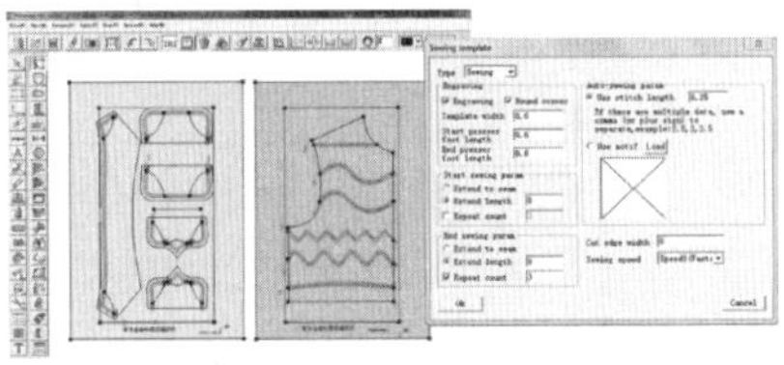	打板师纸样完成后，在纸样 CAD“缝制文件及切割文件”中设计绗线线路、形状
3	模板制作	 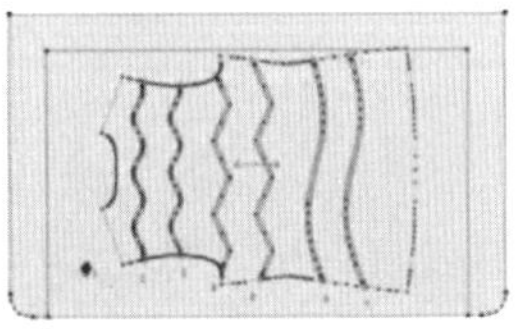	按绗线的形状、间距，在专用塑料透明 PVC 板上开槽（模板专用激光切割机制作），模板大小以能夹持固定面料即可，以缝到哪里在哪里开槽为原则
4	固定面料与喷胶棉	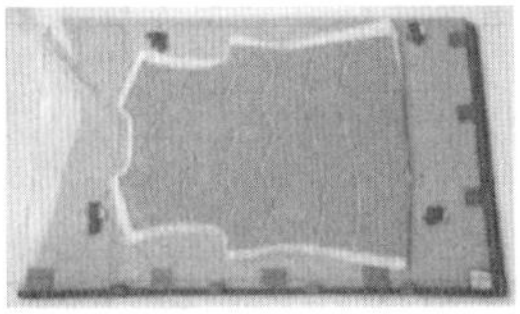	将喷胶棉铺在模板夹具内，面料覆在喷胶棉上，夹板固定
5	机器绗缝	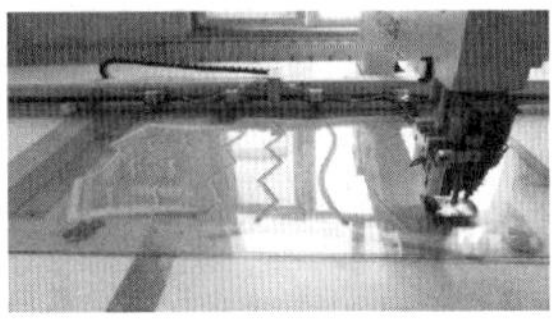	将夹具放在专用缝纫机，按模板固有形状，机缝固定面料与喷胶棉。这样在面料表面形成绗线线迹
6	裁片四周固定	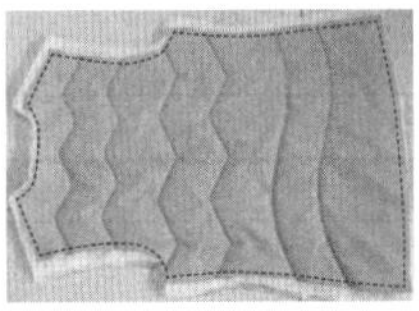	用平缝机四周边缘缉线，固定面料与喷胶棉

4. 整幅面料绗线

电脑绗缝绣花机，先对整匹面料进行绗缝。生产时直接按纸样在面料上裁剪衣片。到车间后不需再绗线，直接拼缝组装衣片即可。因先绗缝再裁剪，所以裁剪时的纸样为不包含绗缝线收缩产生的松量（纸样不需另加绗线收缩量）。

四、羽绒服充绒设备与充绒方法

（一）充绒设备

根据工厂生产条件、规模的限制，一般分为手工充绒设备、全自动充绒设备（表 5–7）。

表 5–7　充绒设备

绗缝设备	用处	设备图	图示	说明
手工充绒设备	设备成本投入小，人工称重，手工充绒，使用灵活	电子秤		人工将羽绒放到电子秤上按需要称好重量，再用漏斗或气泵充绒，也可手工充绒，但效率低。电子秤最小称量单位达到 0.1g
		漏斗		将需要的羽绒放到漏斗内，漏斗上有出孔管连接衣片充绒口内
		气泵（空气压缩机）		气泵产生压缩空气，漏斗出孔管处连接气泵的出气孔，出气时将漏斗内羽绒跟随空气填充衣片内
全自动充绒设备	全自动电脑控制，机器连续充绒，精确度高，可以达到 ±0.01g 的误差	全自动充绒机		自动完成称重、压袋、充绒、封口的过程，大大提高生产效率，无尘环境操作，改善工作环境

（二）充绒方法

胆布裁好裁片后，要进行充绒并绗线固定。需要注意：

（1）胆布裁片上不可有布边针洞及多余机缝针眼。

（2）羽绒易飞散，充绒时需轻拿轻放，工序安排应紧凑，减少搬运距离，三层、四层结构的羽绒服，羽绒需充在指定胆料夹层内，不可有误。充绒口及时封口，充绒口缝份处不可夹带羽绒，减少羽绒损耗。GB/T 14272《羽绒服装》只规定了充绒量的下限“-5%”，对充绒量的上限未做要求，生产时按洗水标标注的充绒量，根据实际生产易产生的损耗，适当多充羽绒，避免检测不合格。

（3）表面绗线针眼钻绒程度需在可接受范围内，控制好针眼大小。

（4）成品后各部位羽绒厚薄均匀（特殊设计要求除外），内胆与面布服帖、平整，无起泡、起扭、打褶外透现象。

绗线、充绒按先、后顺序可分为“先绗线再充绒”及“先充绒再绗线”。不同情况的充绒步骤如下：

1. 先绗线再充绒（表 5-8）

适用范围：两层、三层、四层结构羽绒服，且表面不是交叉线迹。

特点：绗线处不易钻绒，衣片平整度好，但分格充绒要求充绒克重精确度高，生产较费人工。

表 5-8　先绗线再充绒

序号	步骤	图示	方法
1	裁片	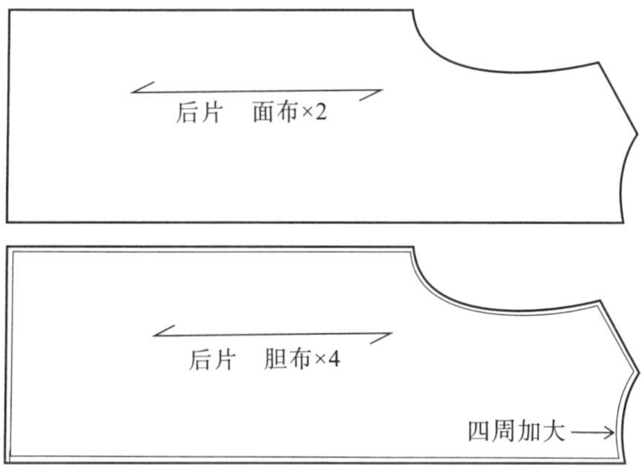	采用自动模板绗缝机，胆布裁片在面布裁片基础上不需加大 采用手工绗线，胆布裁片在面布裁片基础上四周加大（0.3 ~ 1）cm（视裁片大小放松量）
2	充绒口机缝固定	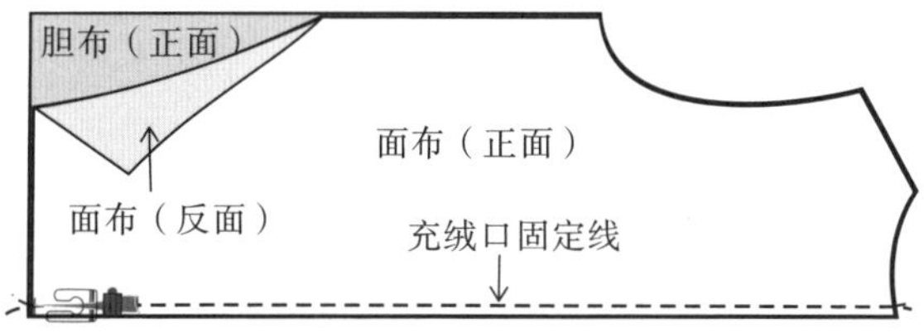	在充绒口的位置，先将单层胆布与面布边缘机缝固定（二层结构不需此工序），缝份距边比拼缝缝份窄 0.2cm，避免成品后外露线迹
3	衣片大身绗线	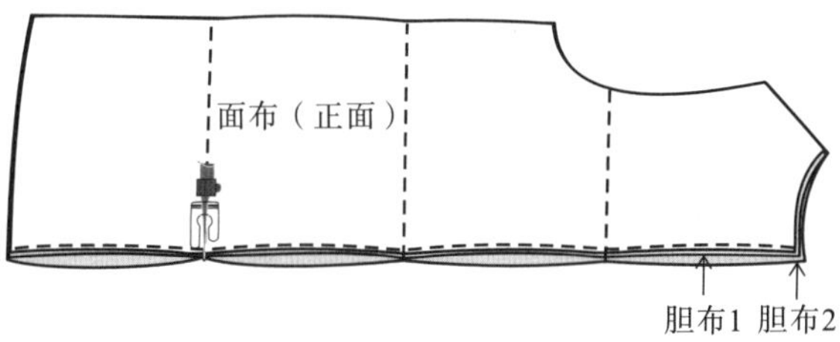	面布、第一层胆布、第二层胆布放平齐，将所需位置（可手工划线或模板开槽）一起机缝，形成衣片绗线
4	三边缉线固定	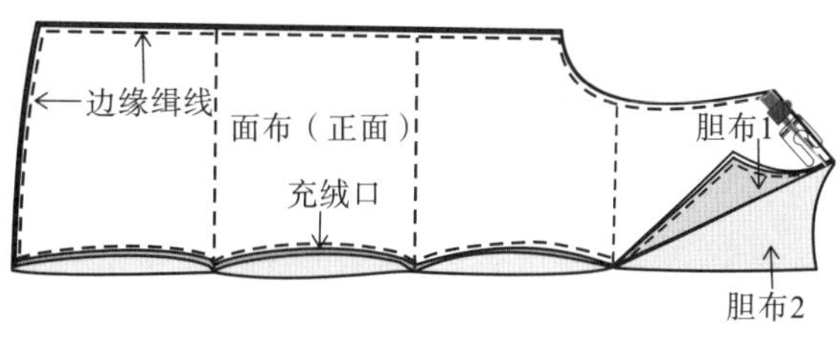	为形成密封空间，裁片边缘三边缉线机缝（留一边作为填充口，不需机缝）。缝份比拼缝缝份窄 0.2cm

续表

序号	步骤	图示	方法
5	充绒机房		将绗好线的衣片输送到专用充绒机房，充绒机房与生产车间隔开，避免羽绒飞散，污染环境
6	各绒口分别充绒	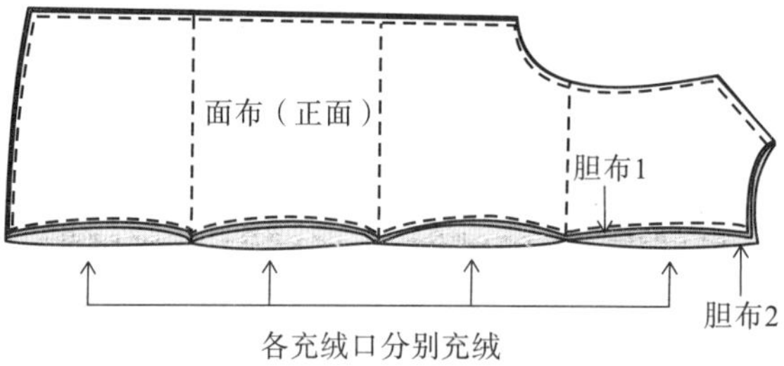 面布（正面） 胆布1 胆布2 各充绒口分别充绒	在各个预留的填充口，按每格所需克重分别充绒。充绒时羽绒尽量充到里端，不要堆在充绒口处
7	充绒口封口与拍绒	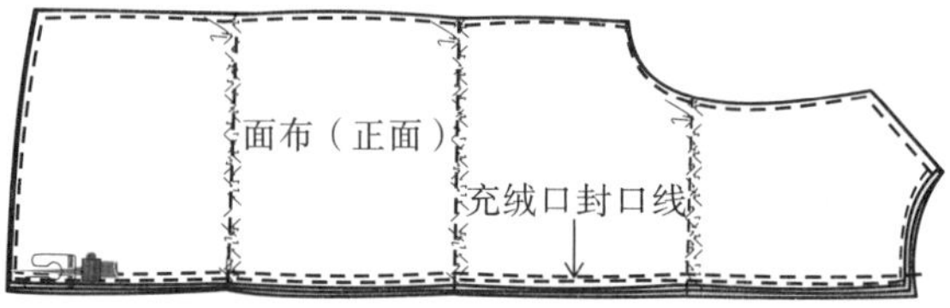 面布（正面） 充绒口封口线	充绒完成后，将填充口机缝缉线固定住。缝口处不可夹带羽绒，缝份比拼缝缝份窄 0.2cm。封口完成后，需将每格中的羽绒拍打均匀，不能有结块现象

2. 先充绒再绗线（表 5-9）

适用范围：三层、四层结构羽绒服，且表面有交叉线迹的款式。

特点：生产效率高，但绗线针孔处易钻绒，且衣片平整度欠佳。

表 5-9　先充绒再绗线

序号	步骤	图示	方法
1	裁片	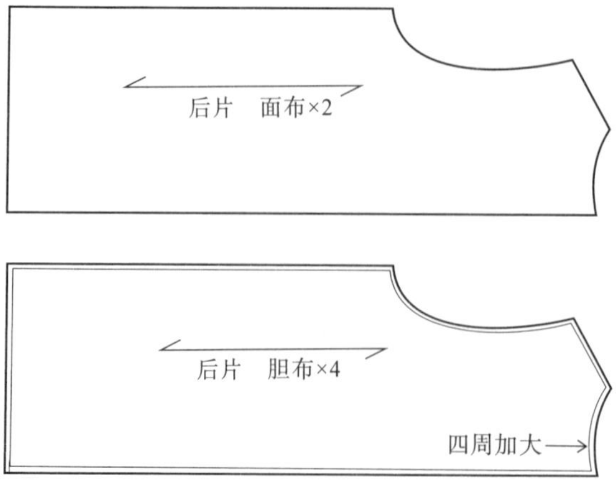 后片　面布×2 后片　胆布×4 四周加大	先充绒再绗线工艺，因裁片四周缉线是手工操作，胆布裁片在面布裁片基础上四周要加大（0.3 ~ 1）cm（视裁片大小放松量）

续表

序号	步骤	图示	方法
2	充绒口机缝固定	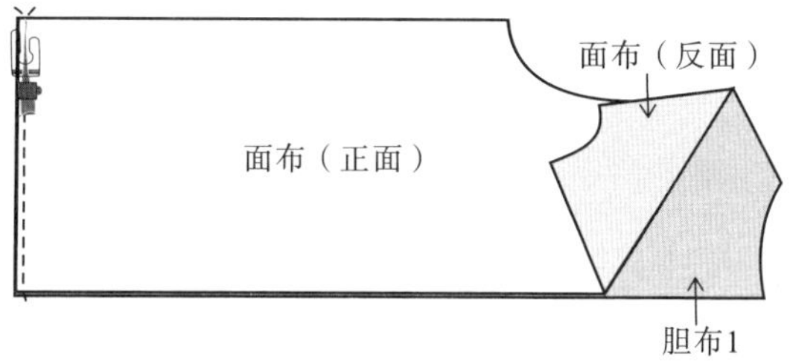 面布（反面） 面布（正面） 胆布1	整块衣片充绒，充绒口位置一般设置在下摆、袖口部位。先将单层胆布与面布边缘机缝固定，缝份要比拼缝缝份窄 0.2cm，避免成品外露线迹
3	三边缉线固定	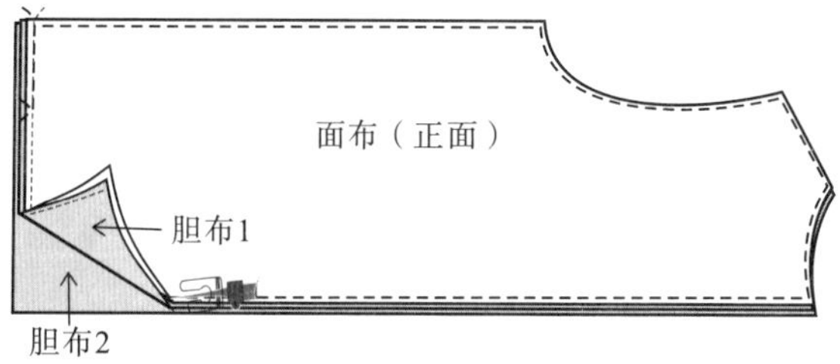 面布（正面） 胆布1 胆布2	面布、第一层胆布、第二层胆布放平齐，三边缉线机缝（填充口处不要机缝）。缝份比拼缝缝份窄 0.2cm
4	进机房充绒		将密封好的衣片输送到专用充绒机房，充绒机房与生产车间隔开，避免羽绒飞散，污染环境
5	充绒口充绒	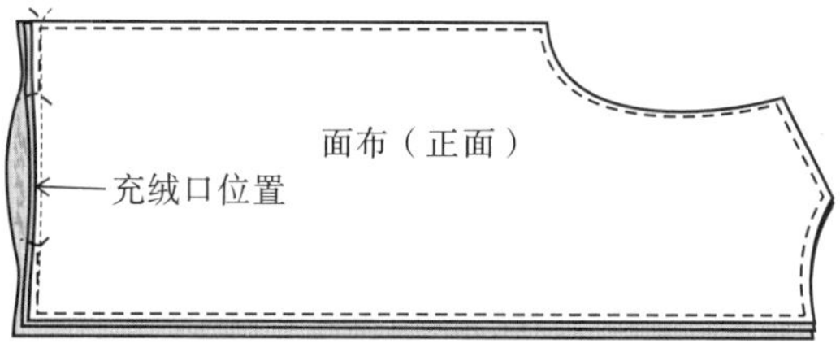 面布（正面） 充绒口位置	在预留的填充口，按整块衣片所需克重充绒
6	充绒口封口	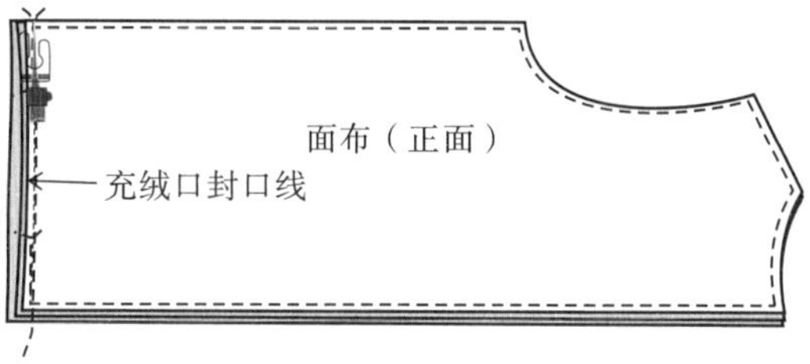 面布（正面） 充绒口封口线	充绒完成后，将填充口机缝缉线固定，缝口处不可夹带羽绒，缝份比拼缝缝份窄 0.2cm
7	拍绒与衣片大身绗线	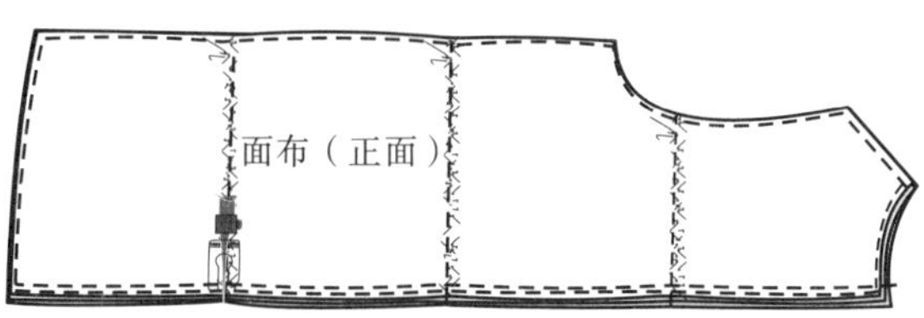 面布（正面）	如果是模板全自动绗线，应将衣片内羽绒拍打均匀后，在所需位置将面料与羽绒一起机缝，形成绗线。注意，如果是手工绗线，应先完成中间的横向绗线，再由中间向两边绗线。绗线时，应边拍绒边绗线，确保羽绒填充均匀

五、缝制工艺流程的表示方法

服装工业化生产中，一般会对工艺流程进行设计，绘制工序流程图，以指导缝纫车间快速、高效生产。缝制工艺流程的表示方法有多种，常见的有：工序表法、工序分析图法、工序流水表示法、设备说明表示法。

（一）工序表法

是将每一种工序按缝制先后顺序列于一张表格中，同时给出每一工序所用缝纫设备的名称、每一工序的机缝要求等，根据需要，还可以给出缝线颜色、针距等，如棉服（图 5-1）的工序表（表 5-10）。

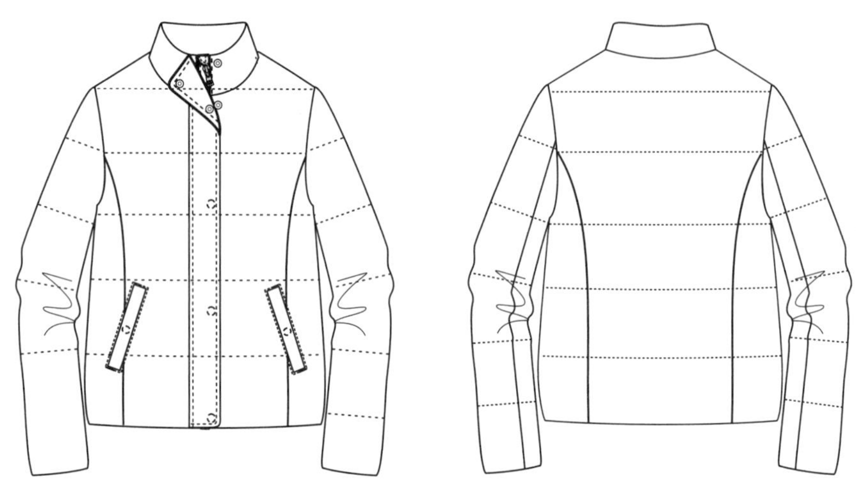

图 5-1　棉服款式图

表 5-10　棉服工序表

序号	工序	机器名称	针号	缝线颜色	针距 针 /3cm	机缝要求
1	衣片绗线	模板全自动缝纫机	11	身布色	13	线迹顺直，不可露珠
2	固定衣片四周喷胶棉	平缝带刀机	11	身布色	11	缝份（0.6 ~ 0.8）cm
3	缝合前后侧片、袖侧片	平缝机	12	身布色	13	缝份 1.2cm，做准
4	前幅开袋	平缝机	11	身布色	13	位置准确、左右对称
5	缝合前后片、肩缝、绱袖	平缝机	12	身布色	13	缝份 1.2cm，做准
6	做领、绱领	平缝机	12	身布色	13	缝份 0.8cm，做准
7	做门襟，绱拉链、装门襟	平缝机	12	身布色	13	缝份 1cm，做准
8	缝合里布	平缝机	11	身布色	13	缝份 1cm，做准
9	里布缝份锁边	三线包缝机	11	身布色	13	锁边美观，宽窄一致
10	面布与里布缝合	平缝机	12	身布色	13	缝份 1cm，做准
11	翻出服装的正面（翻衫）、封袖洞	平缝机	11	身布色	11	缝份 1cm，做准
12	钉扣	钉扣机	11	纽扣色		左右位置准确

注　翻出服装的正面、封袖洞：在服装的面布与里布缝合后，要将服装正面从袖里布预留的袖洞翻出，完成后，需将袖洞机缝封住。

(二)工序分析图法

是由代表不同操作性质和内容的图形符号(表 5-11)按工序的顺序排列起来的图(图 5-2)。企业也可以根据实际操作的需要,自定义某些符号。

表 5-11 工序分析图中符号的意义

符号	符号意义	符号	符号意义	符号	符号意义
○	平缝作业	□	手工作业	◇	质量检查
○	包缝作业	▽	裁片及配件	△	缝制结束
◎	特种机械作业				

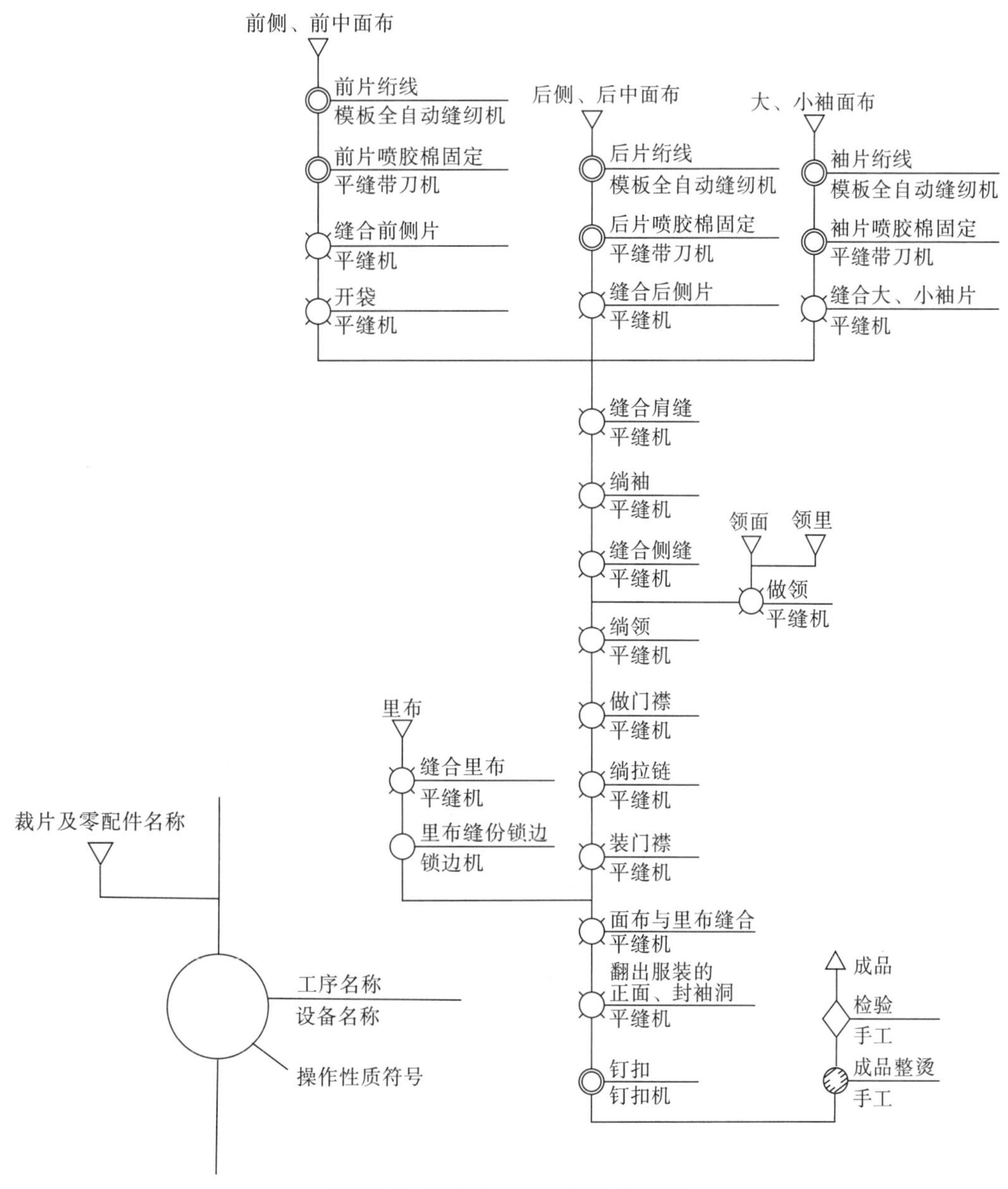

图 5-2 工序分析图及其构成要素

（三）工序流水表示法

按工序的先后顺序列出各工序名称，并在括号内注明所用设备。例如：

衣片绗线（模板全自动缝纫机）→固定衣片四周喷胶棉（平缝带刀机）→缝合前后侧片、袖侧片→前幅开袋→缝合侧缝、肩缝、绱袖子（平缝机）→绱领（平缝机）→做门襟，绱拉链、门襟（平缝机）→ 缝合里布（平缝机）→里布缝份锁边（三线包缝机）→面布与里布缝合（平缝机）→翻出服装的正面、封袖洞（平缝机）→钉扣。

（四）设备说明表示法

是先列出缝制某种产品所需设备名称，然后在设备的后面说明该设备可用于哪几道工序缝制。对于一些有特殊缝制要求的工序，可在工序后附加说明，对于符合统一规定的缝制要求一般不必列出。例如：

（1）平缝机：缝合侧缝、肩缝、绱领、缝合里布、面布与里布缝合、绱拉链、封袖洞。

（2）三线包缝机：里布缝份锁边。

（3）模板全自动缝纫机：衣片绗线。

（4）平缝带刀机：固定衣片四周喷胶棉。

以上四种工序流程表示方法各有优缺点，适合不同的工厂、产品。例如前两种表示较全面，适合较复杂的服装款式或要求高的流水生产线；而后两种比较简单，适合简单的服装款式或对要求不高的工序。无论采用哪种工序流程表示方法，都要利用工厂现有的设备条件，保证服装各工序的顺序性、缝制操作的方便合理性。各工序之间应避免迂回交叉，减少工序间的产品转移。

第六章　棉服、羽绒服重点部件缝制工艺

一、领缝制工艺

（一）立领（表6-1）

表6-1　立领缝制工艺

序号	工艺内容	制作工艺图	缝制要点
1	缝合领面布、领里布	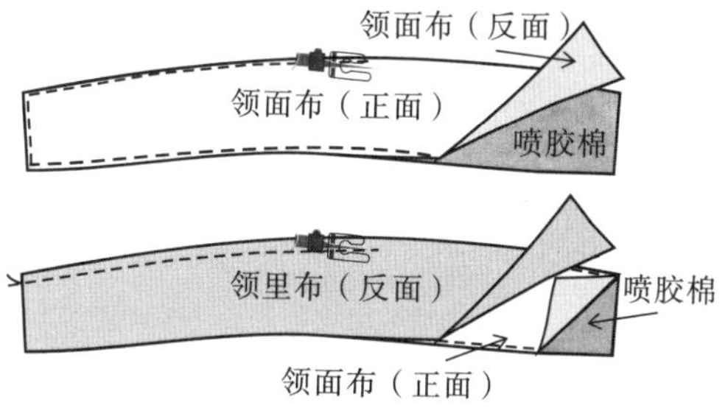 领面布（反面） 领面布（正面） 喷胶棉 领里布（反面） 喷胶棉 领面布（正面）	领内放喷胶棉，克重与大身厚度匹配。如果领内充羽绒，充绒量为大身平均充绒克重的200%～250% 领面布与喷胶棉四周机缝固定，再与领里上口机缝
2	绱领	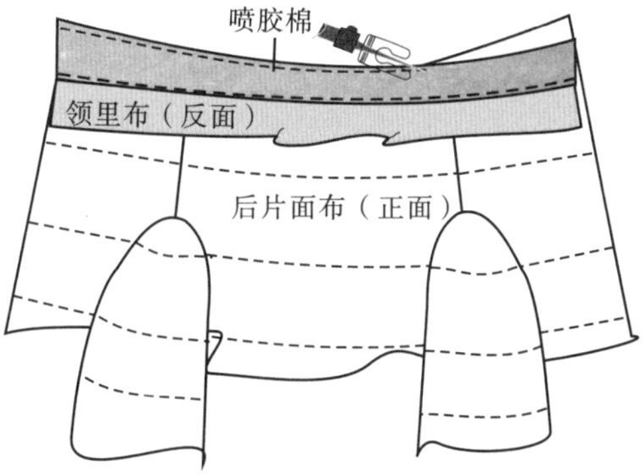 喷胶棉 领里布（反面） 后片面布（正面）	将领面布放于大身领口上，按记号对准肩缝及中心位置进行缝合 缝份0.8cm，准确操作，线迹顺直
3	覆领	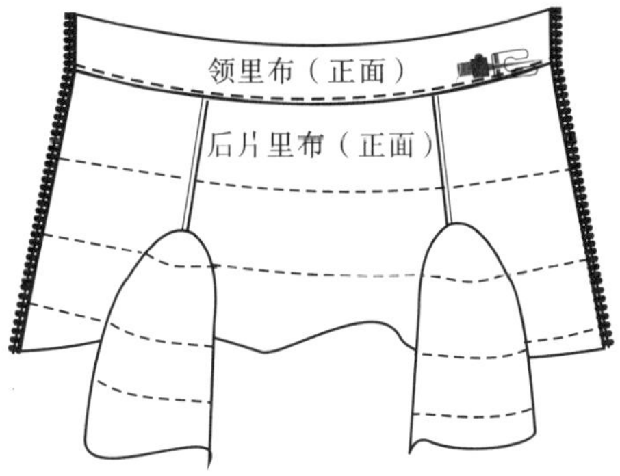 领里布（正面） 后片里布（正面）	门襟绱拉链完成后，将领里布整理平整，缉缝领里下口明线。缉线在领里布边止口需宽窄一致 领面布、领里布平服，不起扭

续表

序号	工艺 内容	制作工艺图	缝制要点
4	立领效果图		立领的领里布应略紧，有里外匀效果，前领口需平服、圆顺，左右领对称

（二）罗纹领（表6-2）

表6-2　罗纹领缝制工艺

序号	工艺内容	制作工艺图	缝制要点
1	做罗纹领	罗纹领 对折线 罗纹领对折后机缝固定	按纸样裁剪罗纹领，丝缕要顺直，尺寸是大身领口尺寸的85%～90%（视罗纹弹性调整） 罗纹领双折机缝固定，缝份控制在0.8cm内
2	装罗纹领	按领圈形状拔开后装领 罗纹领 后片大身	罗纹领在左右肩缝位置，按领圈形状拔开 装领时，罗纹领在前中位置不要拉开，大身与罗纹领松紧一致，沿领圈机缝。领罗纹中心与领圈中心要对准，保持左右肩缝对称
3	领圈缉线	领口缉缝	领圈缉缝0.6cm宽明线，宽窄需一致

续表

序号	工艺内容	制作工艺图	缝制要点
4	罗纹领效果图		穿起后要求罗纹领自然内贴、抱颈、领上口不起波浪。领圈缉线平服，面料不打褶

（三）翻折领（表 6-3）

表 6-3　翻折领缝制工艺

序号	工艺内容	制作工艺图	缝制要点
1	加棉	翻领领面布 针棉 领座领面布 针棉	翻领、领座的领面布分别加针棉（轻薄款可以黏衬），四周缉线固定 机缝固定后，领面布需平整，饱满，不可起扭
2	翻领缝合	领里布（反面） 领面布（正面） 针棉 领面布（正面）	缝合翻领的领面布和领里布。缝合时领里布在领角处略带紧、领面布稍放松，缝出里外匀 领翻出正面后，领上口边缉缝 0.6cm 宽边线 翻领角时，应折角翻，折角要方正，如果折角较厚，应将折角适度修剪。此外将缝份修剪至约 0.8cm
3	与领座缝合	领座领面布（针棉） 翻领领面布 领里布	将翻领夹在领座的领面布与领里布之间。注意中间刀眼需对准，两侧长短、形状要一致 将领座翻出后，正面烫平服，要求边止口不反吐
4	翻折领效果图		翻折领整体效果，领尖要求自然窝服，不能反翘； 领子左右需对称，领角方正

（四）可脱卸毛领（表6-4）

表6-4 可脱卸毛领缝制工艺

序号	工艺内容	制作工艺图	缝制要点
1	翻领、领座的领面黏衬	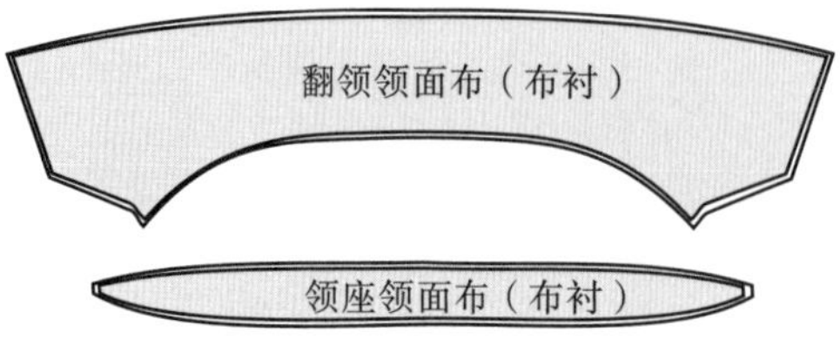 翻领领面布（布衬） 领座领面布（布衬）	翻领、领座的领面布可以黏衬（或无纺衬），增加挺括度
2	缝合翻领与领座	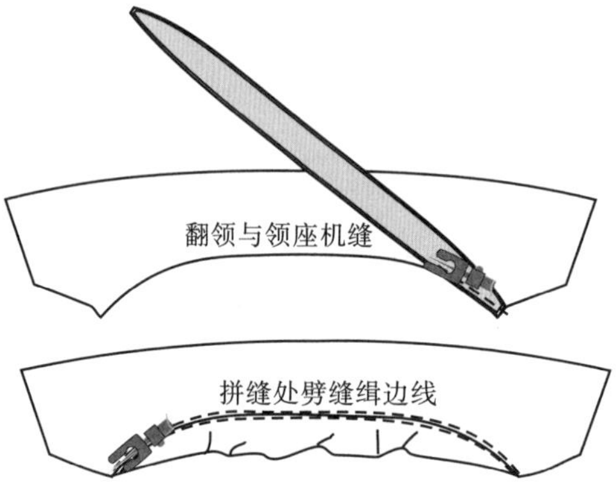 翻领与领座机缝 拼缝处劈缝缉边线	缝合翻领的领面布与领座的领面布，缝合翻领的领里布与领座的领里布，注意中间刀眼需对准，缝份0.6cm宽窄一致 合缝处劈缝烫平服后，缉缝0.1cm宽边线，线迹顺直
3	领面与领里缝合	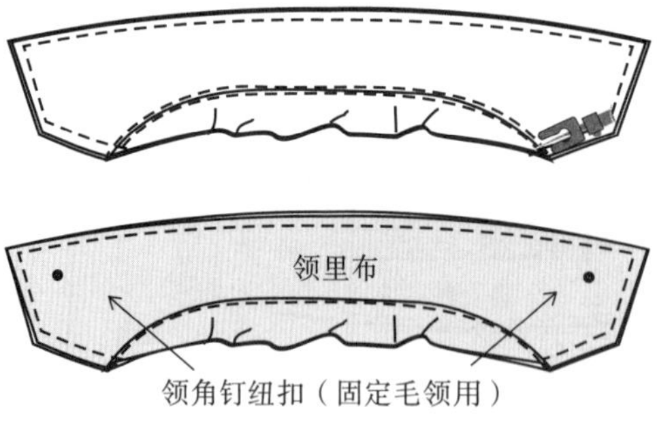 领里布 领角钉纽扣（固定毛领用）	缝合领面和领里，缝合时领角处领面稍放松，领里略带紧，使领角服帖 领子翻出后，领上口边缉缝0.6cm宽边线 领里布（正面）两侧领角钉纽扣，与毛领插片锁眼位置吻合
4	毛领里放喷胶棉	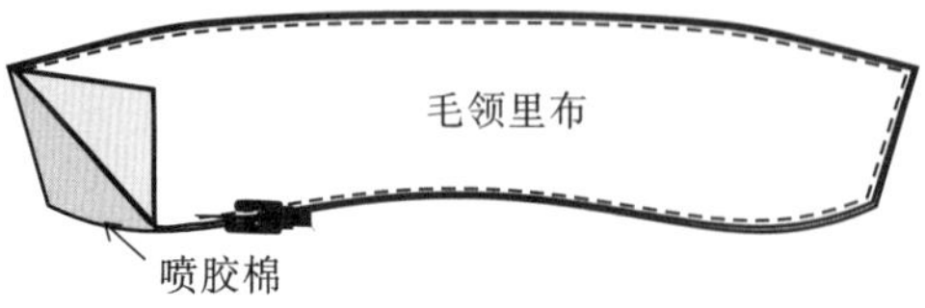 毛领里布 喷胶棉	根据大身厚度，毛领里布内放喷胶棉，增加饱满感 机缝固定后，毛领里布需平整饱满，不可起扭

续表

序号	工艺内容	制作工艺图	缝制要点
5	切割毛领	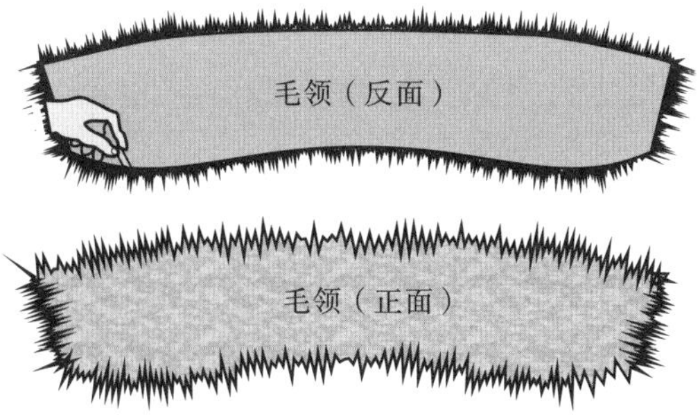 毛领（反面） 毛领（正面）	毛领需反面画线，再用刀片划割底板。不可用剪刀裁剪，避免把绒毛剪掉
6	缝合毛领的领面布与领里布	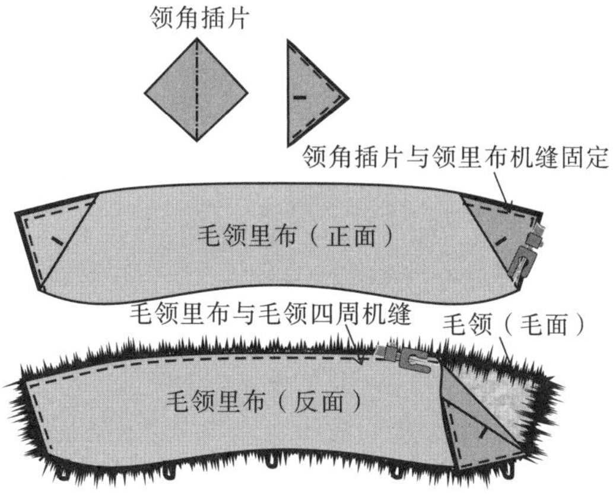 领角插片 领角插片与领里布机缝固定 毛领里布（正面） 毛领里布与毛领四周机缝 毛领（毛面） 毛领里布（反面）	领角插片对折后两侧机缝固定，中间锁扣眼 在领角处插片与领里布机缝固定 毛领里布与毛领四周机缝，毛领边缘绒毛需向领毛面倒，不可夹带在缝份处 毛领下口夹缝5根弹力襻，扣襻长度与纽扣大小匹配（完成后扣襻直径比纽扣直径小0.3cm）
7	毛领完成图	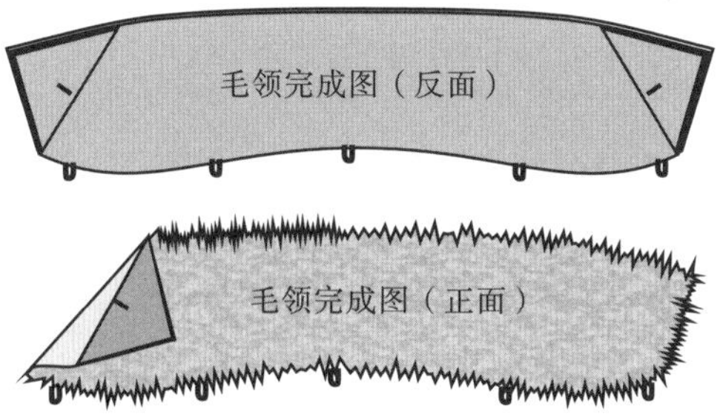 毛领完成图（反面） 毛领完成图（正面）	毛领反面领角插片两侧对称，正面领角里外匀自然，不外翘；毛领四边绒毛不乱，向外挺直
8	毛领扣好效果图	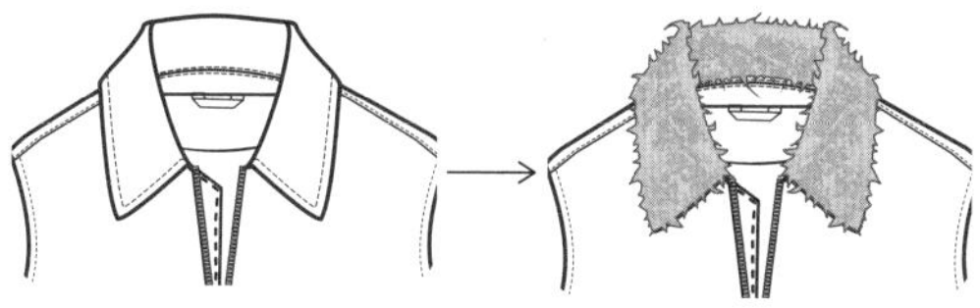	在与翻领对应的领圈位置钉纽扣，扣好毛领后，毛领需盖过大身领0.8cm

二、帽缝制工艺

（一）有调节扣的直口帽（表6-5）

表6-5 调节扣直口帽缝制工艺

序号	工艺内容	制作工艺图	缝制要点
1	做帽布	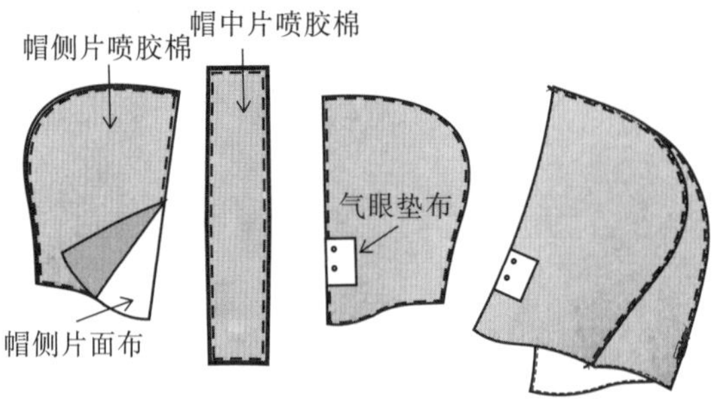 帽侧片喷胶棉 帽中片喷胶棉 气眼垫布 帽侧片面布	帽侧片面布、帽中片面布分别与喷胶棉四周机缝绢线固定 固定喷胶棉后，帽侧片与帽中片合缝 帽前口距帽下口线5cm处，左右帽侧片打气眼各两个，气眼下需加垫布
2	帽面下口绱拉链	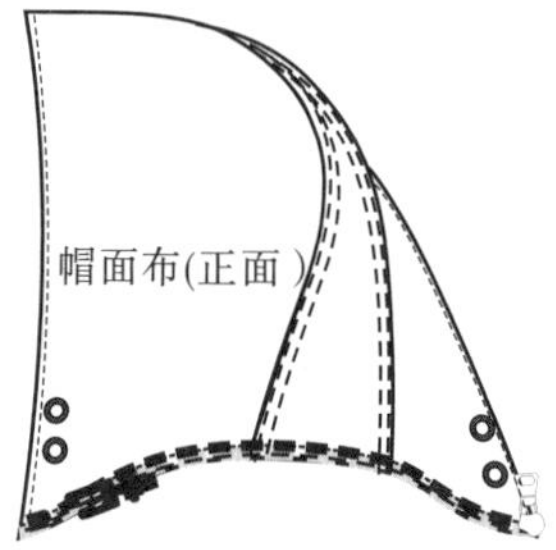 帽面布(正面)	拉链拉开后，有拉链头的一侧布带缉缝在帽下口处，拉链布带与帽面布正面相对，在帽下口沿边缘机缝 拉链中心需对准帽下口线中心
3	穿弹力绳	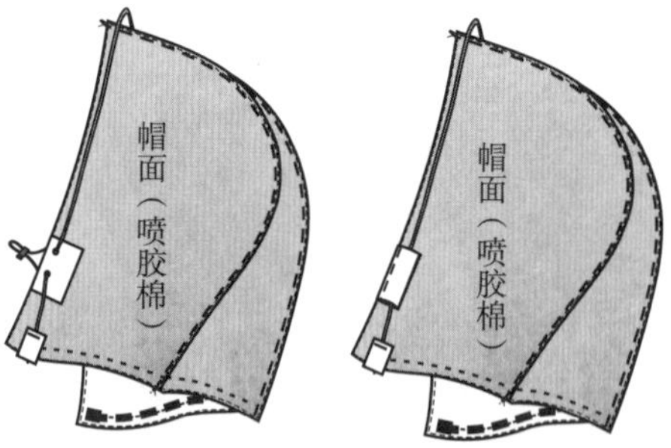 帽面（喷胶棉） 帽面（喷胶棉）	气眼内穿弹力绳，绳两端需固定在布条上，布条长控制在1cm范围内。调节扣处外露弹力绳有1.5cm松量 气眼垫布需翻折机缝固定在帽前口边，避免气眼处因抽弹力绳带出喷胶棉的棉丝
4	做帽里布	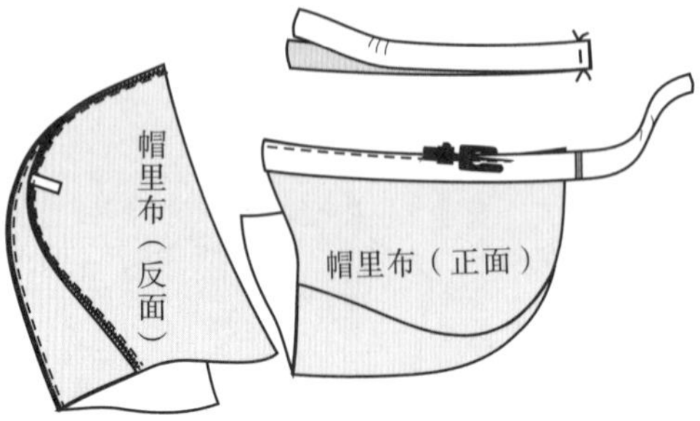 帽里布（反面） 帽里布（正面）	帽侧片与帽中片合缝，帽里布在帽顶中间每条侧缝份处缝带条，缝份锁边 帽前口处缝贴边，贴边与帽面布正相对，在帽前口处缝合

续表

序号	工艺内容	制作工艺图	缝制要点
5	帽面布、帽里布缝合	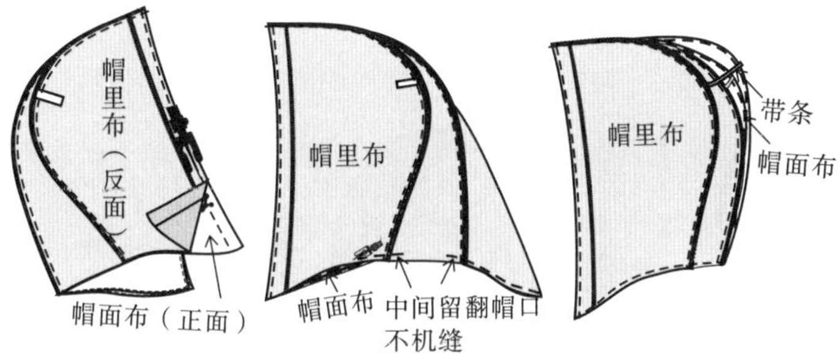	帽面布、帽里布在帽前口、帽下口处对齐缝合（在帽中片中间留 10cm 长不缝合，作翻帽口） 帽顶处带条固定帽面、帽里缝份，避免里布活动，吊带完成后净长 1.5cm
6	直口帽效果图	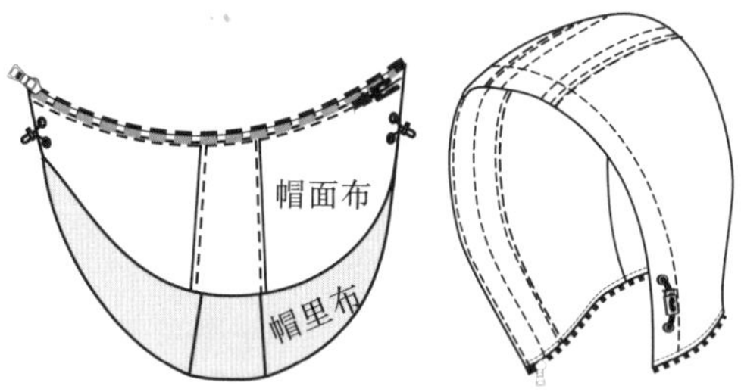	帽子正面翻出，整理平服。帽下口拉链处缉明线固定面布、里布，缉边线时缝住翻帽口 帽前口贴边距帽口缉缝 2.5cm 宽边线，固定帽面布、里布，避免里布反吐 帽前口圆顺，气眼与帽口顺直，帽两侧位置对称。调节扣处弹力绳有 1.5cm 的松量外露

（二）帽口有脱卸毛边帽（表 6-6）

表 6-6　帽口有脱卸毛边帽缝制工艺

序号	工艺内容	制作工艺图	缝制要点
1	做帽口毛边	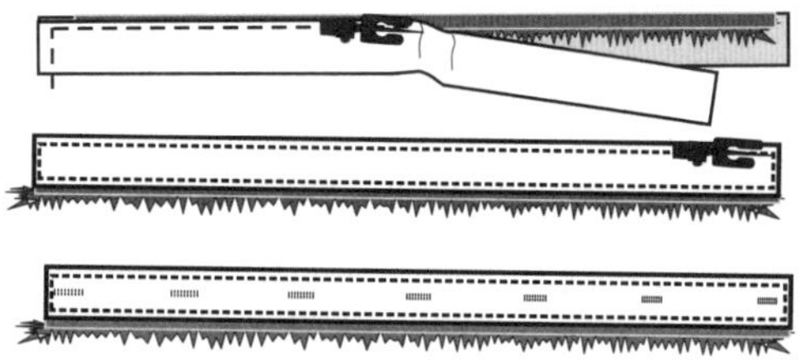	毛边双折后将其夹在两层面料之间，按图示缝制，毛边的绒毛在缝份处要向外侧倒 毛边缝合后翻出正面，四周缉边止口，距边缘 0.1cm 脱卸毛边按图示锁七个平头扣眼，扣眼间距与帽前口上的纽扣间距吻合
2	做帽里布	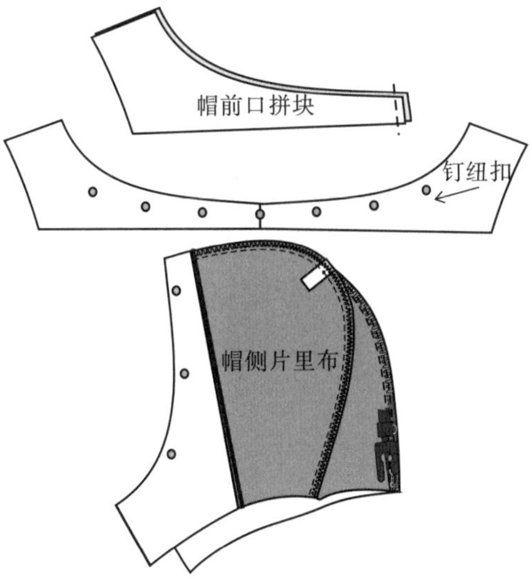	将帽前口拼块中间拼接 在帽前口拼块上钉纽扣七粒，位置与毛边扣眼吻合 帽侧片与帽中片合缝，在帽顶中间每条侧缝份处缝带条

续表

序号	工艺内容	制作工艺图	缝制要点
3	做帽面布	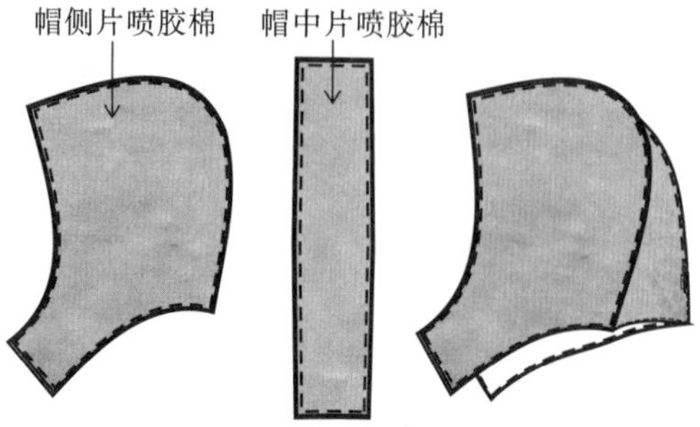 帽侧片喷胶棉　帽中片喷胶棉	帽侧片面布、帽中片面布分别与帽侧片、帽中片的喷胶棉四周对齐机缝绢线固定 绢线固定喷胶棉后的帽侧片与帽中片合缝
4	帽面下口绱拉链	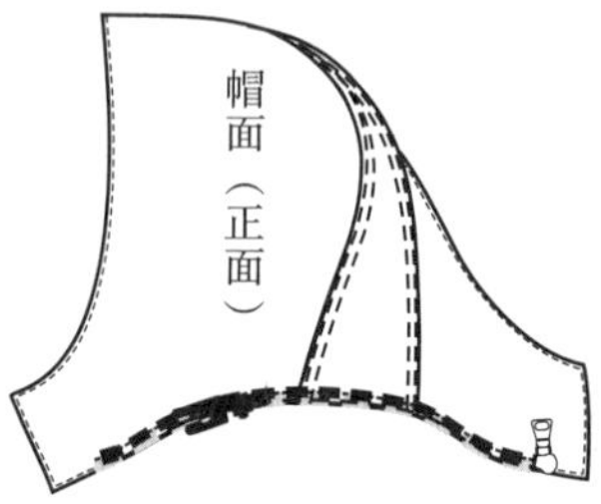 帽面（正面）	拉链拉开，有拉链头的一侧布带（又称码带）机缝在帽子上，拉链布带与帽面布正面相对，在帽下口沿边缘机缝。注意，拉链布带中心需要对准帽下口线中心
5	缝合帽口面布、帽口里布，绱拉链	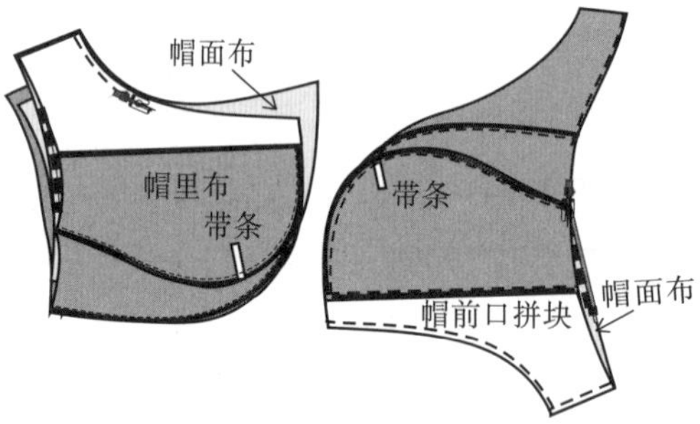 帽面布　帽里布　带条　带条　帽面布　帽前口拼块	帽面布、帽里布在前口、下口处对齐缝合（在帽下口中间留 10cm 长不缝合，作翻帽口） 帽顶处带条固定帽面布、帽里布缝份，避免里布活动，带条完成后净长 1.5cm
6	帽口有脱卸毛边帽效果图	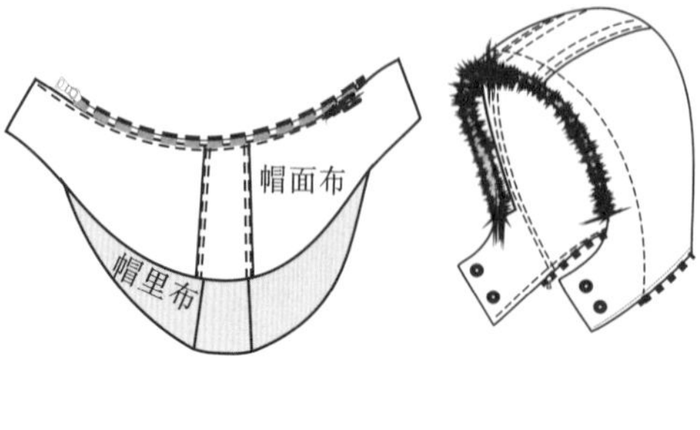 帽面布　帽里布	帽子正面翻出后，整理平服。帽下口拉链处绢明线固定面布、里布，绢边线时压住帽里翻帽洞 距帽口边缘绢缝 2.5cm 宽边线，固定帽面布、里布，避免里布反吐 拉好拉链，领圈与帽下口形状要吻合，平服，不可以起扭，帽前口（俗称“帽嘴”）左右对称，长短一致

三、下摆缝制工艺

（一）收缩下摆（表 6–7）

表 6–7　收缩下摆缝制工艺

序号	工艺内容	制作工艺图	缝制要点
1	翻折边位置绢固定线	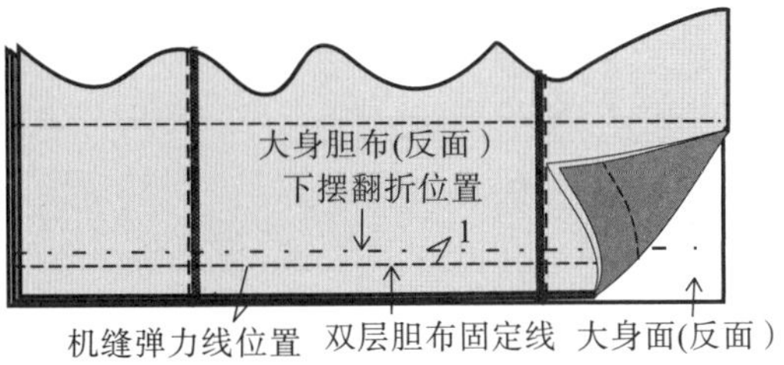 大身胆布(反面)　下摆翻折位置　1　机缝弹力线位置　双层胆布固定线　大身面(反面)	距离下摆翻折边边缘 1cm 处，绢线固定双层胆布，隔开填充的羽绒到下摆底边，避免机缝弹力绳通道的针迹处钻绒
2	门襟下摆处加垫布	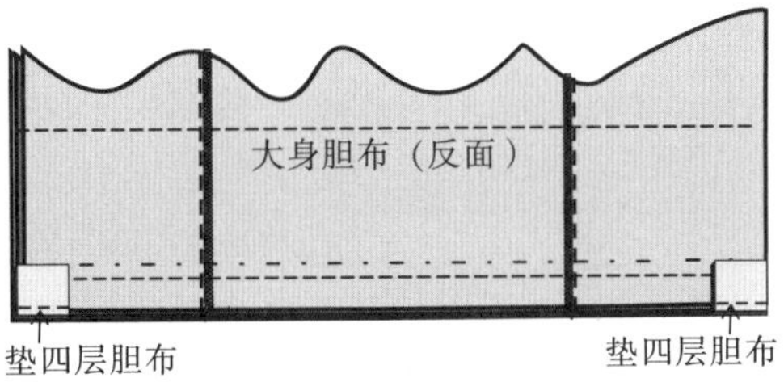 大身胆布（反面）　垫四层胆布　垫四层胆布	距离门襟（5 ~ 8）cm 处加四层胆布，便于减少抽褶量，使前身门襟处平整
3	下摆机缝五条弹力线	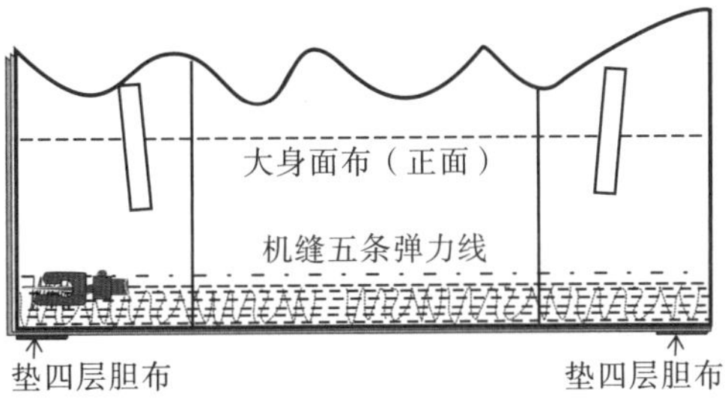 大身面布（正面）　机缝五条弹力线　垫四层胆布　垫四层胆布	在下摆翻折位置范围内，机缝五条弹力绳。五条绢线间距需均匀，收缩尺寸准确
4	缝合大身面布、里布	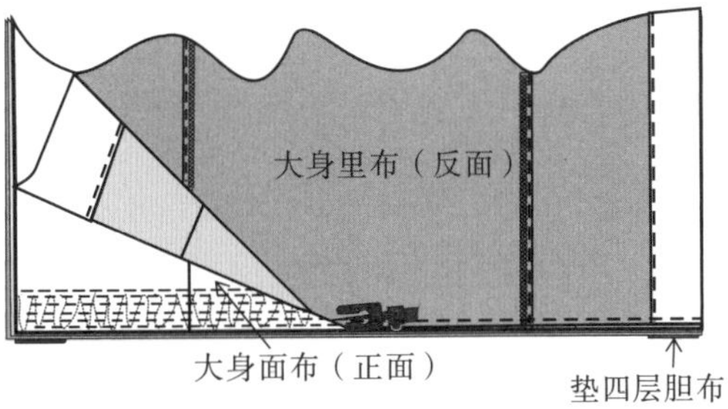 大身里布（反面）　大身面布（正面）　垫四层胆布	大身面布与里布下摆合缝，缝份距缝弹力线位置宽窄一致
5	下摆翻折边与大身固定	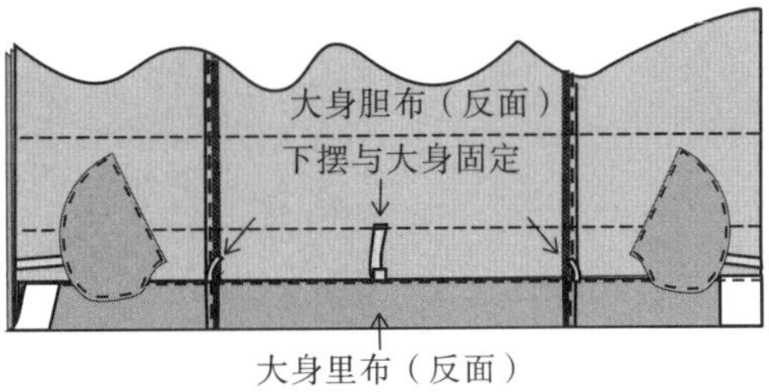 大身胆布（反面）　下摆与大身固定　大身里布（反面）	大身下摆翻折后，下摆两侧缝份、后中线处与大身对应位置用带条固定。避免翻折边外吐

续表

序号	工艺内容	制作工艺图	缝制要点
6	收缩下摆效果图	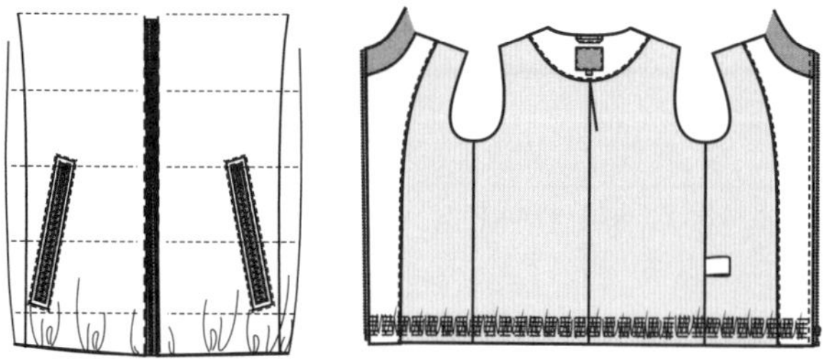	下摆收缩均匀，尺寸准确，翻折边宽度尺寸准确，不反吐

（二）罗纹下摆（表 6-8）

表 6-8 罗纹下摆缝制工艺

序号	工艺内容	制作工艺图	缝制要点
1	罗纹与拼块拼缝	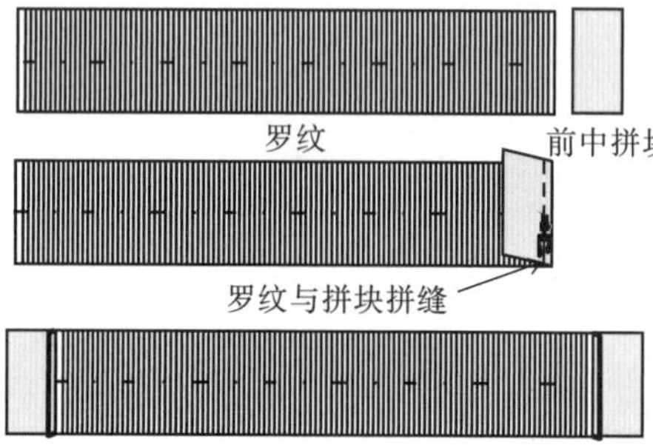 罗纹 前中拼块 罗纹与拼块拼缝	为与罗纹厚度匹配，前中拼块可以黏衬或加针棉 前中拼块分别与下摆罗纹两侧拼接，罗纹丝缕需顺直
2	罗纹双折固定	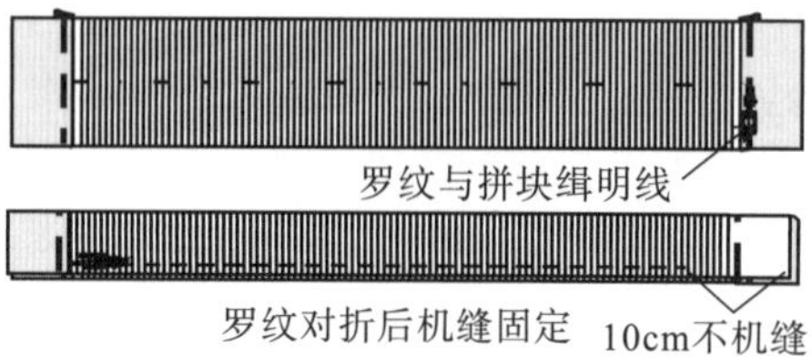 罗纹与拼块缉明线 罗纹对折后机缝固定 10cm不机缝	拼接缝份倒向前中线，并缉缝 0.6cm 明线 罗纹对折后，按图示在边线机缝固定（距前中线 10cm 不需固定，方便缝合里布）
3	罗纹下摆与大身机缝	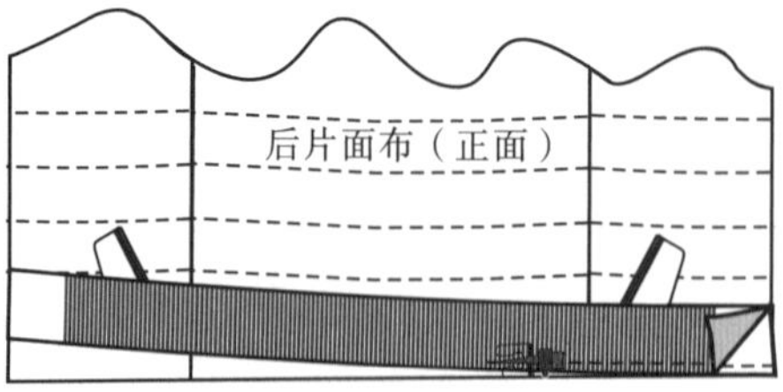 后片面布（正面）	罗纹下摆与大身下摆底边机缝，前中左右罗纹 5cm 处吃量要少量，其余部位吃量均匀 罗纹中线与大身中线要对准，保持左右下摆侧缝对称，长短一致
4	罗纹下摆效果图	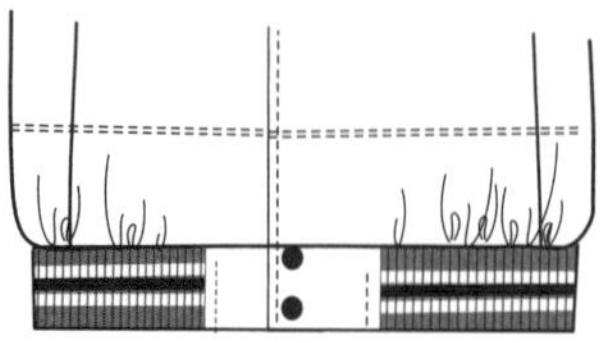	罗纹外露宽窄需一致，左右横向条纹需对准确 罗纹面、罗纹里平服，不起扭

（三）穿可调节弹力绳下摆（表 6-9）

表 6-9　穿可调节弹力绳下摆缝制工艺

序号	工艺内容	制作工艺图	缝制要点
1	翻折边位置缉固定线	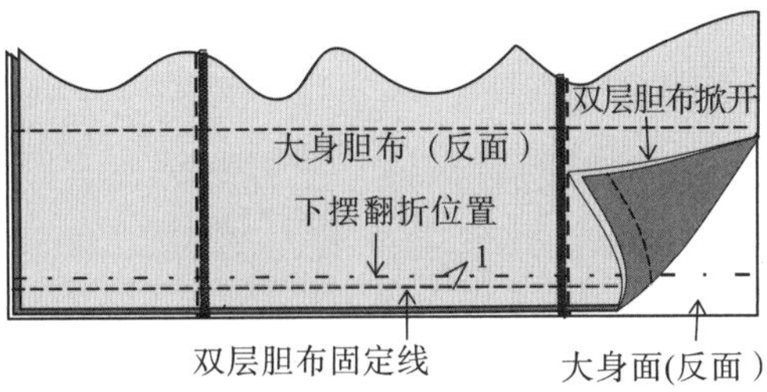 双层胆布掀开 大身胆布（反面） 下摆翻折位置 1 双层胆布固定线 大身面(反面）	距离下摆翻折边边缘 1cm 处，缉线固定双层胆布，隔开羽绒到下摆边，能使成衣下摆边较平整
2	翻折边钉气眼	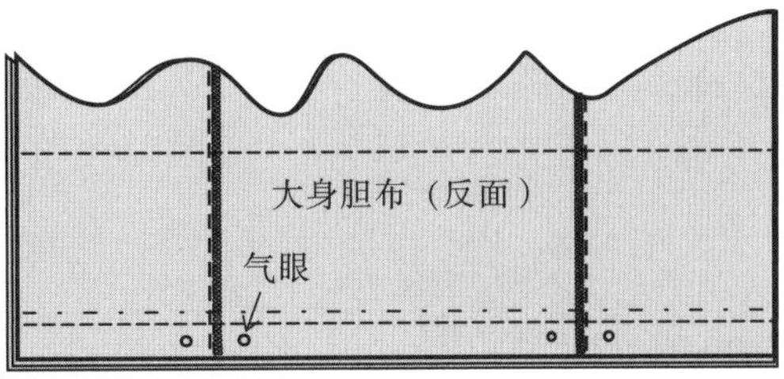 大身胆布（反面） 气眼	在下摆翻折边的侧缝左右 2.5cm 处打气眼，共打 4 个孔并装气眼
3	穿弹力绳、装调节扣	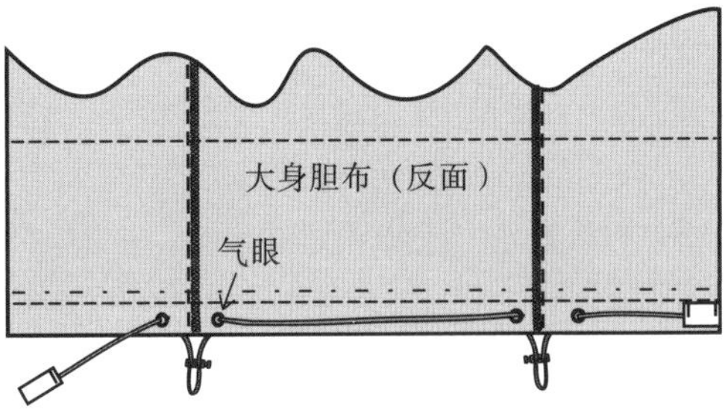 大身胆布（反面） 气眼	弹力绳从气眼穿出，再穿过调节扣，调节绳穿过调节扣需留 1.5cm 绳长的松量 调节绳两侧与布块拼接，固定在门襟边
4	下摆翻折，缉边线	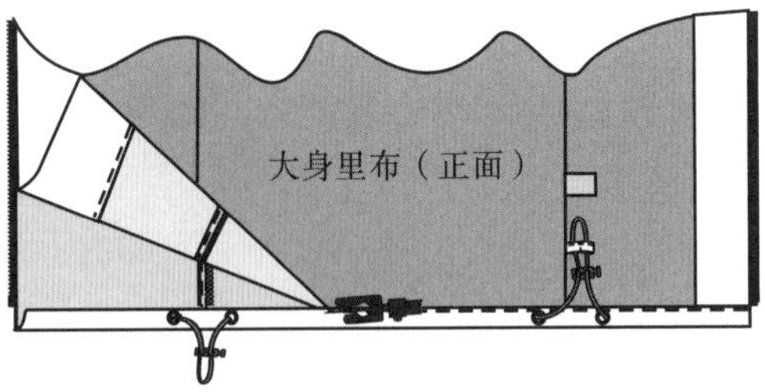 大身里布（正面）	下摆面布翻折边宽度 2.5cm，缉边线 弹力绳穿进预留的侧缝吊襻孔内，吊襻距下摆边 5cm，吊襻中间机缝固定
5	下摆穿绳效果图	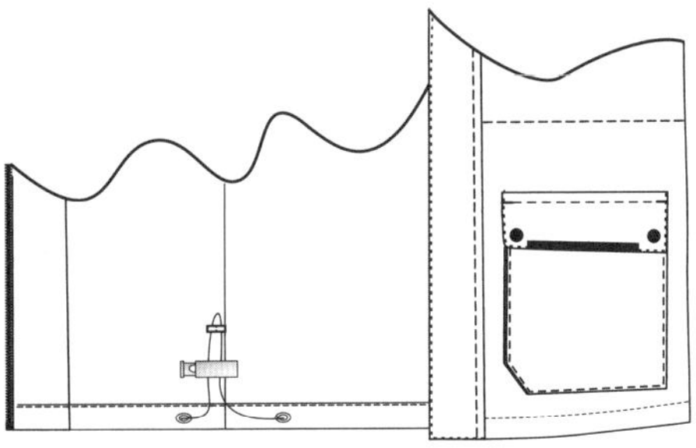	下摆翻折边宽窄需一致，不起扭，弹力绳外露尺寸准确，松紧适宜

四、袖口缝制工艺

（一）内防风袖口（表6-10）

表6-10 内防风袖口缝制工艺

序号	工艺内容	制作工艺图	缝制要点
1	做防风袖	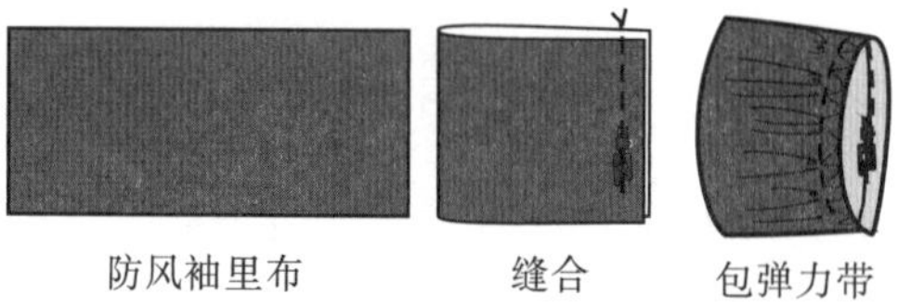 防风袖里布　缝合　包弹力带	内防风袖里布缝合后对折，在袖口处夹缝1cm弹力带机缝固定
2	防风袖，袖口内贴布与里布机缝	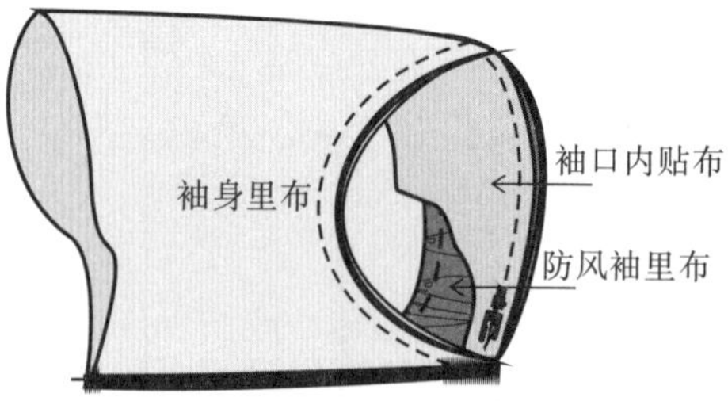 袖身里布　袖口内贴布　防风袖里布	将防风袖里布、袖口内贴布分别缝合，形成圆筒状 袖身里布、防风袖里布、袖口内贴边在袖口处三层一起机缝，缝份1cm
3	袖口面布、袖内贴布机缝	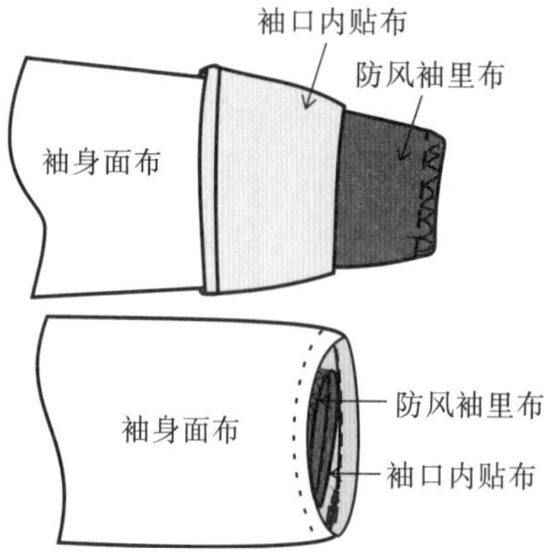 袖口内贴布　防风袖里布　袖身面布 袖身面布　防风袖里布　袖口内贴布	袖口内贴布与袖身面布侧缝缝份对准，整理平服。袖大身面布在袖口处翻折包住内贴布，缉缝2cm宽明线
4	袖里、袖面在袖口处固定	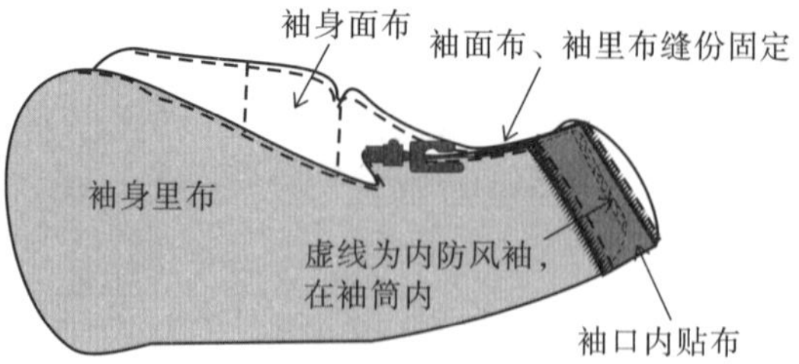 袖身面布　袖面布、袖里布缝份固定　袖身里布　虚线为内防风袖，在袖筒内　袖口内贴布	袖面布、袖里布反面相对。袖口翻折边位置整理准确后，如图，将袖身面、里在袖侧缝份上固定约5cm长，至袖口边。一片袖，需在袖口中间将袖口内贴布固定在袖大身绗线上，避免防风袖口松动、外露
5	内防风袖口效果图	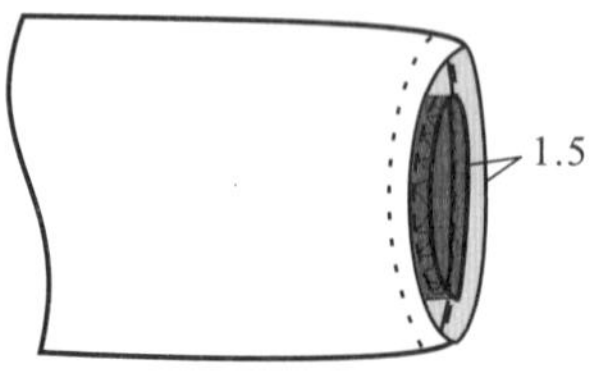 1.5	防风袖距大身袖口1.5cm，不外露

（二）包弹力带袖口（表 6–11）

表 6–11　包弹力带袖口缝制工艺

序号	工艺内容	制作工艺图	缝制要点
1	拼接缝合包边条	弹力包边条　包边条拼缝	弹力包边条对折，沿两侧布边机缝
2	袖口面布、袖口里固定	袖里布　袖面布	分别缝合袖面布、袖里布，形成圆筒状 将袖面布套在袖里布上，袖面布、袖里布整理平服，缝份对准，在袖口边缉缝 0.6cm 宽边线，固定袖面布、袖里布
3	袖口包边	袖里布　袖面布	羽绒服袖口需锁边后再包边 弹力包边条双折后夹缝在大身袖口，接头放于袖底缝处，缉缝 0.15cm 宽边线。袖口收缩量需均匀
4	包弹力带袖口效果图	袖子里布　袖子面布	袖口内固定线不可外露，袖口收褶量均匀

（三）罗纹袖口（表 6–12）

表 6–12　罗纹袖口缝制工艺

序号	工艺内容	制作工艺图	缝制要点
1	缝合罗纹	罗纹　拼缝　对折后固定	罗纹两侧边缘机缝 1cm 宽缝份，罗纹丝缕要顺直 罗纹双折后，缝份劈缝藏在内，机缝边线固定，形成圆筒状

续表

序号	工艺内容	制作工艺图	缝制要点
2	罗纹与袖大身缝合		罗纹袖口与袖面布正面相对机缝，罗纹拼接缝份对准袖大身底缝份，罗纹拉开吃量均匀
3	罗纹袖口效果图		左右袖口罗纹宽窄要一致，袖口收褶量要均匀

五、袖窿缝制工艺

（一）罗纹袖窿背心（表 6–13）

表 6–13　罗纹袖窿背心缝制工艺

序号	工艺内容	制作工艺图	缝制要点
1	缝合罗纹		罗纹尺寸是袖窿大身尺寸的 85% ~ 90%（视罗纹弹性调整），罗纹两侧边缘机缝 1cm 宽缝份 罗纹双折，缝份劈缝藏在内，机缝一圈边线固定，形成圆筒状
2	罗纹与衣大身机缝		罗纹与衣身袖窿正面相对并机缝，罗纹拼接缝份对准大身侧缝，吃量要均匀 衣身里布与衣身面料正面相对，沿绱罗纹袖窿线迹机缝一圈

续表

序号	工艺内容	制作工艺图	缝制要点
3	背心袖窿罗纹效果图	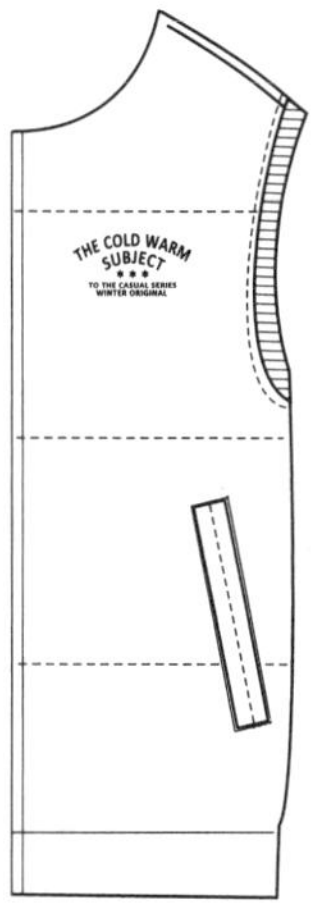	翻出衣身正面后袖窿边缉缝 0.6cm 宽边线 左右袖窿要对称，长短一致

（二）脱卸袖子与袖窿（表 6-14）

表 6-14 脱卸袖子与袖窿缝制工艺

序号	工艺内容	制作工艺图	缝制要点
1	袖山头装拉链	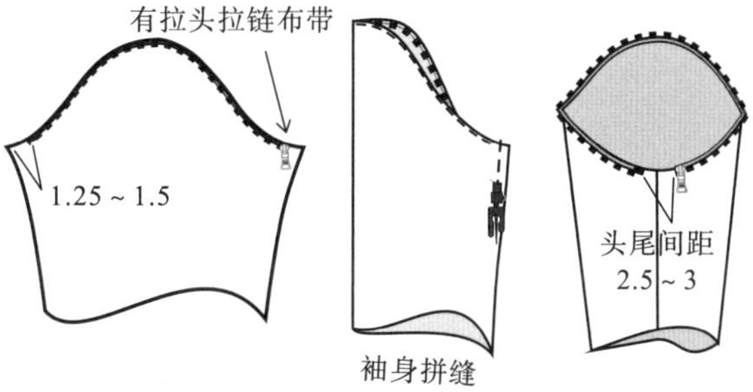 有拉头拉链布带 1.25 ~ 1.5 袖身拼缝 头尾间距 2.5 ~ 3	拉链拉开后，袖山头绱有拉链头的布带，拉链布带与袖山面布正面相对沿边机缝，拉链头尾间距 2.5 ~ 3cm（不含缝份） 袖身面布、里布缝合，面布、里布正面相对，袖山头缝合。袖山头翻出正面后缉缝 0.1cm 宽边线
2	袖窿贴边装拉链	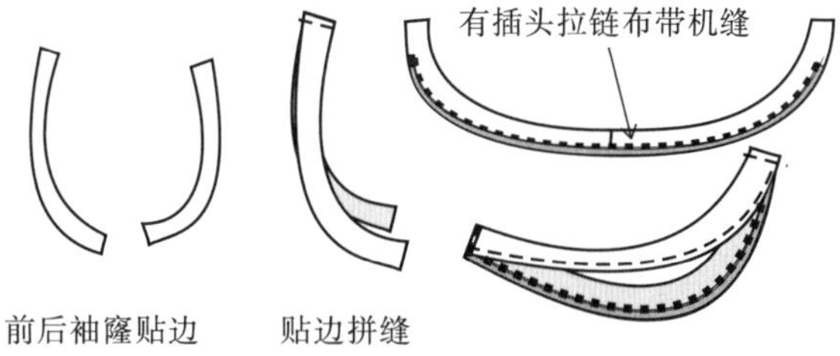 有插头拉链布带机缝 前后袖窿贴边 贴边拼缝	前后袖窿贴边拼接缝合，将有插头拉链布带机缝在袖窿贴边上 将袖窿贴边的袖底缝拼接缝合，形成圆环状
3	袖窿贴边与衣大身机缝	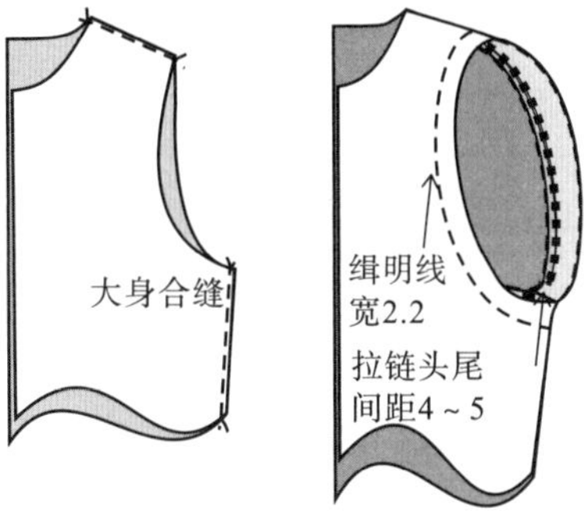 大身合缝 缉明线宽2.2 拉链头尾间距4 ~ 5	将有拉链的袖窿贴边机缝在衣大身袖窿上，再缉袖窿暗边线 0.1cm 衣大身里布与袖窿贴边机缝。袖窿翻出正面整理平服后，沿袖窿边缉缝 2.2cm 宽明线

续表

序号	工艺内容	制作工艺图	缝制要点
4	脱卸袖子与袖窿效果图	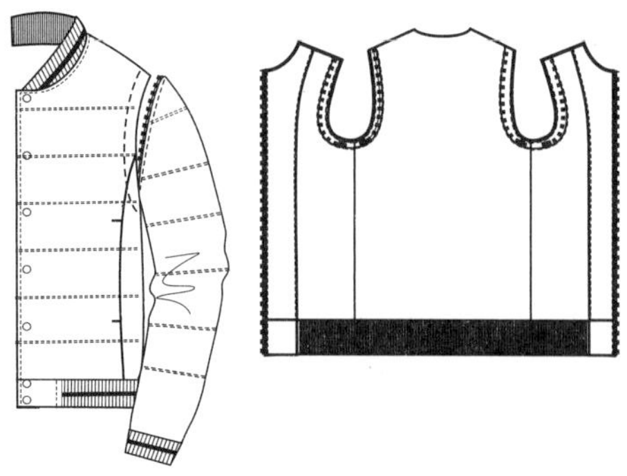	左右袖窿大小一致，袖子对称 袖山与袖窿拉链拉好后，袖山圆顺饱满，不起波浪，拉链不外露

六、门襟缝制工艺

（一）明门襟（表 6–15）

表 6–15　明门襟缝制工艺

序号	工艺内容	制作工艺图	缝制要点
1	明门襟位置定位	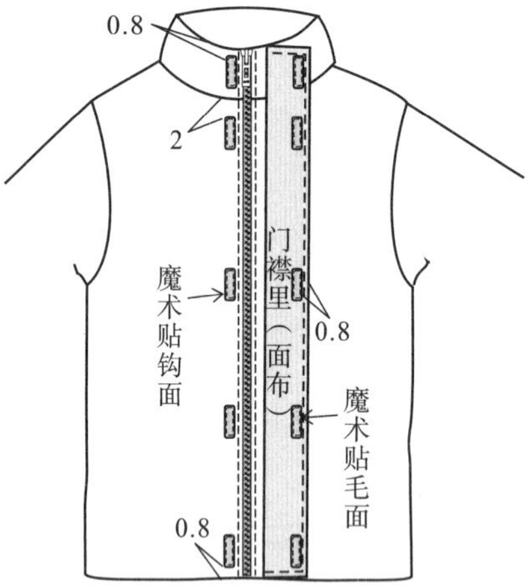 0.8 2 魔术贴钩面 门襟里（面布） 0.8 魔术贴毛面 0.8	按明门襟所在位置，将魔术贴定位。常规要求：上、下魔术贴距上、下边缘 0.8cm，第二块魔术贴距领口 2cm，其余位置平均分 明门襟钉魔术贴毛面，衣大身钉魔术贴钩面。魔术贴常规尺寸 5cm×1.5cm，四角需修成圆角
2	门襟内层钉魔术贴毛面，做明门襟	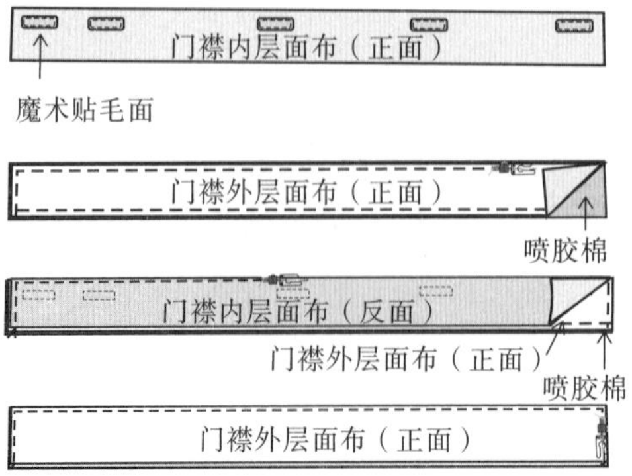 门襟内层面布（正面） 魔术贴毛面 门襟外层面布（正面） 喷胶棉 门襟内层面布（反面） 门襟外层面布（正面） 喷胶棉 门襟外层面布（正面）	将魔术贴毛面，在明门襟内层上按指定位置四周缉缝。明门襟内层外层放 140g/m² 喷胶棉或针棉（视大身厚度调整），四周缉线固定 钉好魔术贴后，明门襟内、外层三边对齐并机缝，缝合时在领角内层稍拉紧，外层略放松，避免明门襟角外翘 将明门襟翻向正面后，沿三边缉缝 0.6cm 宽明线。装明门襟的一边机缝 0.3cm 宽线固定，固定时明门襟外层向内层翻折，确保明门襟向里扣，不外翘，明门襟里布的量不多余

续表

序号	工艺内容	制作工艺图	缝制要点
3	钉魔术贴钩面，绱拉链	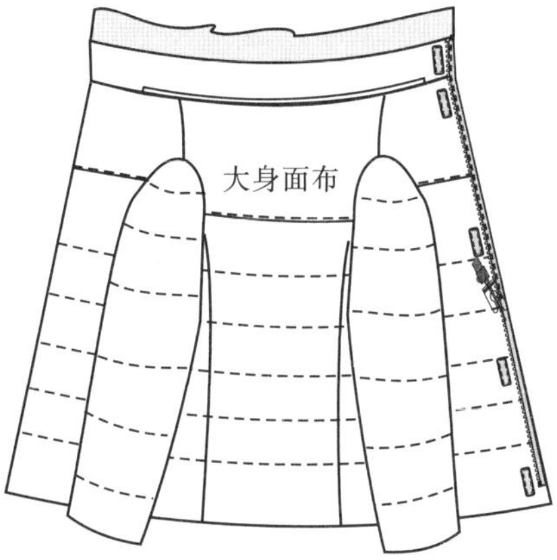 大身面布	在大身衣片指定位置钉魔术贴钩面 先缝合右侧拉链，将拉链正面朝下与门襟正面相对，拉链布带上端需折角，拉链下端到下摆翻折边位置，由上向下缝合拉链与门襟 做好拉链左右对位记号后再缝合左侧拉链，从下向上缝合，记号需对准，大身吃量均匀。成品左右绗线需对齐
4	装明门襟	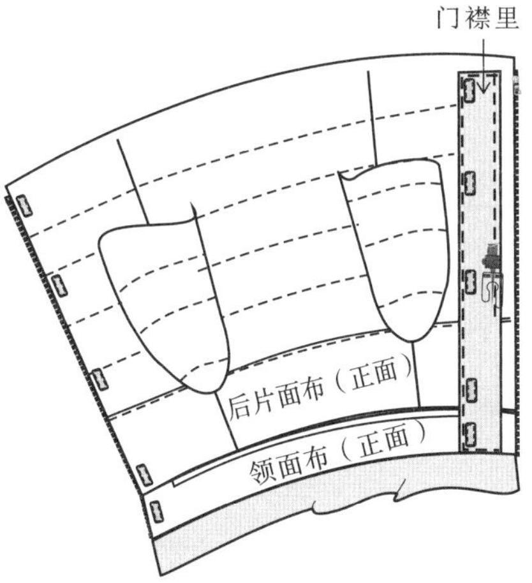 门襟里 后片面布（正面） 领面布（正面）	明门襟，男款装在衣身左侧门襟处，女款装在衣身右侧（穿起计）门襟处 明门襟止口修留 0.3cm 缝份，明门襟与大身正面相对，从下向上按位置机缝，缝份 0.4cm 将明门襟翻折到正面，按缝份在正面缉缝 0.6cm 宽边线，缉线完成后缝头不可外露
5	套里布	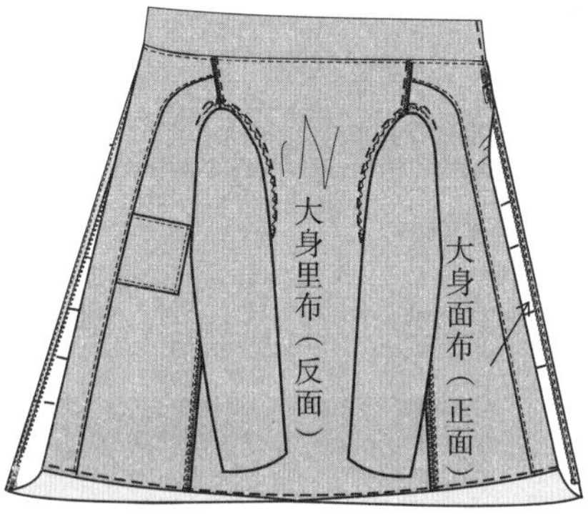 大身里布（反面） 大身面布（正面）	面布、里布正面相对，领口处里布与领里下口缝合，里布与面布下摆缝合 将里布过面在面布门襟处机缝，领面布、领里布在领口处机缝固定。袖面布、袖里布相对，在袖口缝合
6	门襟边缉线	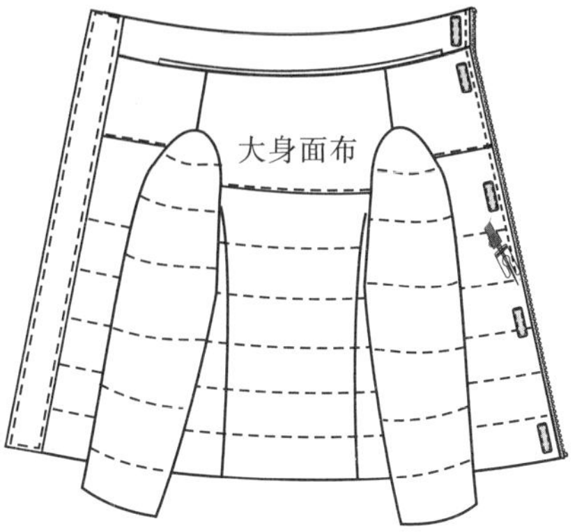 大身面布	将整件衣服翻出正面后，整理好前中门襟，沿门襟边缉缝 0.15cm 宽明线

续表

序号	工艺内容	制作工艺图	缝制要点
7	明门襟完成效果图	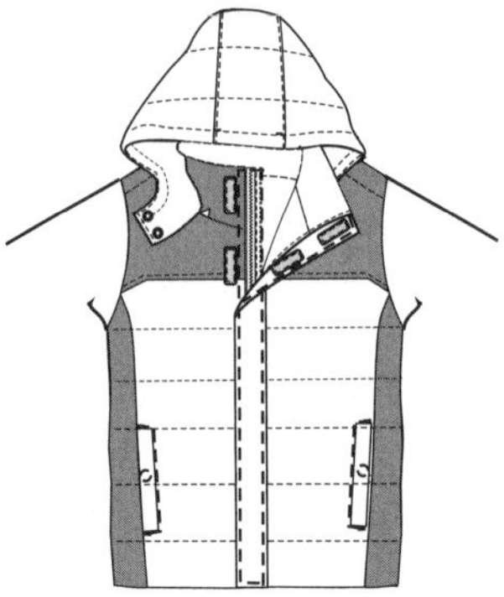	完成后明门襟两边分中 魔术贴毛面与魔术贴钩面位置吻合，不错位 明门襟顺直，不外翘。大身吃量均匀，无打褶现象。拉链平服，不起拱。左右绗线对称

（二）暗门襟（表6-16）

表6-16 暗门襟缝制工艺

序号	工艺内容	制作工艺图	缝制要点
1	做暗门襟、固定拉链	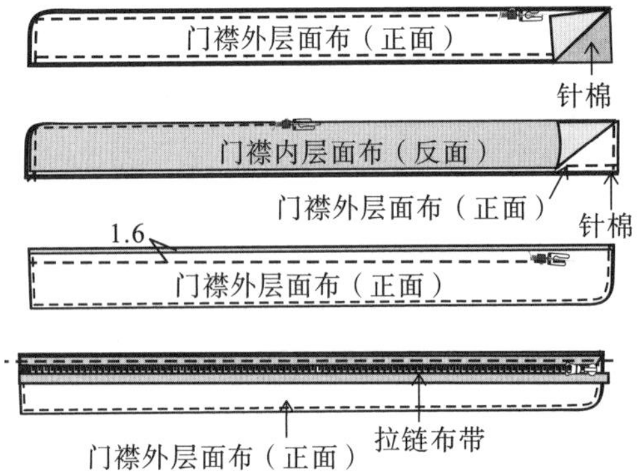 门襟外层面布（正面） 针棉 门襟内层面布（反面） 门襟外层面布（正面） 针棉 1.6 门襟外层面布（正面） 门襟外层面布（正面） 拉链布带	暗门襟外层上铺80g/m^{2}针棉，四周缉线固定。暗门襟内、外层三边对齐并机缝，缝合时内、外层需平服，不可起扭 将暗门襟翻到正面后，在缝合的三边处缉缝0.6cm明线。暗门襟装拉链的一侧，距边缘1.6cm宽明线（包含1cm缝份），防止拉链拉合时面料卡齿 将拉链机缝在暗门襟正面，拉链正面朝上，缝份1cm，拉链布带需略拉紧，暗门襟略有吃量，确保成品拉链平整、顺直
2	绱罗纹领、绱下摆罗纹	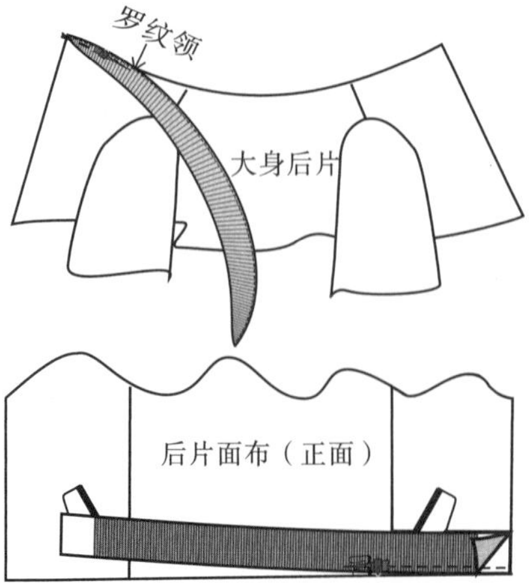 罗纹领 大身后片 后片面布（正面）	将罗纹领绱在领口上，下摆罗纹与大身下摆机缝 罗纹领、罗纹下摆的中线与大身中线对准、机缝，保持左右肩缝、左右侧缝对称

续表

序号	工艺内容	制作工艺图	缝制要点
3	绱拉链、暗门襟	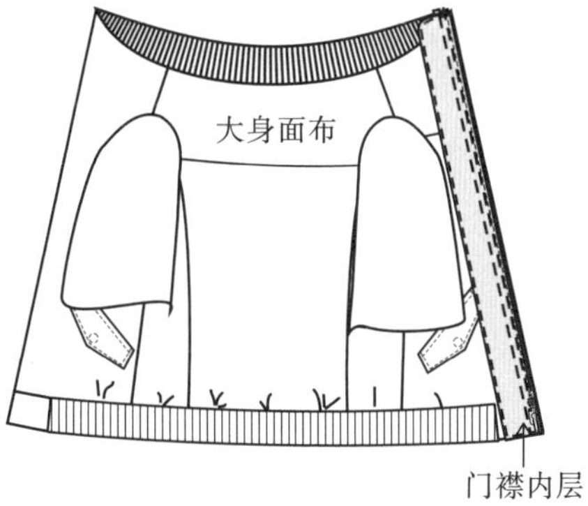 大身面布 门襟内层	将暗门襟与衣身门襟正面相对，沿门襟边机缝。男款装在衣身右侧，女款装在衣身左侧 机缝时，衣身门襟处需略有吃量，暗门襟略带紧，保持拉链平整
4	套里布	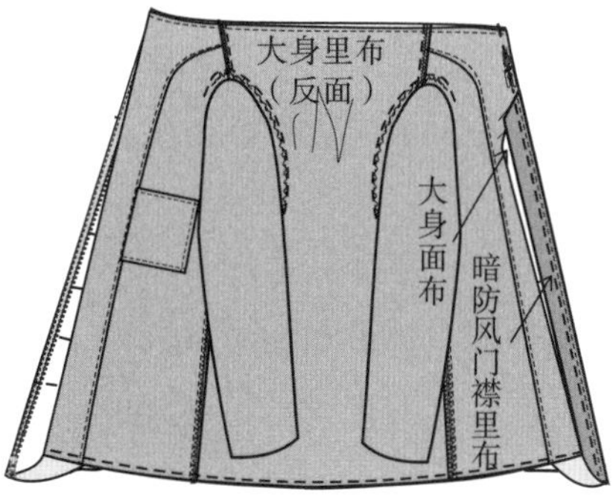 大身里布（反面） 大身面布 暗防风门襟里布	面布、里布正面相对，里布领口、下摆分别与面布领口、下摆缝合 将里布与面布两侧门襟沿边机缝
5	门襟边缉线	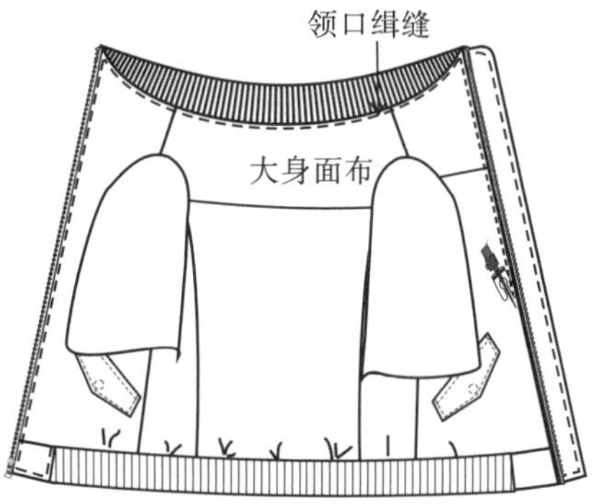 领口缉缝 大身面布	将整件衣服翻出正面后，整理前门襟，从下摆经领口，四周沿边缉缝0.6cm宽明线
6	暗门襟完成效果图	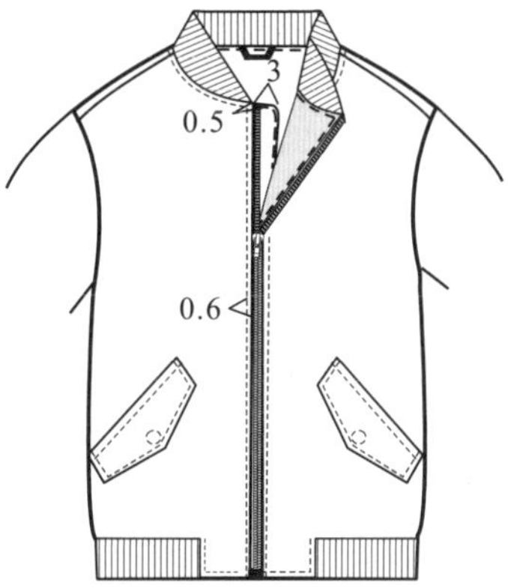 3 0.5 0.6	门襟缝制完成后，暗门襟上下要与衣身门襟对齐，拉链上口距暗门襟边0.5cm。拉链平整，不起拱。拉链外露上下宽窄一致 常规暗门襟宽：男款3cm，女款2.5cm。门襟拉链外露宽：3 # 1cm，5 # 1.2cm，7 # 1.4cm

第七章　棉服、羽绒服缝制实例

一、案例 1：女款夹克式棉服

（一）款式

运动夹克式棉服，衣身连帽设计，前身有斜插袋，袖口、下摆拼接罗纹，门襟钉 7 粒四合扣，款式休闲、大方（图 7-1）。

图 7-1　款式图

（二）面料、辅料（表 7-1）

表 7-1　面料、辅料

序号	名称	用料
1	面料	涤纶绒感仿记忆布
2	里布	210T 涤丝纺
3	填充物	大身填充 140g/m^2 喷胶棉；袖子、帽子填充 100g/m^2 喷胶棉；袋盖、下摆拼块填充 120g/m^2 针棉
4	其他辅料	袖口、下摆用 1040 g/m^2、9 针横机 2×2 棉涤罗纹；9 粒四合扣（型号：24L；规格 1.5cm）

（三）成品规格（表 7–2）

表 7–2　成品规格　　单位：cm

序号	部位	成品规格				
		150/76A	155/80A	160/84A	165/88A	170/92A
1	衣长	54	55.5	57	58.5	60
2	肩宽	38	39	40	41	42
4	胸围	94	98	102	106	110
5	摆围	76	80	84	88	92
6	袖窿围	43.4	45.2	47	48.8	50.6
7	袖长	59	60	61	62	63
8	袖肥	31	32.5	34	35.5	37
9	袖口宽	16	17	18	19	20
10	领围	47	48	49	50	51

（四）样板示意图（图 7–2）

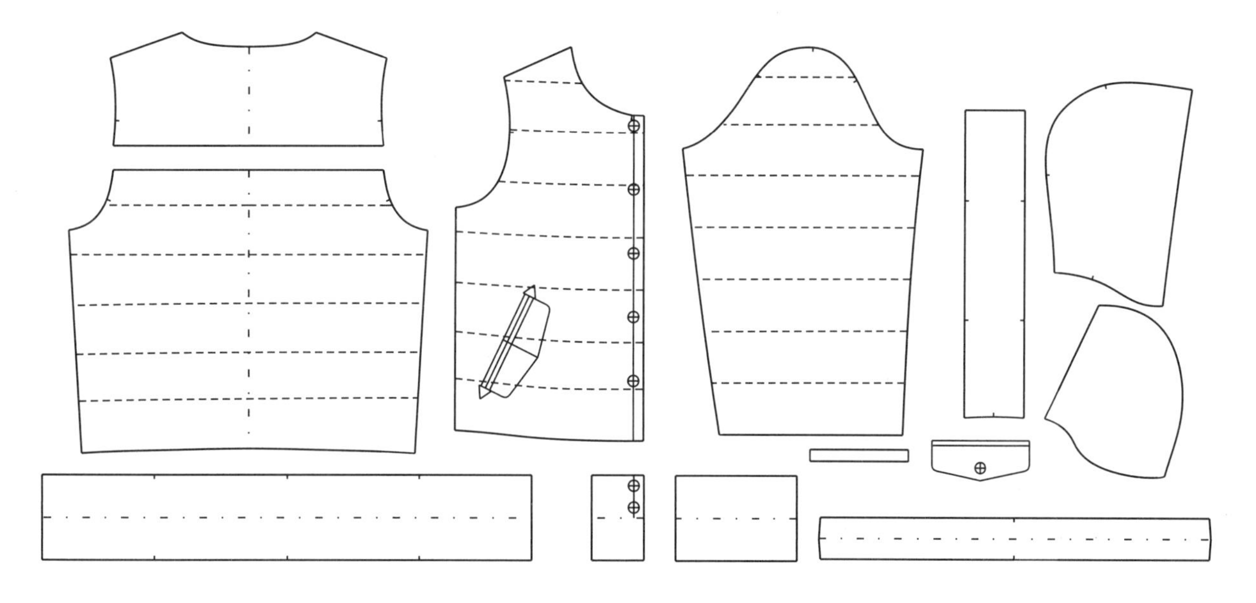

图 7–2　样板示意图

（五）缝制工艺流程（表 7–3）

表 7–3　缝制工艺流程

序号	工序	机器	针号	缝线颜色	针距 针 /3cm	机缝要求
1	衣片绗线	模板全自动缝纫机	11	身布色	13	线迹顺直，不可露底线
2	固定衣片四周喷胶棉	平缝带刀机	11	身布色	10	缝份宽（0.8 ~ 1）cm

续表

序号	工序	机器	针号	缝线颜色	针距 针 /3cm	机缝要求
3	前片开袋	平缝机	11	身布色	13	位置准确、左右对称
4	缝合肩缝、前后片，绱袖	平缝机	12	身布色	13	缝份宽 1.2cm
5	绱袖口、下摆罗纹	平缝机	12	身布色	13	罗纹横向花纹需顺直，左右对横条
6	缝合里布	平缝机	11	身布色	13	缝份宽 1.2cm
7	里布缝份锁边	三线包缝机	11	身布色	13	锁边美观，宽窄一致
8	缝帽子	平缝机	11	身布色	13	缝份宽 1.2cm
9	领口绱帽子	平缝机	12	身布色	13	缝份宽 0.8cm
10	面布与里布缝合	平缝机	12	身布色	13	缝份宽 1.2cm
11	缉门襟止口线	平缝机	11	身布色	13	缝份宽 1.2cm
12	门襟钉扣	钉扣机				面、底扣位置准确

（六）缝制操作

机缝时，左右前门襟的绗线、前后侧缝的绗线、左右袖子的绗线需要对齐。绗棉时，面布不可扭曲，需平服、饱满。罗纹与大身拼接缝合吃量要均匀，罗纹在前片左右的横向条纹要对齐，纹路顺直。具体操作步骤 1 至 19 如图 7–3 至图 7–17 所示。

1. 衣片划线

按绗线的形状、间距，在面布上刷粉或用划粉画线（如用模板全自动缝纫线，则需模板开槽），形成可视的印迹（图 7–3）。

图 7–3　衣片划线

2. 衣片绗线

将面布覆在喷胶棉上，按印迹将面布与喷胶棉缉缝，在面布表面产生绗线线迹。绗线时按同一方向机缝，不要有倒顺（图 7–4）。

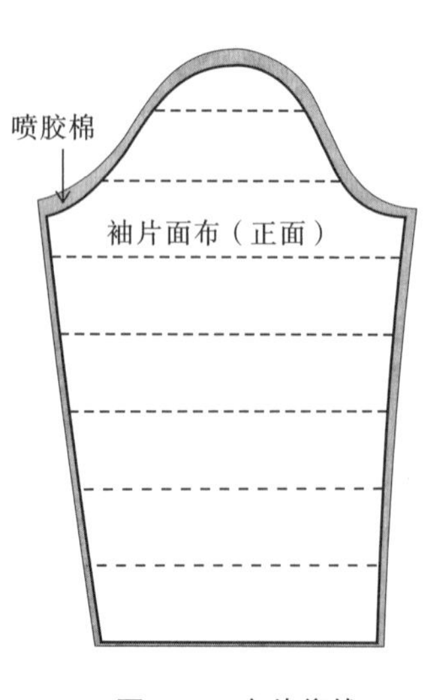

图 7–4　衣片绗线

3. 固定衣片四周喷胶棉

用平缝带刀机，在衣片四周缉线固定，同时将衣片四周多余的喷胶棉切除，形成绗好棉的衣片（图 7–5）。

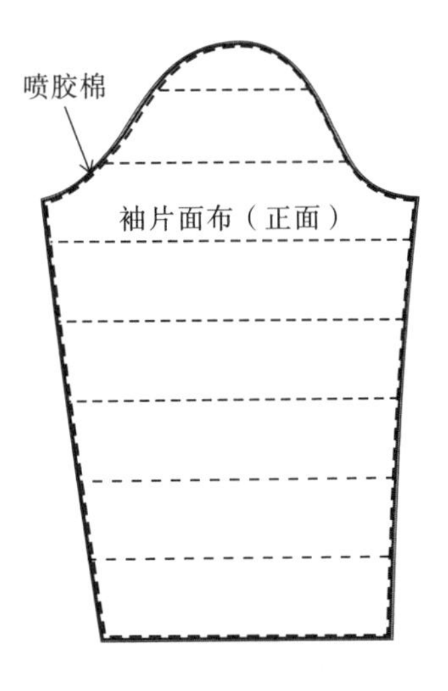

图 7–5　固定衣片四周喷胶棉

4. 做袋盖、袋布

按袋盖形状，将袋盖面、袋盖里正面相对，三边缉缝，翻出袋盖正面后烫平服，三边缉缝 0.6cm 宽明线，将袋盖、袋嵌线布分别缉缝固定在上、下层袋布上（图 7–6）。

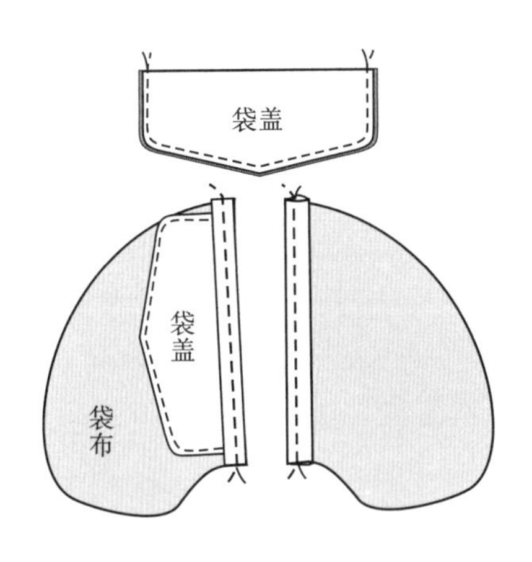

图 7–6　做袋盖、袋布

5. 前片开袋

将上、下袋布在前衣片口袋位置处缉缝，剪开袋口将袋布翻向衣片反面，封缝袋口两侧的三角，再缉袋口明线，缝合袋布。袋布前下口用带条固定在前门襟边（图 7–7）。

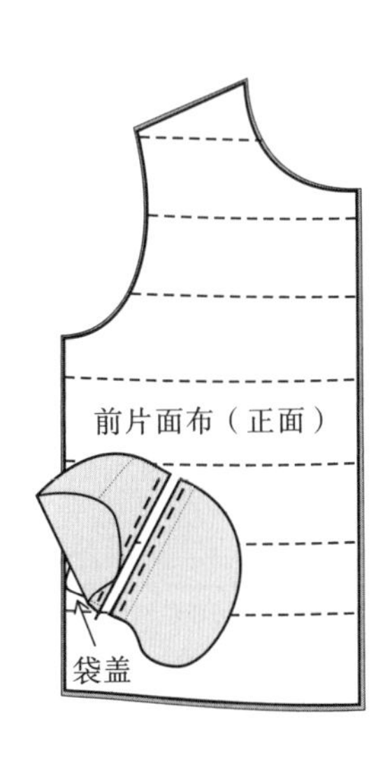

图 7–7　前片开袋

6. 缝合肩缝

将前、后衣片正面相对，前片在上，后片在下，上下片肩缝对齐，由左到右缝合肩缝（图 7–8）。

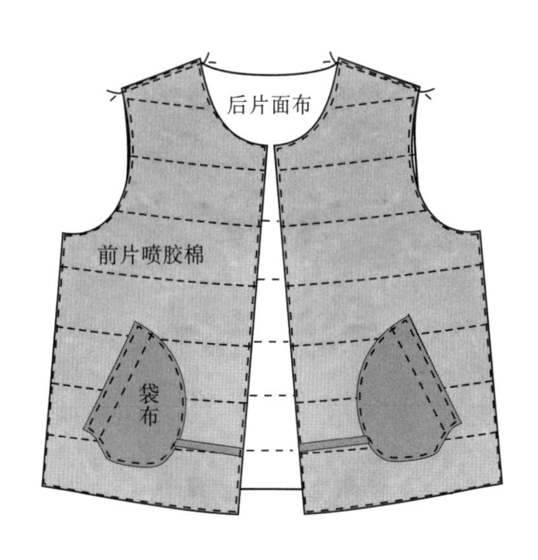

图 7–8　缝合肩缝

7. 绱袖

袖子与大身正面相对，袖子在下，大身在上，缝合袖山与袖窿，袖山头需略有吃量，绱袖后袖山头饱满、圆顺（图 7–9）。

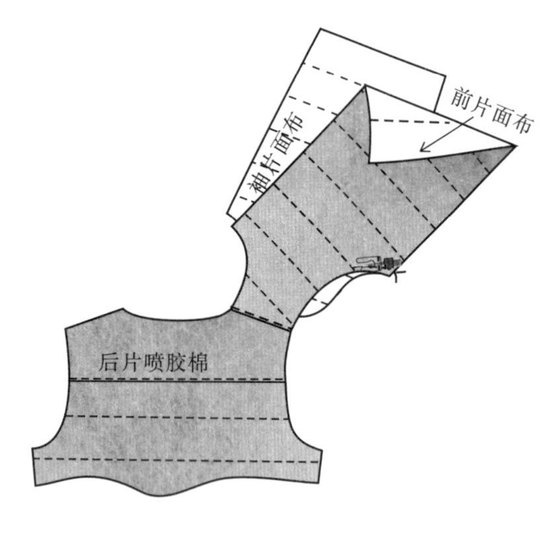

图 7–9 绱袖

8. 缝合侧缝

将前、后衣片正面相对，袖窿底十字缝对齐沿侧边缝合（图 7–10）。

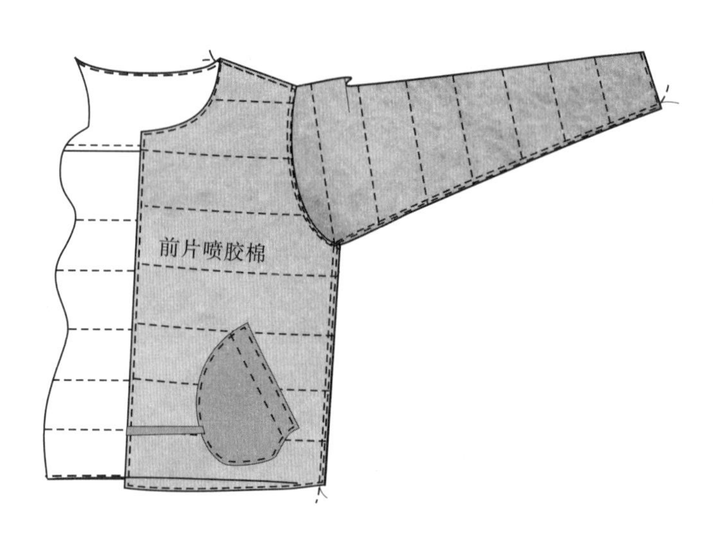

图 7–10 缝合侧缝

9. 绱袖口罗纹

罗纹两头缝份 1cm 宽，对折后，缝份劈开，机缝缝份边缘固定，罗纹袖口形成圆筒状。罗纹袖口拉开，与袖身正面对合拼缝。罗纹袖口拼缝线对准袖底缝份（图 7–11）。

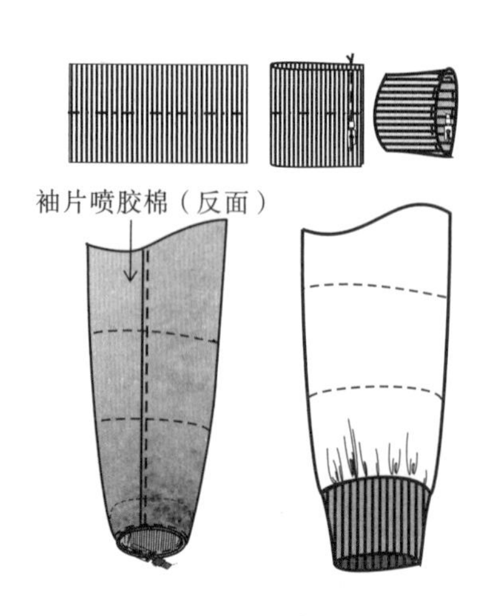

图 7–11 绱袖口罗纹

10. 绱下摆罗纹

下摆前中拼块加针棉，分别与罗纹两侧拼接。缝份倒向前中线，缝份边缘缉缝 0.6cm 宽明线。罗纹对折，机缝边线固定（距前中线 10cm 不需固定，方便缝合里布），再与大身下摆拼缝。罗纹距前中线 5cm 处少许拉开，其余吃量均匀（图 7–12）。

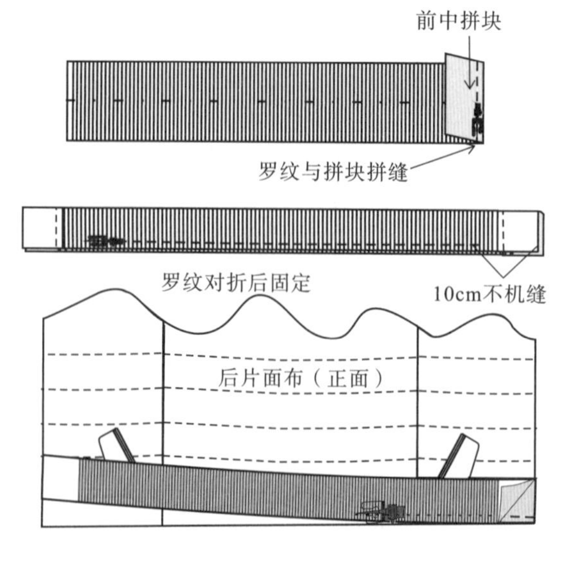

图 7–12 绱下摆罗纹

11. 做帽面布侧片、帽里布侧片

将帽面布的侧片及中片与喷胶棉四周固定，帽面布、里布侧片与帽中片拼缝。在帽里布的帽顶拼缝处，每侧放带条一根（图 7-13）。

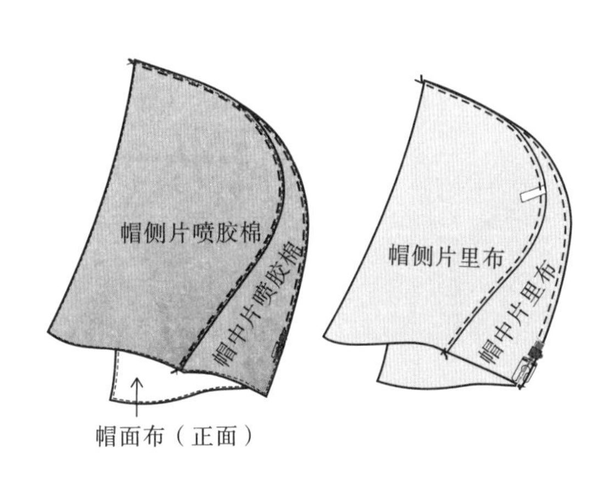

图 7-13　做帽面布侧片、帽里布侧片

12. 帽口绱罗纹

罗纹对折，做好中心对位记号，按所需尺寸，将罗纹略拉开并缉缝在帽面布前帽口，帽口吃量要均匀。罗纹中心需对准帽口中心位置（图 7-14）。

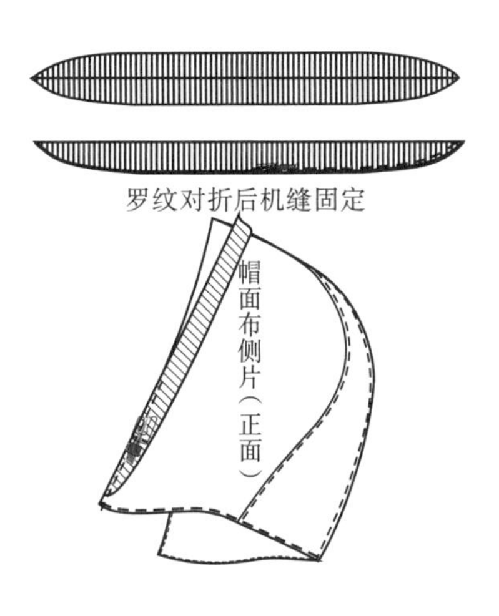

图 7-14　帽口绱罗纹

13. 帽面、帽里合缝

将帽面布、帽里布在帽口处缝合，在帽顶面布、里布相对应缝份处固定带条，带条完成后净长 1.5cm，避免里布活动（图 7-15）。

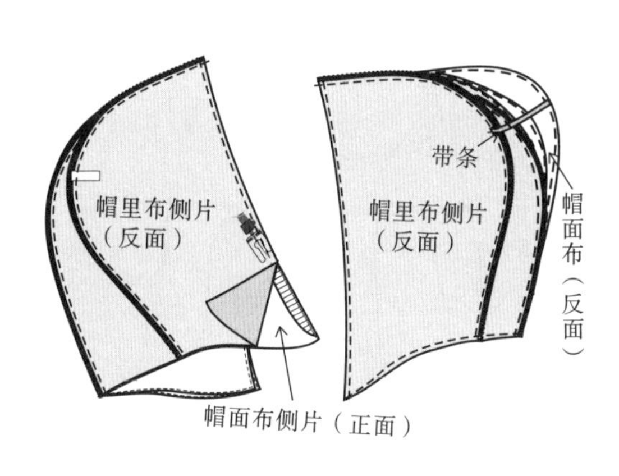

图 7-15　帽面、帽里合缝

14. 领口绱帽子

帽下口在大身领口处拼缝，缝份 0.8cm（图 7-16）。

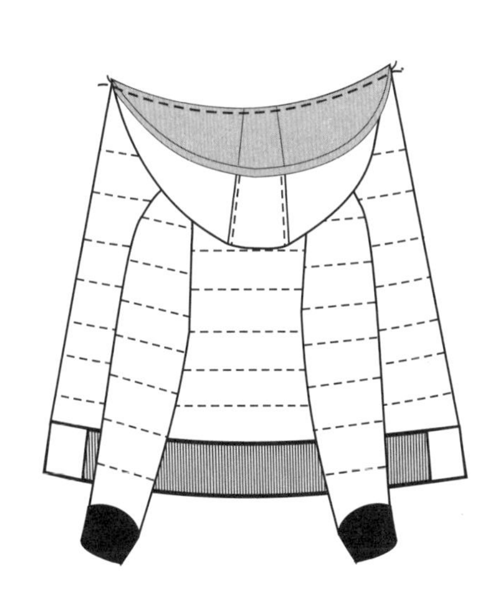

图 7-16　领口绱帽子

15. 里布开袋、缝合挂面

将袋嵌线布、袋垫布缝合在袋布上，上、下袋布在衣片口袋位置缉缝，剪开袋口将袋布翻向衣片反面，封缝袋口两侧的三角，再缉缝袋口明线，缝合袋布。将过面放在前片里布上，正面相对，沿边缝合。缝合后，将过面朝上，把缝份烫平服，缉缝 0.1cm 宽边线（图 7–17）。

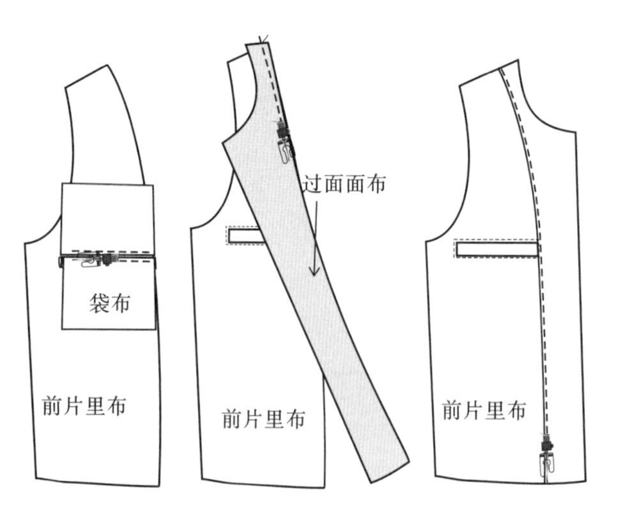

图 7–17　里布开袋、缝合挂面

16. 缝合里布

分别缝合前、后片肩缝，绱袖，合侧缝。缝合袖片时在左袖缝中间预留 15cm 不缝合，图 7–18 所示，作为翻衫的袖洞。在肩端点及袖窿底需放带条各一根，以备固定面布大身（图 7–18）。

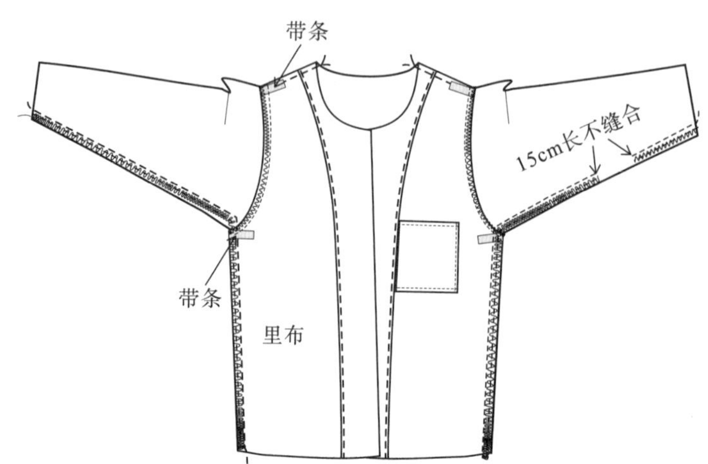

图 7–18　缝合里布

17. 面布与里布缝合

将面布、里布正面相对，里布与面布下摆、门襟、领口、袖口分别缝合。面、里大身对应缝份需对齐，在肩端点、袖窿底缝份处，将带条固定于面布（图 7–19）。

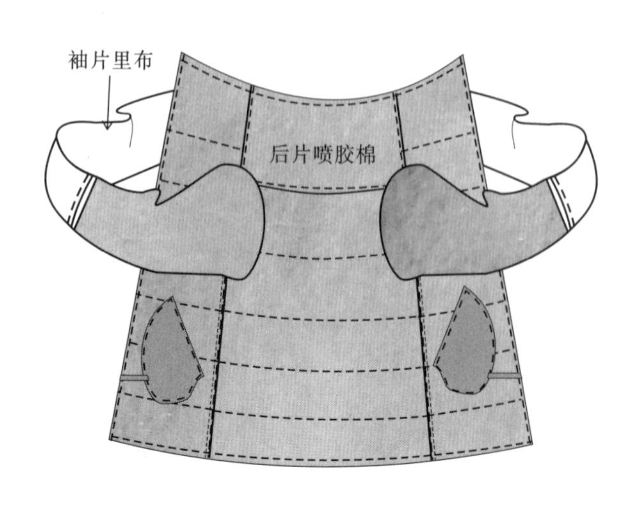

图 7–19　面布与里布缝合

18. 缉门襟止口线

将整件衣服从预留的袖洞口翻出后，整理好前门襟，沿门襟边缉缝 0.6cm 宽明线。产品质量检查合格后，将预留的袖洞口缉缝 0.1cm 宽明线封缝固定（图 7–20）。

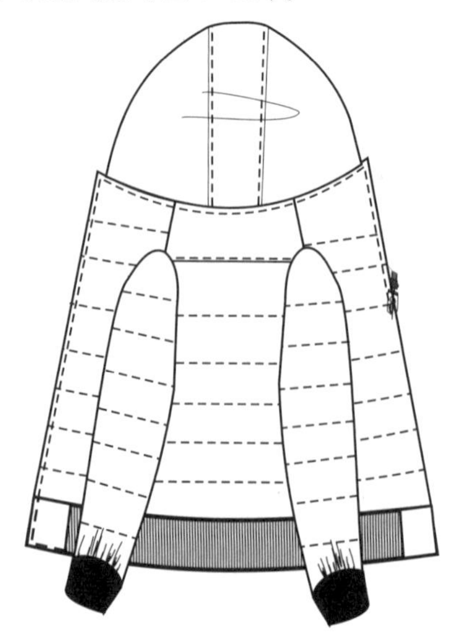

图 7–20　缉门襟止口线

19. 钉扣、后整理

门襟按样板纽扣位置定位。在指定位置钉四合扣，面底扣不可错位，脱落（图 7–21）。

图 7–21　钉扣、后整理

二、案例 2：男款轻薄型羽绒服

（一）款式

轻薄型两层结构羽绒服，立领，一片袖，下摆及袖口卷边包弹力带，缝份采用包边做光处理（图 7–22）。

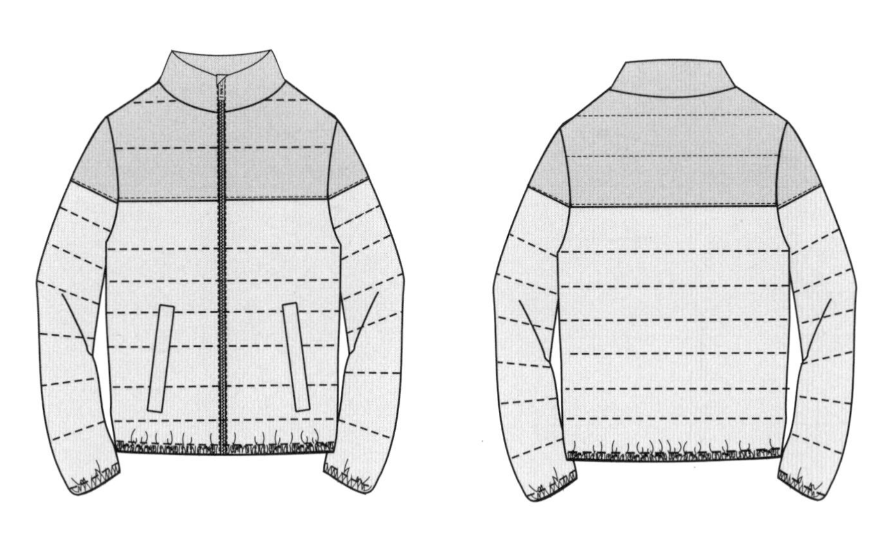

图 7–22　款式图

（二）面料、辅料（表 7–4）

表 7–4　面料、辅料

序号	名称	用料
1	面布、里布	380T 极致超柔锦纶布，防钻绒
2	填充物	大身采用 95% 国标白鸭绒，大身充绒克重见充绒表，领采用 80g/m^2 喷胶棉
3	其他辅料	门襟用 3 号尼龙拉链；袖口、下摆用 2cm 宽橡筋带

（三）成品规格（表 7-5）

表 7-5 成品规格 单位：cm

序号	部位	成品规格				
		160/80A	165/84A	170/88A	175/92A	180/96A
1	衣长	65	67	69	71	73
2	肩宽	42.6	43.8	45	46.2	47.4
4	胸围	100	104	108	112	117
5	摆围	86	90	94	98	102
6	袖窿围	49	51	53	55	57
7	袖长	63	64	65	66	67
8	袖肥	36.5	38.5	40.5	42.5	44.5
9	袖口宽	19	20	21	22	23
10	领围	47.5	49	50.5	52	53.5

（四）样板示意图（图 7-23）

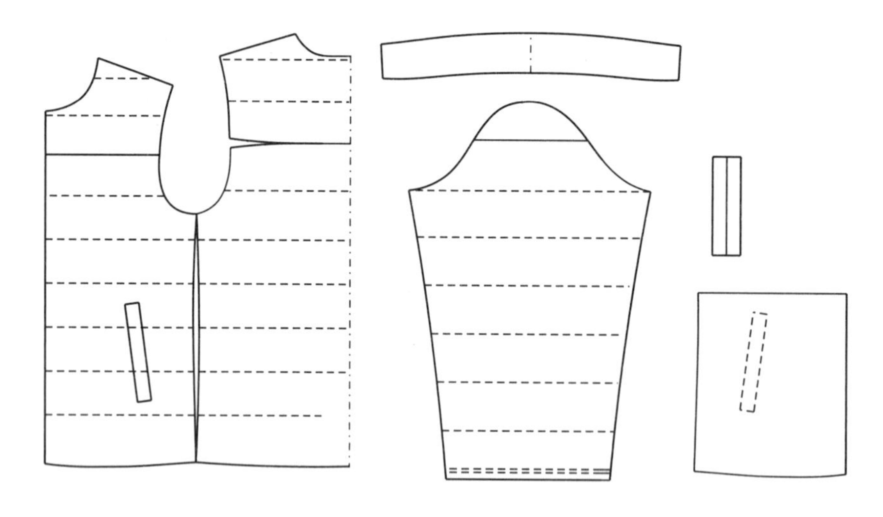

图 7-23 样板示意图

（五）充绒明细（表 7-6）

表 7-6 充绒明细

部位	衣片数量（片）	各片充绒量（g）				
		160/80A	165/84A	170/88A	175/92A	180/96A
后育克	1	3.7	4	4.2	4.5	4.8
后幅下	1	14.5	15.5	16.7	17.8	18.9

续表

部位	衣片数量（片）	各片充绒量（g）				
		160/80A	165/84A	170/88A	175/92A	180/96A
前育克	2	1.1	1.1	1.2	1.3	1.4
前幅下	2	6.8	7.2	7.8	8.3	8.8
袖上	2	0.4	0.5	0.5	0.6	0.6
袖下	2	7.7	8.2	8.8	9.4	10
总量	10	50.2	53.5	57.5	61.3	65.3

注 大身单位面积充绒量为 55g/m^2，袖单位面积充绒量为 45g/m^2。

（六）缝制工艺流程（表 7–7）

表 7–7 缝制工艺流程

序号	工序	机器名称	针号	缝线颜色	针距针 /3cm	工艺要求
1	缝合前后育克、袖山	平缝机	9	身布色	13	缝份宽窄一致
2	衣片绗线	模板全自动缝纫机	8	身布色	13	线迹顺直，不可露珠
3	固定衣片三边	平缝机	9	身布色	11	缝份 0.6cm
4	开袋	平缝机	9	身布色	13	位置准确、左右对称
5	充羽绒	充绒机				克重准确
6	封充绒口	平缝机	9	身布色	11	缝份 0.6cm
7	拍打衣片羽绒	手工				各绗线格仔羽绒均匀
8	缝合肩缝、袖子、侧缝	平缝机	9	身布色	13	缝份 1cm
9	内缝份包边	拉筒平缝机	9	身布色	13	包紧、不可起扭，包边宽 0.6cm
10	做领、绱领	平缝机	9	身布色	13	领子平整、饱满，左右对称
11	绱拉链	平缝机	9	身布色	13	拉链平服，大身吃量均匀
12	卷下摆、袖口并缉缝明线	平缝机	9	身布色	13	不起扭，缉缝宽窄一致
13	缉门襟止口线	平缝机	9	身布色	13	不起扭，缉缝宽窄一致

（七）缝制操作

面线用 70 旦 3 股涤纶长丝线，其余线用短纤线。绗缝用 8# 小圆头机针，每 4 小时更换一次。其他机缝部位用 9# 小圆头机针。所有明显部位不接受接线，表面不允许有线头或双轨线接头。

拼缝缝份宽 1cm，做准确。所有包边宽 0.6cm，包边需包紧、不可起扭、毛口。袖口、下摆卷边宽 2.2cm，内放一根 2cm 宽橡筋带。

具体操作步骤 1 至 16 如图 7–24 ～图 7–39 所示。

1. 衣片划线

按绗线的形状、间距，在面布上刷粉或用划粉画线，形成可视的印迹（图7-24），如用模板全自动缝纫线，则需模板开槽。

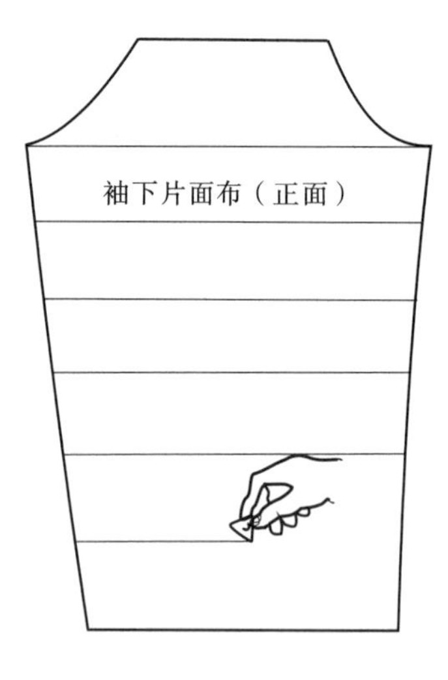

图7-24 衣片划线

2. 衣片拼缝

将袖片面布、袖片里布，上、下拼块分别拼缝（图7-25），其他部位拼缝用同样方法。

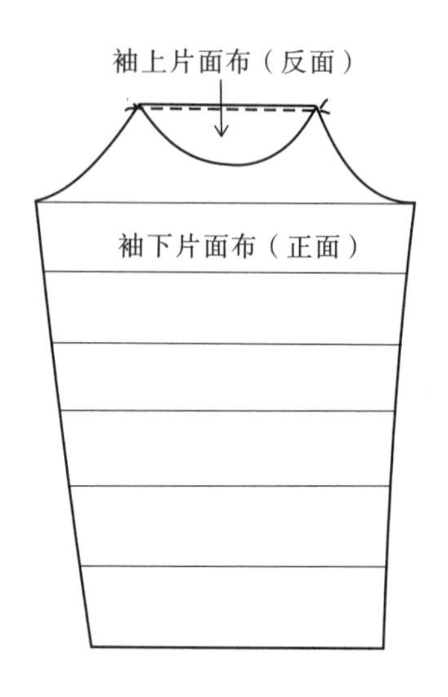

图7-25 衣片拼缝

3. 衣片绗线

将袖片面布、袖片里布平放整齐，按面布印迹位置机缝。在面布表面形成绗线线迹（图7-26）。

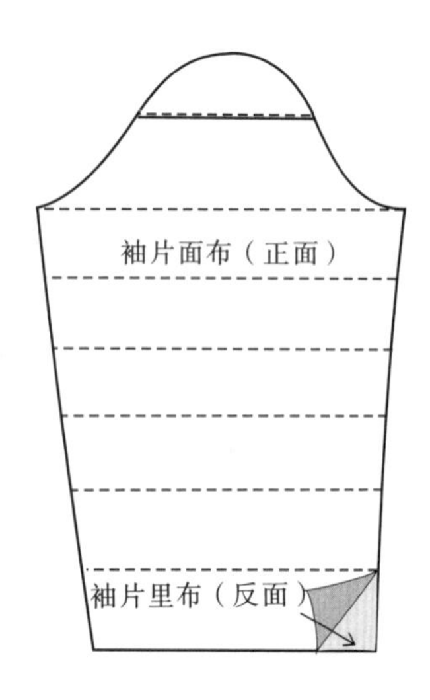

图7-26 衣片绗线

4. 固定衣片三边

将中间绗好线的衣片的三边边缘缉线机缝（另一边为预留充绒口），缝份要比拼缝缝份窄0.2cm（图7-27）。

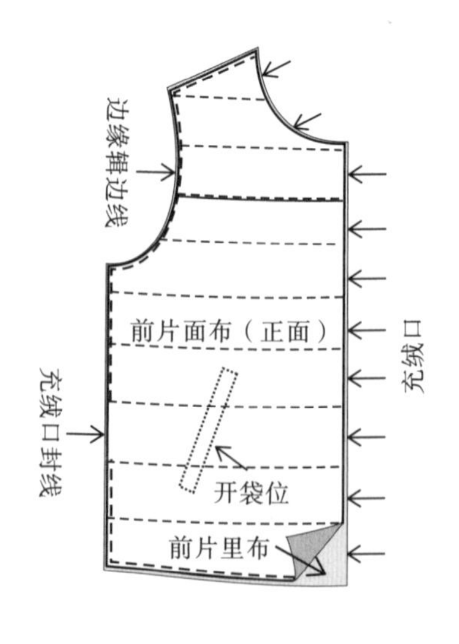

图7-27 固定衣片三边

5. 开袋

将袋嵌线布与上、下层袋布在口袋位置缉缝，剪开袋口将袋布翻向衣片反面，封缝袋口两侧的三角，再缉缝袋口明线，缝合袋布（图7-28）。

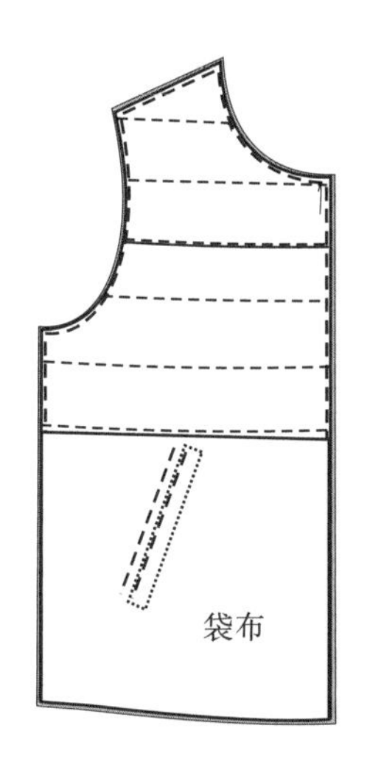

图7-28　开袋

6. 进充绒机房充绒

将绗线后的衣片送到专用充绒机房，在各个预留的填充口，按每格所需克重分别充绒。充绒时，尽量充到里端（图7-29）。

图7-29　进充绒机房充绒

7. 封充绒口与拍绒

将充绒口进行边缘封线，缝份要比拼缝缝份窄0.2cm（图7-30）。

封口完成后，需将每格中的羽绒拍打均匀，不能有结块现象。

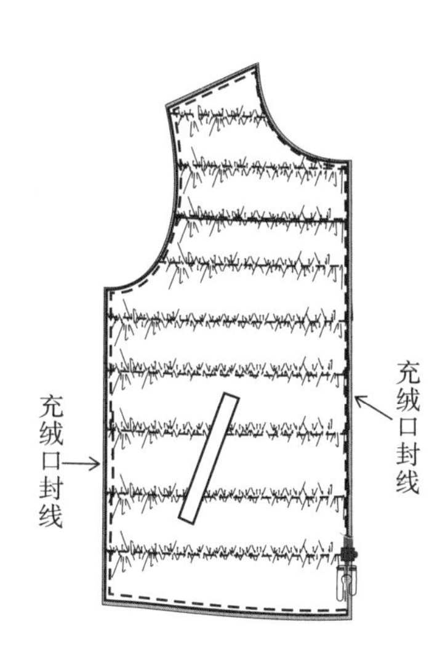

图7-30　封充绒口与拍绒

8. 缝合肩缝

将前、后衣片正面相对，上下片肩缝对齐，由左到右缝合肩线。缝合完成后再用斜纹布条包边做光（图7-31）。

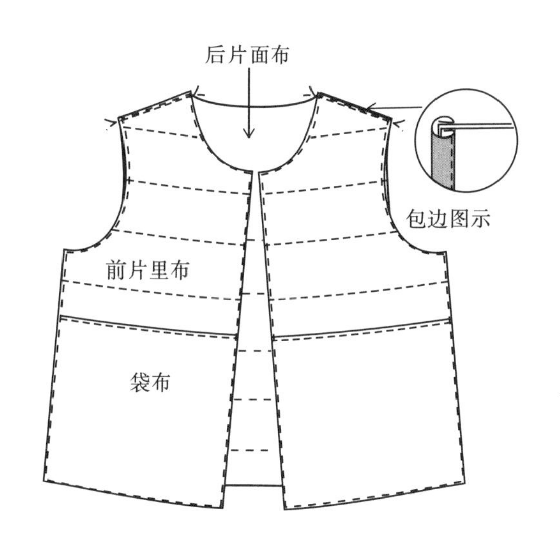

图7-31　缝合肩缝

9. 绱袖

袖片与大身正面相对，袖片在下，大身在上，将袖山与袖窿缝合。袖山头需略有吃量，绱袖后袖山头饱满、圆顺。完成后再用斜纹布条包边做光（图 7–32）。

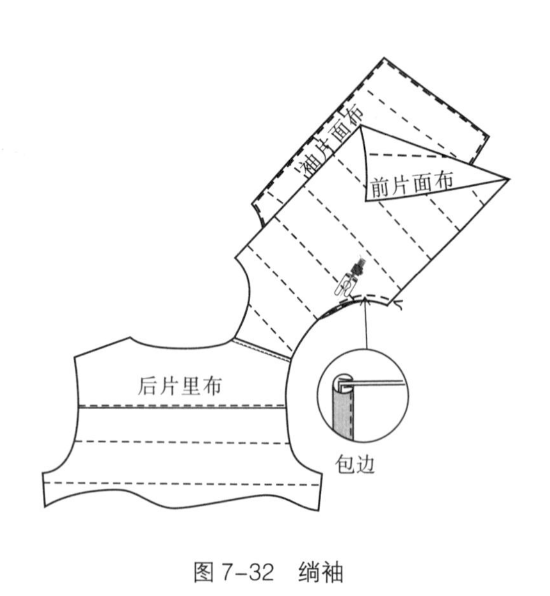

图 7–32　绱袖

10. 缝合侧缝

将前、后衣片、袖片正面相对进行缝合，袖窿底十字缝需对齐，前、后身绗线也需对齐。完成后再用斜纹布条包边做光（图 7–33）。

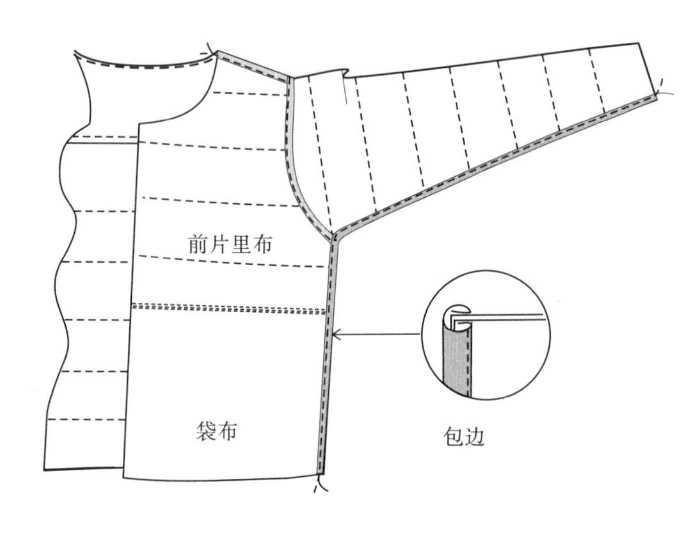

图 7–33　缝合侧缝

11. 做领

领面布放喷胶棉 80g/m^2，面布与喷胶棉四周机缝固定，再与领里布正面对合，在领上口机缝（图 7–34）。

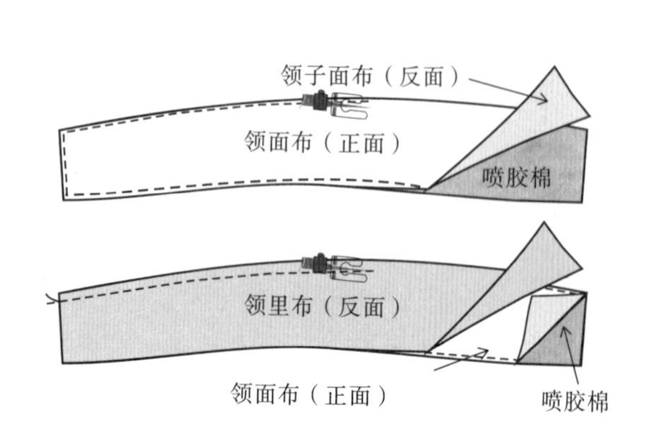

图 7–34　做领

12. 绱领

将领子置于大身领口上，领面布与大身正面对合，按记号对准肩缝及中心位置缝合，缝份 0.8cm（图 7–35）。

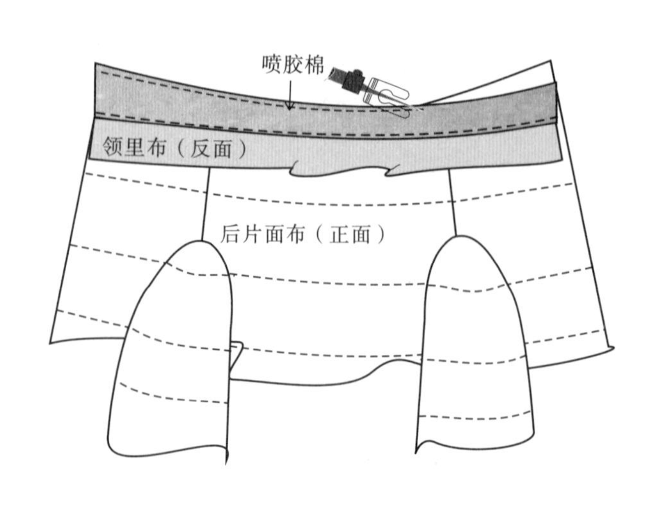

图 7–35　绱领

13. 绱拉链、拉链布带包边

先缝合门襟右侧拉链，将拉链正面朝下与门襟正面相对，拉链布带上端需折倒。下端到下摆翻折边位置，由上到下缝合拉链与门襟边。做好拉链对位记号后，从下到上缝合左侧拉链，记号需对准，大身吃量均匀。成品后左右绗线需对齐。然后将拉链布带与大身门襟边用斜纹布条包边（图 7-36）。

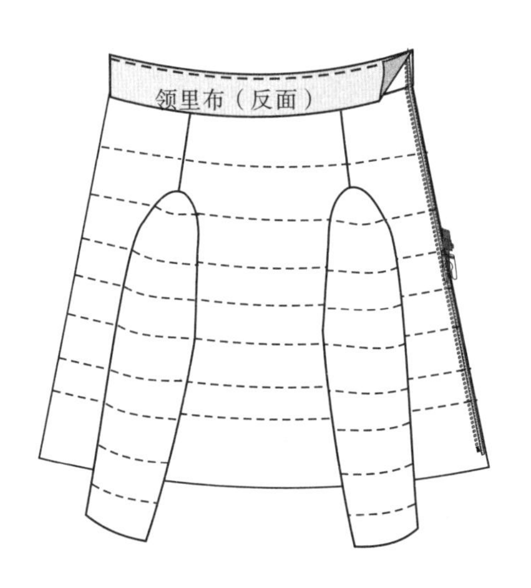

图 7-36　绱拉链、拉链布带包边

14. 绱领

领里布整理平服后，距领里布下口边止口线 0.15cm 缉缝。缉缝线在领里布边止口需宽窄一致。绱领后领面布、领里布平服，不起扭（图 7-37）。

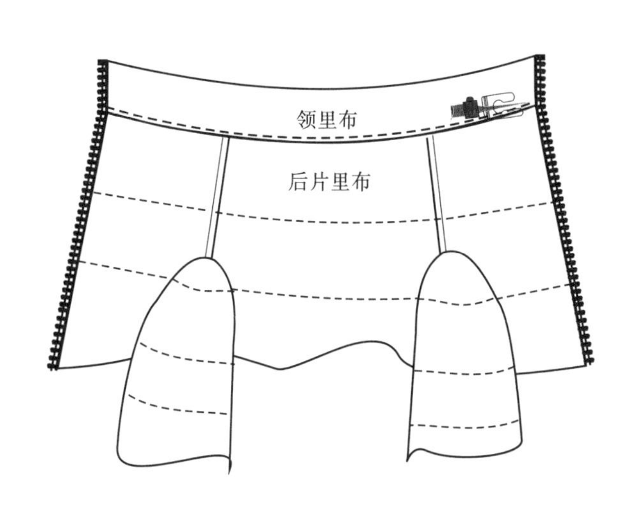

图 7-37　绱领

15. 卷下摆、袖口

按翻折边位置折叠下摆、袖口。折叠边宽度 2cm，距翻折边止口 0.1cm 缉线，线迹顺直，不浮线（图 7-38）。

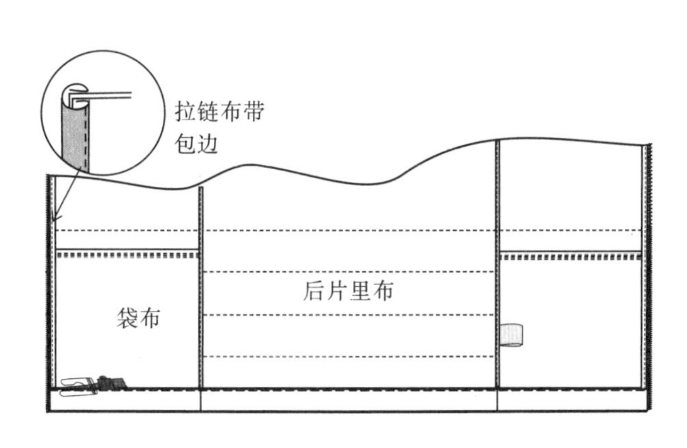

图 7-38　卷下摆、袖口

16. 缉门襟止口线

整理好前中拉链，在衣片正面门襟处缉 0.15cm 边线（图 7-39）。

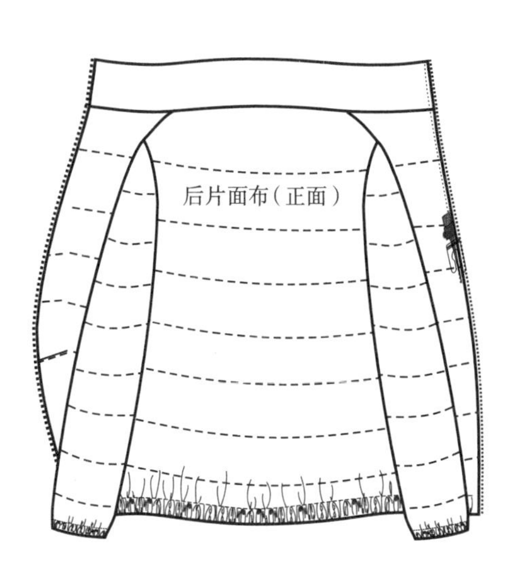

图 7-39　缉门襟止口线

三、案例3：男款普通型羽绒服

（一）款式

基本型羽绒服，四层结构，领型为立领，拉链可脱卸帽，袖为两片袖，下摆及袖口边翻折后与里布机缝固定（图7–40）。

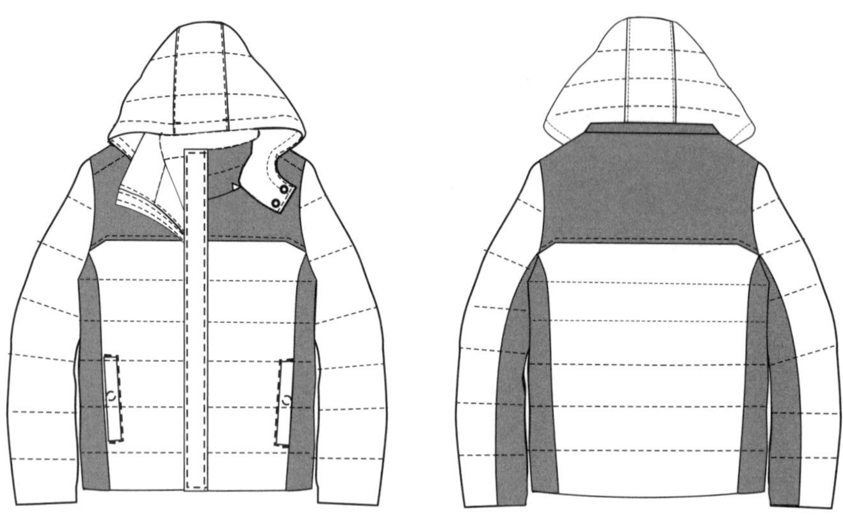

图7–40 款式图

（二）面料、辅料（表7–8）

表7–8 面料、辅料

序号	名称	用料
1	面布	亮光高密度涤丝纺
2	里布	305T涤丝纺
3	胆布	40旦压光涤丝纺
4	填充物	大身80%国标白鸭绒，大身充绒克重见充绒表，领子采用120g/m^{2}喷胶棉双层，帽子、门襟用140g/m^{2}喷胶棉
5	其他辅料	门襟用5号胶牙拉链，帽口、袋口钉四合扣（型号：24L；规格1.5cm）

（三）成品规格（表7–9）

表7–9 成品规格

单位：cm

序号	部位	成品规格				
		160/82A	165/84A	170/88A	175/92A	180/96A
1	衣长	66	68	70	72	74
2	肩宽	42.6	43.8	45	46.2	47.4
3	胸围	108	112	116	120	124

续表

序号	部位	成品规格				
		160/82A	165/84A	170/88A	175/92A	180/96A
4	摆围	100	104	108	112	116
5	袖窿围	52	54	56	58	60
6	袖长	63	64	65	66	67
7	袖肥	38.5	40	41.5	43	44.5
8	袖口宽	27	28	29	30	31
9	领围	52	53.5	55	56.5	58

（四）样板示意图（图 7–41）

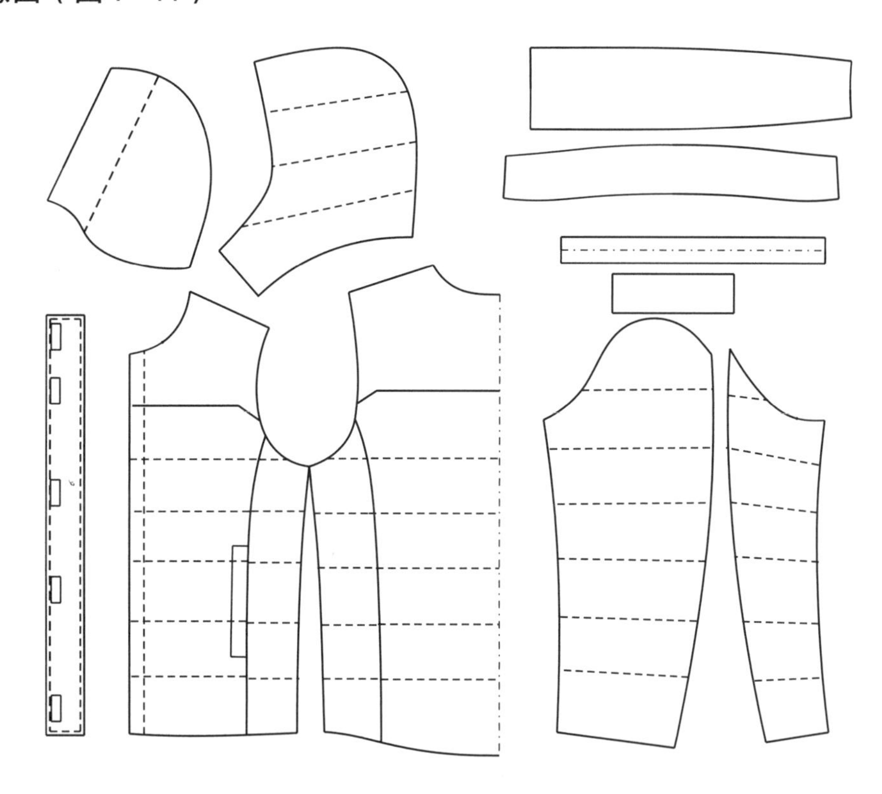

图 7–41　样板示意图

（五）充绒明细（表 7–10）

表 7–10　充绒明细

部位	衣片数量（片）	各片充绒量（g）				
		160/82A	165/84A	170/88A	175/92A	180/96A
前育克	2	4.3	4.7	5	5.3	5.7
前中下	2	13.6	14.5	15.6	16.7	17.7
后育克	1	9	9.5	10	10.5	11.1
后中下	1	31.9	34.3	37.1	39.8	42.2

续表

部位	衣片数量（片）	各片充绒量（g）				
		160/82A	165/84A	170/88A	175/92A	180/96A
前侧片	2	5.2	5.6	6	6.4	6.9
后侧片	2	6.7	7.2	7.7	8.3	8.6
大袖	2	14.9	15.9	17.1	18.3	19.4
小袖	2	7.1	7.6	8.2	8.8	9.3
总量	14	144.5	154.8	166.3	177.9	188.5

注 大身单位面积充绒量为160g/m^2，袖单位面积充绒量为120g/m^2。

（六）缝制工艺流程（表7-11）

表7-11 缝制工艺流程

序号	工序	机器名称	针号	缝线颜色	针距 针/3cm	工艺要求
1	前后育克绗线	平缝机	8	身布色	13	线迹顺直
2	前后育克面布与胆布三边边缘缉线	平缝机	9	身布色	11	缝份0.8cm
3	前后育克充绒口固定	平缝机	9	身布色	11	缝份0.8cm
4	大身、袖子充绒口面布与胆布固定	平缝机	9	身布色	11	缝份0.8cm
5	衣片、袖子绗线	模板全自动缝纫机	8	身布色	13	线迹顺直，不可露珠
6	固定衣片三边	平缝机	9	身布色	11	缝份0.8cm
7	前衣片开袋	平缝机	9	身布色	13	位置准确、左右对称
8	充羽绒	充绒机				克重准确
9	封充绒口	平缝机	9	身布色	11	缝份0.8cm
10	缝合前后育克	平缝机	9	身布色	13	缝份宽窄一致
11	拼缝锁边	三线包缝机	9	身布色	13	锁边美观、宽窄一致
12	缝合袖子	平缝机	9	身布色	13	缝份宽窄一致
13	缝合肩缝	平缝机	9	身布色	13	缝份1cm
14	绱袖子	平缝机	9	身布色	13	缝份1cm
15	缝合侧缝	平缝机	9	身布色	13	缝份1cm
16	做领、绱领护条	平缝机	9	身布色	13	领子平整、饱满，左右对称
17	绱领子	平缝机	9	身布色	13	缝份0.8cm
18	做门襟	平缝机	11	身布色	13	门襟平整，转角不外翘
19	装门襟	平缝机	9	身布色	13	缝份1cm
20	绱拉链	平缝机	11	身布色	13	拉链平服，大身吃量均匀
21	里布开袋、拼过面	平缝机	9	身布色	13	缝份1cm

续表

序号	工序	机器名称	针号	缝线颜色	针距 针 /3cm	工艺要求
22	缝合里布	三线锁边机	9	身布色	13	缝份 1cm
23	面布里布缝合	平缝机	9	身布色	13	缝份 1cm
24	下摆、袖口翻折固定	平缝机	11	身布色	13	面布、里布平整
25	缉缝门襟止口线	平缝机	11	身布色	13	面布、里布平整
26	做帽面、帽里	平缝机	11	身布色	13	缝份 1cm
27	帽面、帽里缝合	平缝机	11	身布色	13	缝份 1cm
28	帽檐、帽下口缉明线	平缝机	11	身布色	13	面布、里布平整

（七）缝制操作

面线用 403# 涤纶短纤线，底线用 603# 涤纶短纤线。绗缝用 8# 小圆头机针。其他机缝缝制部位用 11# 小圆头机针。所有明线不接受接线，表面不允许有线头。

面布拼缝缝份宽 1cm，胆布四周边缘缉线宽 0.8cm。门襟拉链不拱起，门襟平整。袖口、下摆翻折边 2.5cm 宽，将翻折边缝份分别与大身、袖的拼缝处缝份用滴线固定，避免翻折边反吐。

具体操作步骤 1 至 29 如图 7–42 ～图 7–70 所示。

1. 前、后育克胆布绗线

将前、后育克双层胆布平放整齐，按指定绗线的位置机缝，胆布产生绗线线迹（图 7–42）。

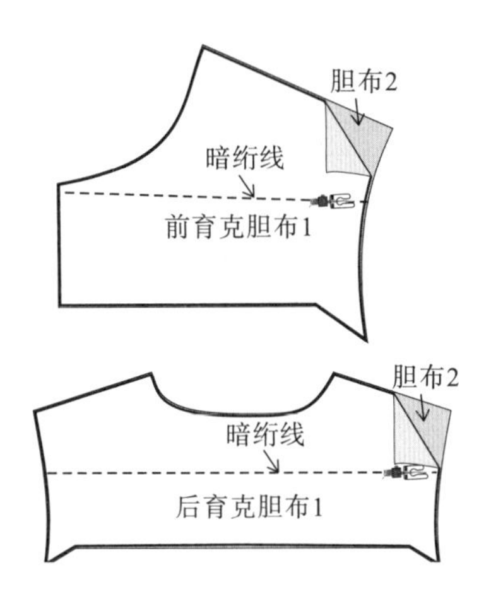

图 7–42 前、后育克胆布绗线

2. 前、后育克三边绗线

将前、后育克面布与双层胆布暗绗线后的前、后育克，对齐边缘，三边机缝缉线（还有一边预留充绒口）。缉线缝份要比拼缝缝份窄 0.2cm（图 7–43）。

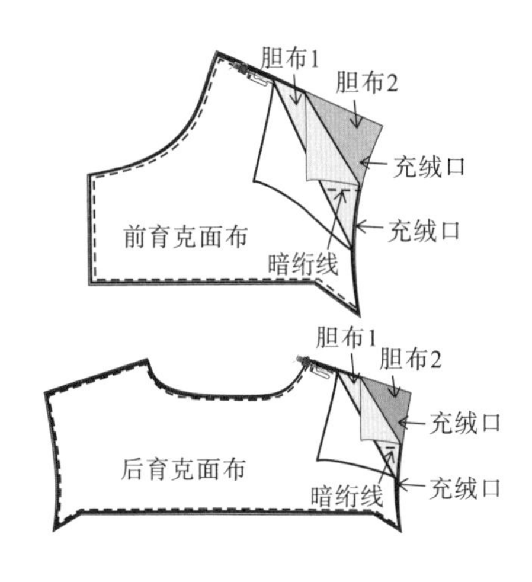

图 7–43 前、后育克三边绗线

3. 前、后育克面布与第一层胆布固定

将育克反面朝上，在充绒口处翻开第二层育克胆布，将第一层育克胆布与育克面布机缝固定，使羽绒能够准确充绒到双层胆布之间（图 7-44）。

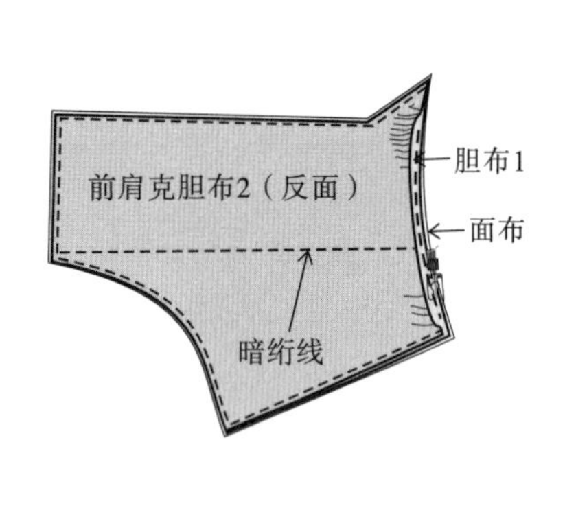

图 7-44　前、后育克面布与第一层胆布固定

4. 大身、袖子充绒口固定

除前、后育克外，所有明绗线衣片，都要先将面布与单层胆布在充绒口位置边缘机缝固定（距离下摆、袖口 5cm 不机缝，面布可以掀开）。固定线缝份距边比拼缝缝份窄 0.2cm，避免成品后外露线迹（图 7-45）。

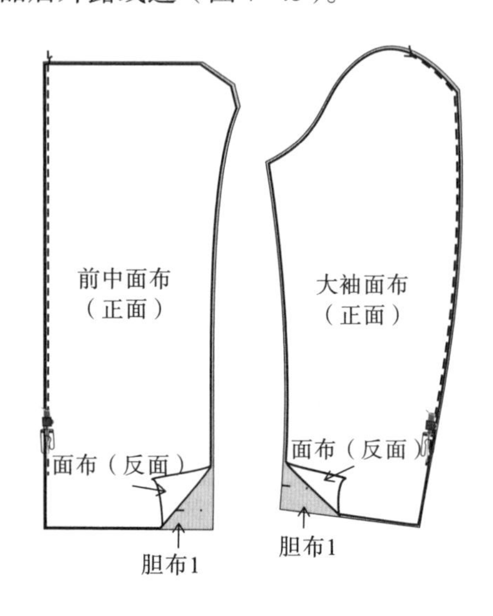

图 7-45　大身、袖子充绒口固定

5. 缉暗固定线

将第二层胆布平放对齐衣片、袖片后，在下摆、袖口处将面布掀开，距离翻折边 1cm 处，机缝固定双层胆布，为了隔开羽绒到下摆边，使成衣下摆、袖口边平整（图 7-46）。

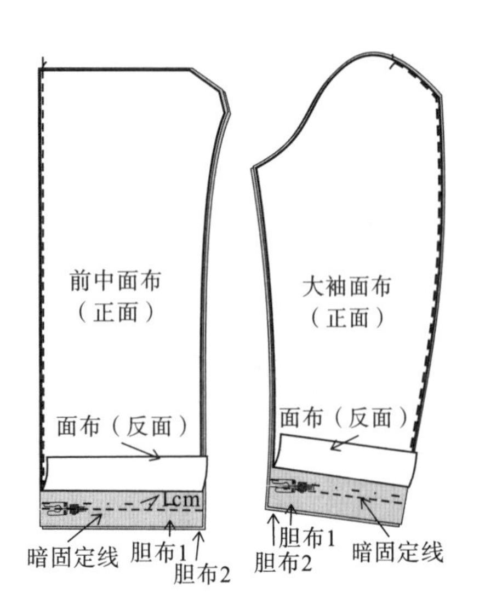

图 7-46　缉暗固定线

6. 大身、袖片绗线

在大身、袖片按印痕缉缝，形成绗线（图 7-47）。

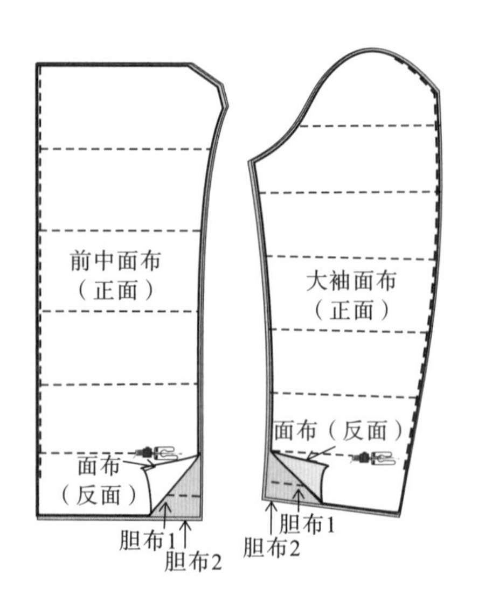

图 7-47　大身、袖片绗线

7. 衣片三边缉线

衣片绗线完成后，衣片三边缉线机缝（还有一边为预留充绒口）。缉线比拼缝缝份窄0.2cm（图7-48）。

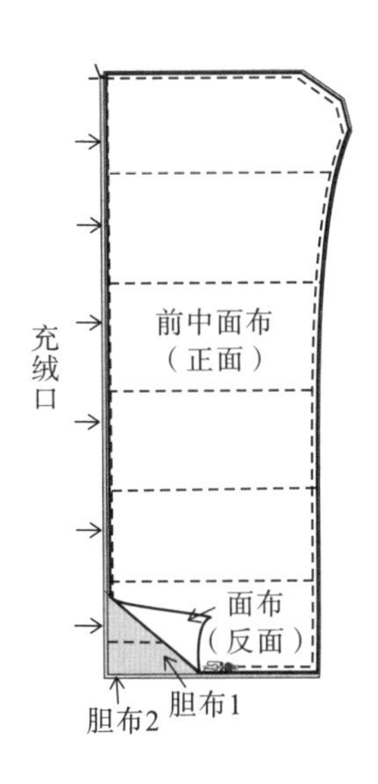

图7-48　衣片三边缉线

8. 前片开袋

将上、下袋布在口袋位置缉缝，剪开袋口将袋布翻向衣片反面，封缝袋口两侧的三角，再缉缝袋口明线，缝合袋布。袋布前下口用带条固定在前门襟边（图7-49）。

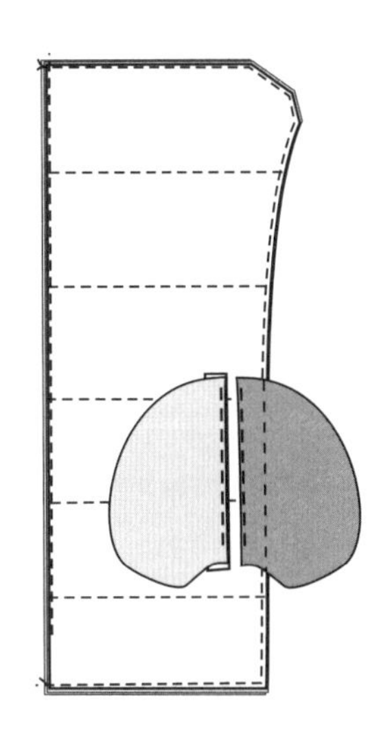

图7-49　前片开袋

9. 充羽绒

将开袋完成后的前片及其他衣片送到专用充绒机房，在各预留的充绒口，按每格所需克重分别充绒，羽绒要尽量充到里端，不要堆在充绒口（图7-50）。

图7-50　充羽绒

10. 封充绒口与拍绒

将预留填充口进行边缘封线。缝份比拼缝缝份窄0.2cm（图7-51）。

封口完成后，需将每格中的羽绒拍打均匀，不能有结块现象。

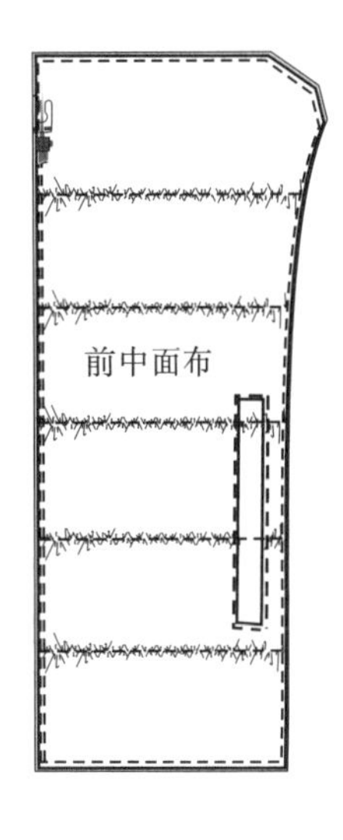

图7-51　封充绒口与拍绒

11. 前、后育克与衣片缝合

将育克与衣片正面相对，育克在上，衣片在下进行缝合，在拐弯处打刀口，刀口不可超过边缘固定线。缝合后缝份锁边（图 7–52）。

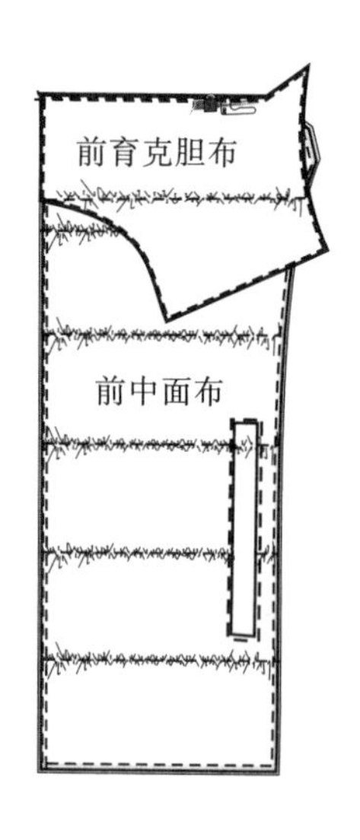

图 7–52　前、后育克与衣片缝合

12. 袖子缝合

将大、小袖片正面相对，小袖片在上，对准上下袖片绗线位置，缉缝后袖缝，缝份锁边（前、后侧片与前、后中片缝合用同样方法，图 7–53）。

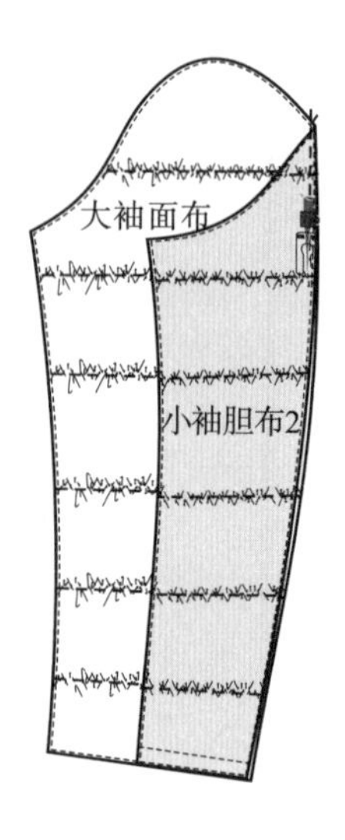

图 7–53　袖子缝合

13. 肩缝缝合

将前、后衣片正面相对，上下片肩缝对齐，由左到右缝合肩线，缝份锁边（图 7–54）。

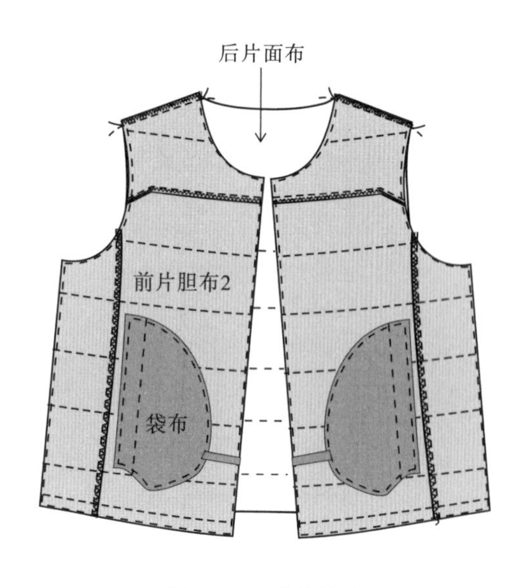

图 7–54　肩缝缝合

14. 绱袖子

袖片与衣片正面相对，袖片在下，衣片在上，将袖山与袖窿缝合，袖山头需略有吃量，绱袖后袖山头饱满、圆顺。缝份锁边（图 7–55）。

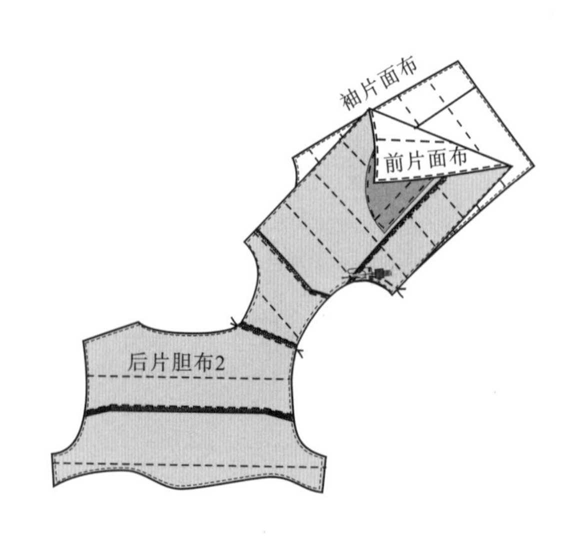

图 7–55　绱袖子

15. 侧缝拼缝

将袖片、衣片前后正面相对进行缝合，袖窿底十字缝需对齐，前、后身绗线也需对齐，缝份锁边（图 7–56）。

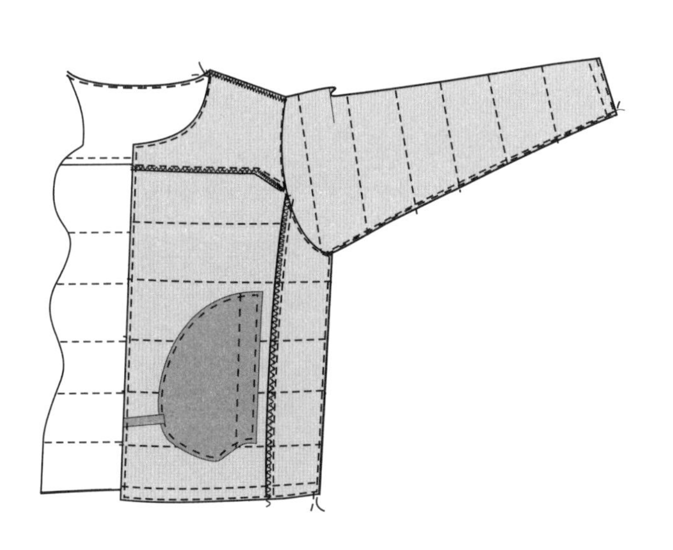

图 7–56　侧缝拼缝

16. 做领、绱拉链护条

领面布、领里布各放 120g/m² 喷胶棉，将面布、里布分别与喷胶棉四周机缝固定。拉链两侧拉开后，将有拉链插头的拉链布带正面朝下，机缝在领护条边，再将领护条机缝在领面布下口处。领面布与领里布正面相对，机缝上口（图 7–57）。

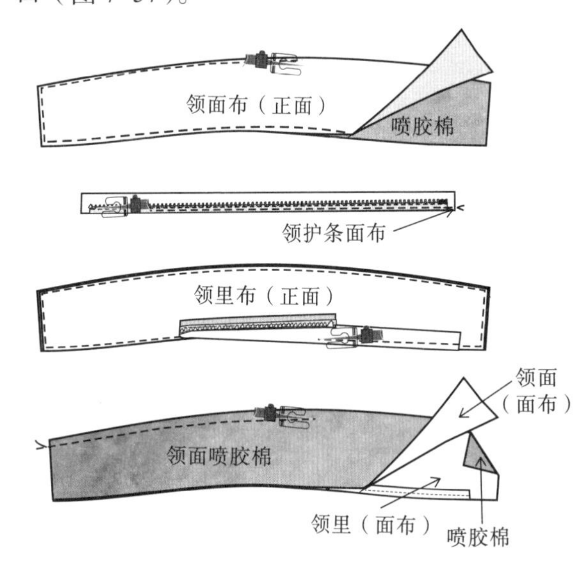

图 7–57　做领、绱拉链护条

17. 绱领

将领置于大身领口上，领面对大身正面，按记号对准肩缝及中心位置，缝合，缝份 1cm（图 7–58）。

装护条及绱领时，注意领护条、拉链、领及后领圈的中心位对位准确，前领圈两侧确保对称，然后缝合，以防止领、帽歪斜。

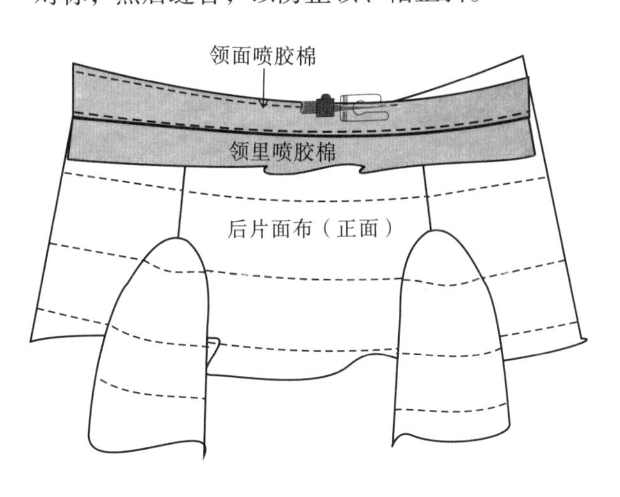

图 7–58　绱领

18. 做门襟

魔术贴毛面四周机缝在门襟内层指定位置。门襟外层放 140g/m² 喷胶棉，四周缉线固定。将门襟内、外层三边对齐并机缝，翻出正面烫平，在边缘缉缝 0.6cm 宽边线（图 7–59）。

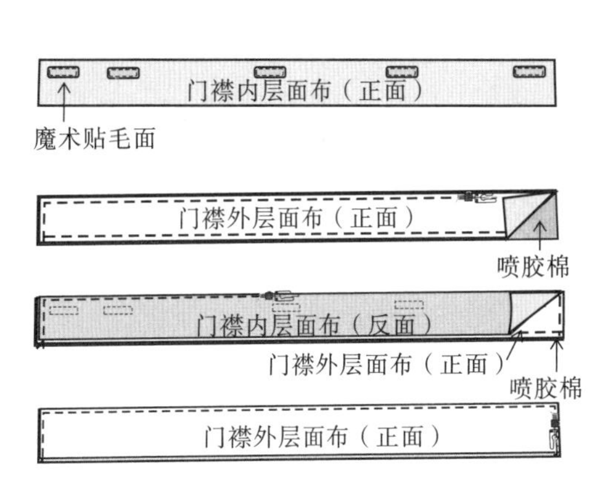

图 7–59　做门襟

19. 绱拉链

在门襟指定位置钉魔术贴。缝合右侧拉链，将拉链正面朝下与门襟正面相对，拉链布带上端需折角，拉链下端到下摆翻折边位置，由上到下缝合拉链与门襟边。做好拉链左右对位记号后再缝合左侧拉链，从下到上缝合，记号需对准，大身吃量均匀。成品左右绗线需对齐（图 7-60）。

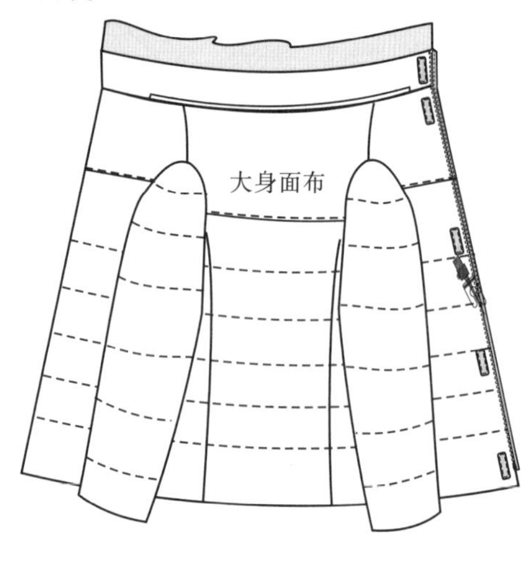

图 7-60 绱拉链

20. 装门襟

将做好的门襟与衣片门襟正面相对，按指定位置沿门襟边机缝，吃量均匀、平整（图 7-61）。门襟缝份修窄至 0.4cm 后，再将其翻到正面后压 0.6cm 宽边线。

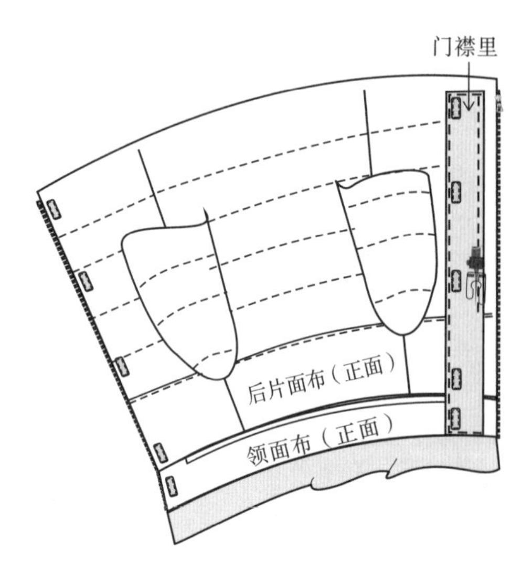

图 7-61 装门襟

21. 里布开袋、缝合过面

将袋嵌线条、垫布缝合在袋布上，上、下袋布在口袋位置缉缝，剪开袋口将袋布翻向衣片反面，封缝袋口两侧的三角，再缉缝袋口明线，缝合袋布（图 7-62）。

将过面放在前片里布上，正面相对，沿边缝合，再将过面朝上烫平服后缉缝 0.1cm 宽边线。

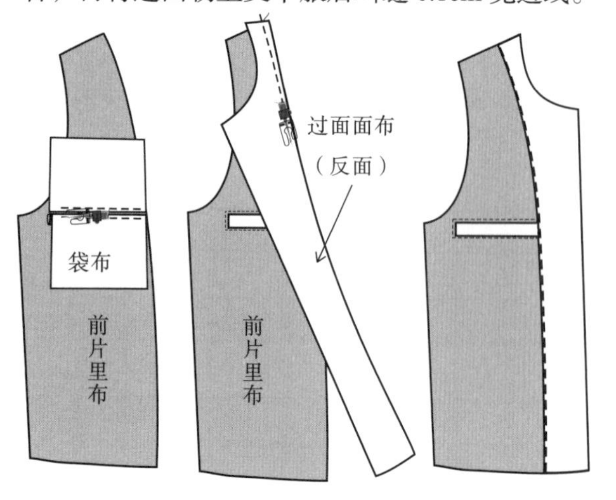

图 7-62 里布开袋、缝合过面

22. 缝合里布

分别缝合前、后片肩缝，绱袖，合侧缝，所有缝份需锁边。缝合袖片时如图所示左袖缝中间 15cm 不缝合，作为将服装翻向正面的袖洞。在肩端点及袖窿底需放带条各一根，以固定面布大身（图 7-63）。

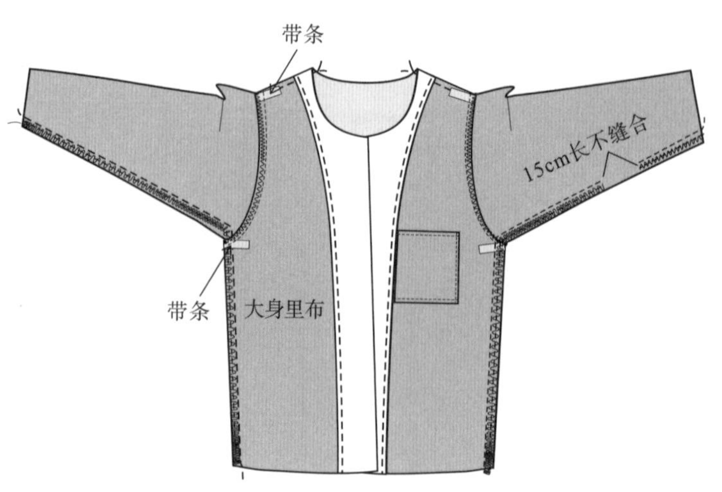

图 7-63 缝合里布

23. 面布与里布缝合

将面布、里布正面相对，在领口、下摆分别缝合。然后将里布过面在面布门襟处机缝上，领面布、领里布在领口处机缝固定。袖面布、袖里布相对，在袖口缝合。肩端点、袖窿底缝份处，用吊带固定面布、里布（图 7-64）。

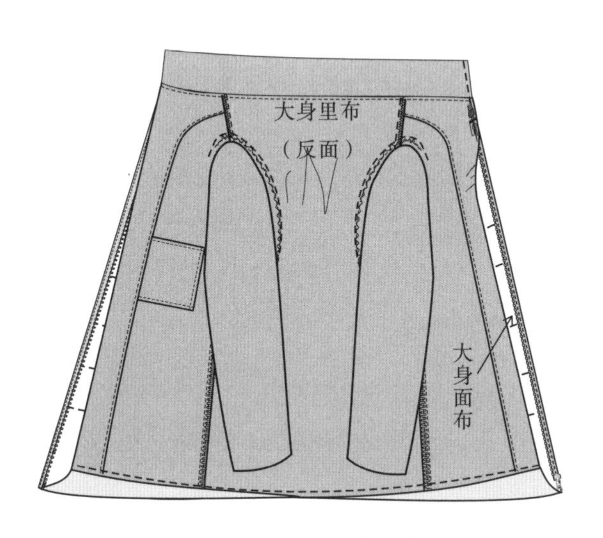

图 7-64　面布与里布缝合

24. 袖口、下摆翻折边固定

大身下摆翻折，下摆缝份与大身对应位置用滴针固定，避免翻折边外吐（图 7-65）。

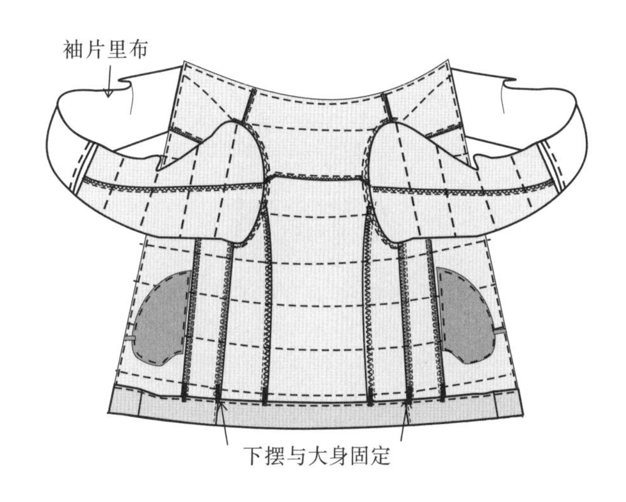

图 7-65　袖口、下摆翻折边固定

25. 缉门襟止口线

将整件衣服从袖底的袖洞翻出，整理好前中门襟，沿门襟边缉缝 0.15cm 宽明线。产品质量检查合格后，衣面翻转到正面，将预留的翻衫口封口，缉缝 0.1cm 宽明线缝牢（图 7-66）。

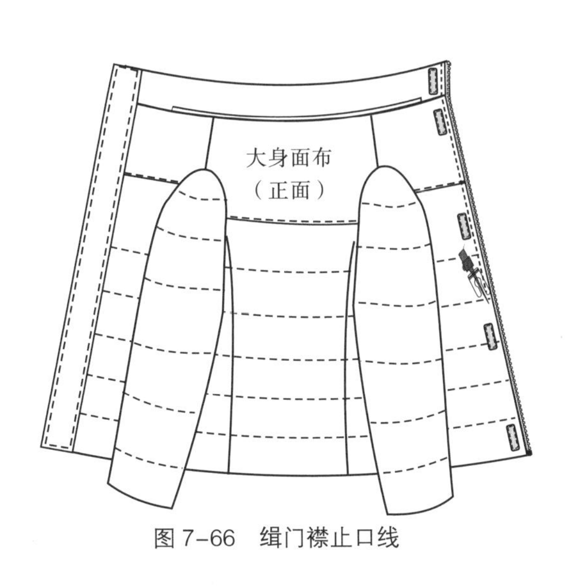

图 7-66　缉门襟止口线

26. 做帽面布、绱拉链

将帽侧片面布、帽中片面布分别与喷胶棉四周机缝固定，再将固定好的帽侧片与帽中片缝合。拉链拉开，有拉链头的布带与帽面布正面相对，在帽下口沿边机缝（图 7-67）。

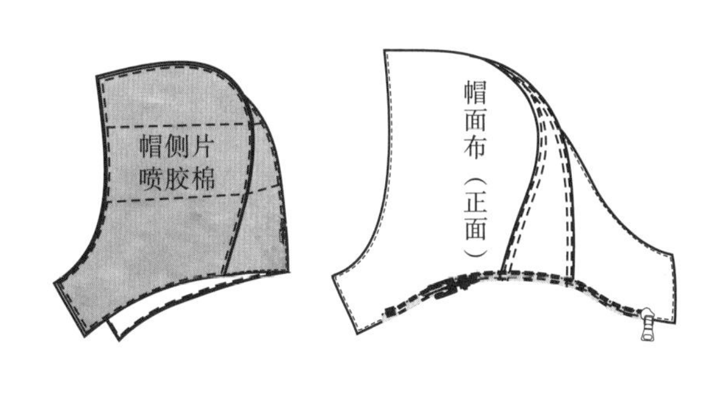

图 7-67　做帽面布、绱拉链

27. 做帽里布

左右帽檐拼块、帽侧片与帽中片分别缝合。帽片在中间帽顶每侧缝份处需放吊带，缝份锁边。再将帽檐拼块与帽大身在帽口处缝合（图7-68）。

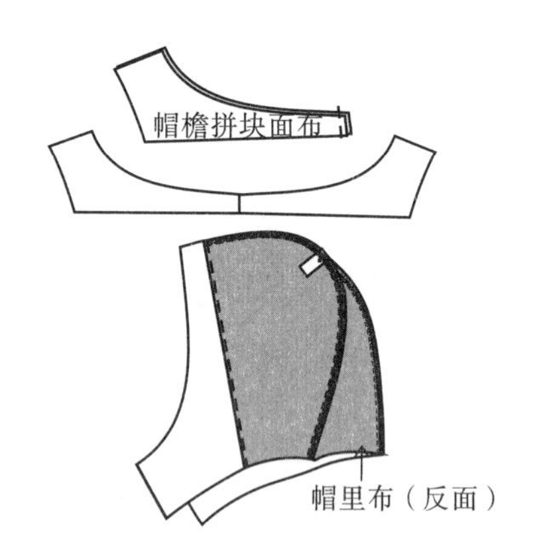

图 7-68　做帽里布

28. 帽面布、里布缝合

帽面布、帽里布在帽前口、下口处四周缝合（在帽下口中间留 10cm 翻帽洞），帽顶带条固定帽面布、帽里布缝份，避免里布活动，吊带完成后净长 1.5cm（图 7-69）。

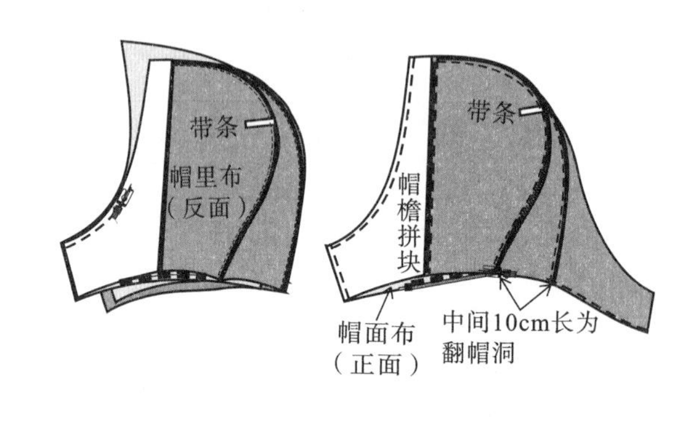

图 7-69　帽面布、里布缝合

29. 帽檐、帽下口缉明线

帽子翻出正面后，整理平服。帽下口拉链处缉 0.15cm 边线，固定面布、里布边止口。缉边线时，要缝住帽里翻帽洞。帽口边缉 2.5cm 宽边线，固定帽面布、帽里布，避免帽里布反吐（图 7-70）。

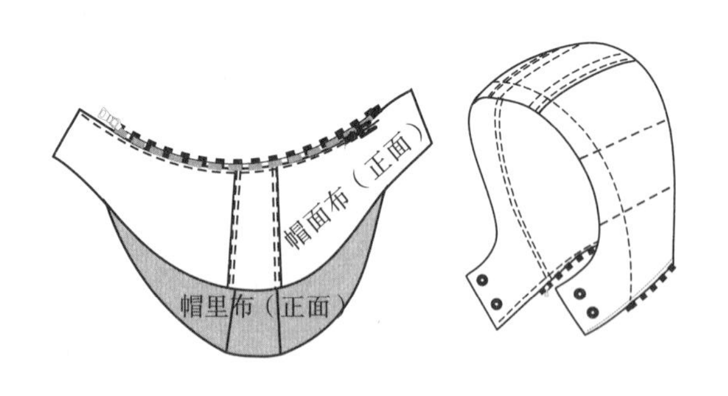

图 7-70　帽檐、帽下口缉明线

参考文献

[1] 中泽愈 . 人体与服装［M］. 袁观洛，译 . 北京：中国纺织出版社，2000.

[2] 朱秀丽，鲍卫君 . 服装工艺基础［M］. 杭州：浙江科学技术出版社，1999.

[3] 中屋典子，三吉满智子 . 服装造型学・技术篇 I［M］. 刘美华，孙兆全，译 . 北京：中国纺织出版社，2005.

[4] 中国国家标准化管理委员会 .GB/T 2662—2008 棉服装［S］. 北京：中国标准出版社，2008.

[5] 中国国家标准化管理委员会 .GB/T 14272—2011 羽绒服装［S］. 北京：中国标准出版社，2011.

[6] 刘瑞璞 . 服装纸样设计原理与应用・女装篇［M］. 北京：中国纺织出版社，2008.

[7] 汪建英 . 服装设备及其运用［M］. 杭州：浙江大学出版社，2006.

[8] 袁良 . 男装精确打版推版［M］. 北京：中国纺织出版社，2006.

[9] 金枝，王永荣，卜明锋 . 针织服装结构与工艺［M］. 北京：中国纺织出版社，2015.

附录一　羽绒相关术语（附表1）

附表1　羽绒相关术语

序号	术语	说明	备注
1	羽绒	生在雏鸭、鹅的体表，或成鸭、鹅的正羽基部，羽枝柔软、羽小枝细长、不成瓣状的绒毛 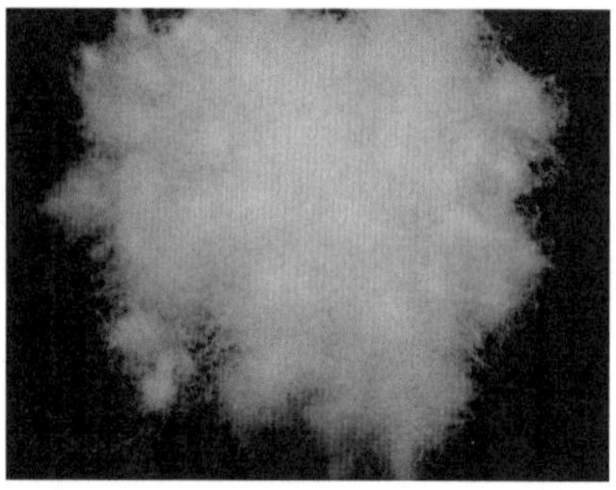	受产地、家禽品种的影响，品质差异大。羽绒在羽绒服中广泛使用，由于纤维细小，包裹的面料需防钻绒
2	绒子	朵绒、未成熟绒、类似绒、损伤绒的总称	在羽绒中占绝大多数比例
3	朵绒	生长在鸭、鹅胸腹、背部和两肋，是一个由绒核放射出许多绒丝并形成朵状的绒子 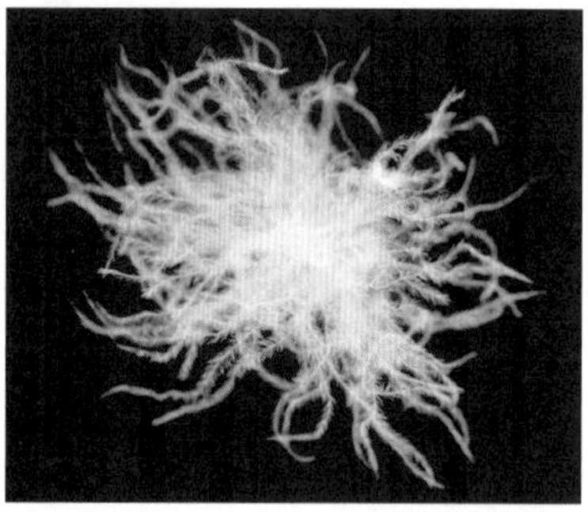	是羽绒中的优等品，朵绒的大小、形态、多少决定了羽绒的品质
4	未成熟绒	未长全的绒子，绒丝较短，有小柄，呈伞状 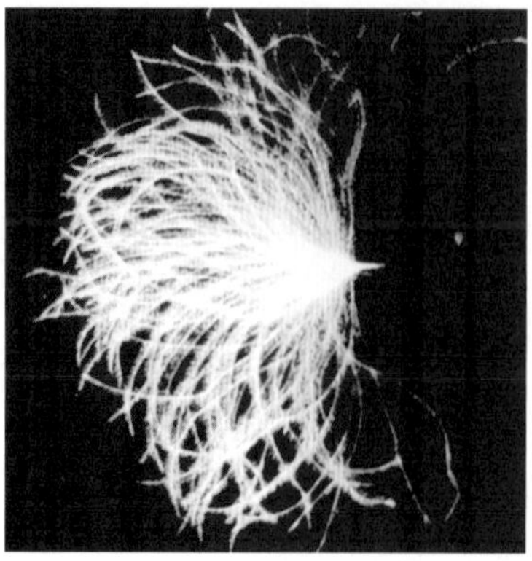	属于羽绒，但品质欠佳

续表

序号	术语	说明	备注
5	类似绒（毛型绒）	毛型带茎，其茎细而柔软，羽枝细密，梢端呈丝状，且零乱 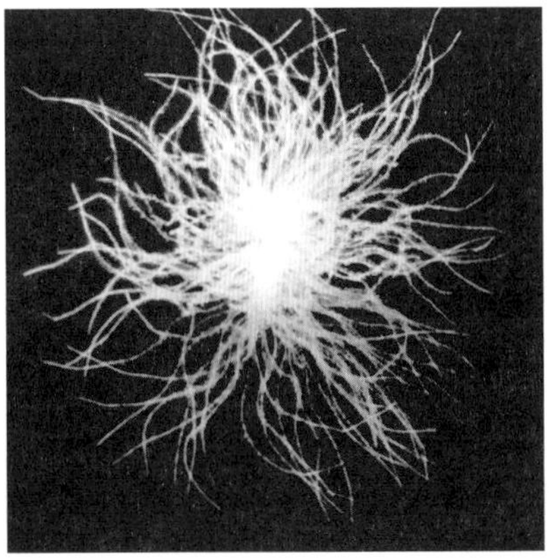	属于羽绒，但品质欠佳，蓬松度低
6	损伤绒	从一个绒核放射出两根以上绒丝的绒子	属于羽绒，但品质欠佳
7	绒丝	从绒子和毛片根部脱落下来的单根绒丝 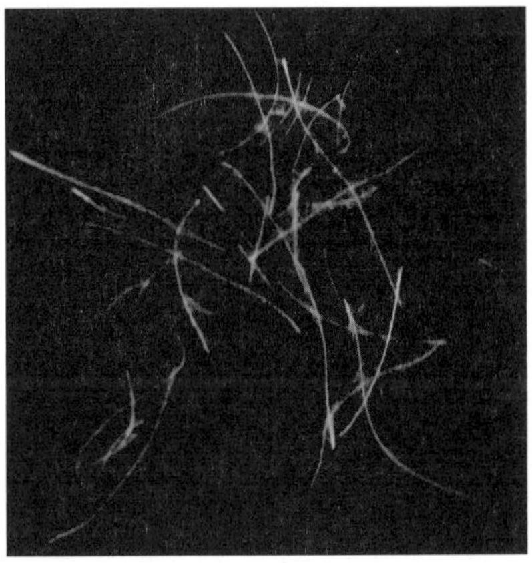	属于羽绒，但易从针眼中钻出，应严控含量
8	羽丝（单丝）	从毛片羽面上脱落下来的单根羽枝 	不属于绒，易钻出面料

续表

序号	术语	说明	备注
9	羽毛	覆盖在鸭、鹅体表，由表皮角质化所生长成的一种结构，质轻而韧，具有弹性和防水性	手感硬、蓬松度低。羽绒服中仅允许少量小毛片存在
10	含绒量	绒子和绒丝在羽毛羽绒中的含量百分比	含绒量越高，蓬松度、保暖性能越好，手感越柔软
11	蓬松度	羽毛羽绒的弹性程度	朵绒越多，含绒量越高，蓬松度就越高
12	充绒量	单件服装填充羽绒的克重	在一定范围内，充绒量增加，保暖性提高

附录二 钻棉、钻绒的机理、测试及处理方法

一、棉服钻棉的机理、测试及处理方法

（一）钻棉机理

喷胶棉或羊毛絮片采用无纺技术制造，纤维短小，纤维之间不抱合，纤维排列方向无定向，絮片表面纤维端与织物表面形成了一定的夹角，在穿着或洗涤时，受外力作用纤维端会从织物纱线缝隙钻出，暴露于服装表面，甚至多根纤维纠缠在一起形成球状，对服装的外观造成很大的影响。

（二）防钻棉性测试方法

目前，国家标准中没有防钻棉性的测试方法与评级标准。但在实践中，可参照 GB/T 12705.2—2009《纺织品织物防钻绒性试验方法第 2 部分：转箱法》，进行相关测试工作，具体如下：将需测试的面料制成 30cm × 30cm 的袋状，袋内平铺需测试的填充物，然后封口并在中间按实际服装间距绗线固定，在回转箱内置转动一定次数，观察填充物最终钻出的根数，以此评价产品的防钻棉性能。此测试方法是模拟服装在穿着下产生的挤压、揉搓、碰撞情景，从而查看面料表面防钻棉性能。此方法适用面料及缝制线迹处防钻棉性的测试。另外，还可以通过测试织物的透气性及真人试穿来评价性能。

（三）钻棉处理方法（附表 2）

附表 2 钻棉处理方法

类型	钻棉成因	处理方法
面料钻棉	面料组织结构较疏松，棉丝从面料组织结构缝隙中钻出	选择经纬密度更高的面料（一般需要在 260T 以上，或面料加涂层等特殊处理）
	秋冬天气干燥，摩擦产生静电，造成棉丝钻出，易摩擦部位钻棉较严重	面料需经防静电处理
	填充物材质不良	填充物纤维越粗越易钻毛，越硬越易钻毛。需改变纤维的柔软度、粗细。 填充物因材质问题无法改善，可添加防钻棉衬布包裹，使填充物与面料之间隔离开，如（无纺衬 + 喷胶棉）
线迹钻棉	针距越密，缝线张力越大，钻棉越严重	根据面料纱支、内部结构设计，选择合理的针距密度
	机针越粗、针眼大，钻棉越严重	使用细针、细线，减小针孔
	机针磨损，产生毛刺，造成面料产生断纱，针孔变大，棉丝钻出	使用小圆头机针，减少机针的偏移、摩擦。减少物料的损坏，减低穿透力。机针产生损伤，及时更换
	底、面线迹越紧，钻棉越严重	底、面线张力减轻，减轻面料纱线之间的收缩，使针孔变小

二、羽绒服钻绒的机理、测试及处理方法

（一）钻绒机理

羽绒纤维是以绒朵形式存在，在每个绒朵里，包含着若干根内部结构基本相同的纤维，每根纤维之间都会产生一定的斥力并使其距离保持最大，这样就使羽绒产生了蓬松性。当羽绒被填充到制品内时，靠近面布的羽绒受到内部羽绒的斥力，被向外挤压，产生了一个向外推的力使羽绒贴近面布。羽绒具有良好的回弹性，无论从哪个方向压下去，纤维都能迅速恢复原样，而通常防绒面料的透气性较差，致使羽绒制品的充绒内腔滞留了大量的静止空气。当羽绒制品受到外界挤压或摩擦，静止空气从面料的孔隙或缝线的针眼透出，羽绒则乘机跟随空气钻出内腔，形成钻绒。

（二）防钻绒性测试方法

根据测试原理和设备，目前国内织物防钻绒性能的测试方法可分为两类：

（1）转箱法：根据 GB/T 12705.2—2009《纺织品 织物防钻绒性试验方法 第 2 部分：转箱法》，将试样制成 42cm × 41cm 的口袋状，袋装一定量的羽绒，在回转箱内置转动一定次数，观察羽绒最终钻出的根数，以此评价产品的防钻绒性能。此测试方法的评级标准见附表 3。由于测试面积较大，在织物的防钻绒性能的测试上现已不多使用，多用于成衣缝制防钻绒性能的测试。

附表 3　GB/T 12705.2 转箱法防钻绒性评价级别（织物）

测试设备	级别	防钻绒性评价	钻绒根数 / 根
转箱法防钻绒性测试仪	1	具有良好的防钻绒性	小于 5
	2	具有防钻绒性	6 ~ 15
	3	防钻绒性较差	大于 15

目前，国家标准中没有规定缝制产生的钻绒评级，部分企业参考国家标准中织物钻绒接受的根数与实际生产缝制对外观的影响程度，设定了最低安全钻绒根数，从而作为产品外观质量标准之一。下面是企业实际情况，针对常规绗线衣片，采用转箱法建立的“成衣缝制钻绒性评价级别”参考标准（附表 4），可供企业参照使用。

附表 4　“成衣缝制钻绒性评价级别”企业参考标准（采用 GB/T 12705.2 转箱法）

测试设备	级别	防钻绒性评价	钻绒根数 / 根
转箱法防钻绒性测试仪	1	具有良好的防钻绒性	小于 50
	2	具有防钻绒性	50 ~ 100
	3	防钻绒性较差	大于 100

（2）摩擦法：根据 GB/T 12705.1—2009《纺织品 织物防钻绒性试验方法 第 1 部分：摩擦法》将试样制成 21cm × 14cm 的口袋状，袋装一定克重的羽绒，在摩擦试验机上，经过挤压、揉搓、摩擦等一定次数后，通过计算从试样袋内部钻出的羽绒、羽毛和绒丝的根数来评价织物的防钻绒性能，此测试方法的评级标准见附表 5，多用于“织物防钻绒性”的测试。

附表 5　GB/T 12705.1 摩擦法防钻绒性评价级别

测试设备	级别	防钻绒性评价	钻绒根数 / 根
摩擦法防钻绒性测试仪	1	具有良好的防钻绒性	小于 20
	2	具有防钻绒性	20 ~ 50
	3	防钻绒性较差	大于 50

（三）钻绒处理方法

羽绒服钻绒从部位上划分，可分为织物上钻绒、缝制针孔处钻绒两种情况（附图 1、附图 2），但钻绒原因可以从原材料、生产管理、款式工艺设计、缝纫材料与设备上来分析，根据不同情况采取不同处理方法（附表 6）。

附图 1　面料钻绒

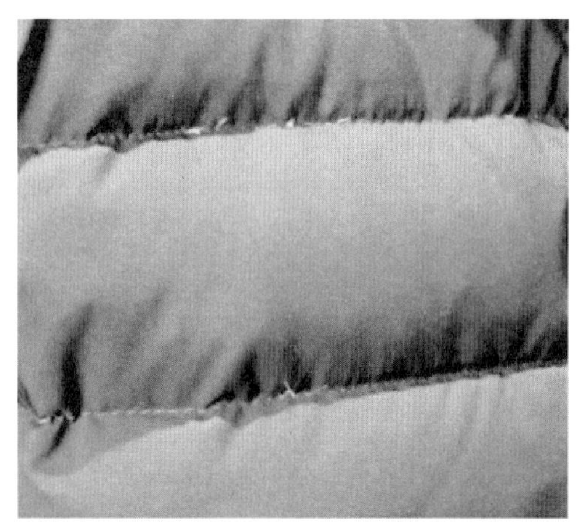

附图 2　针孔钻绒

附表 6　钻绒处理方法

分类	钻绒成因	处理方法
原材料	直接接触羽绒的织物（面布、里布、胆布），其密度达不到防钻绒效果	与羽绒直接接触的织物需做好防钻绒测试，选择合适的织物。织物的密度、厚薄与含绒量需相匹配
	羽绒含绒量较低，朵绒少，毛片、羽丝、绒丝较多，易钻出	尽可能使用绒子含量较高的羽绒
	普通的涤纶线在缝制过程中易摩擦产生静电，且短纤缝纫线表面较毛糙。羽绒缠绕缝纫线时易随机缝线跑出，出现钻绒	采用涤纶长丝线，表面较光洁，缝制过程中能减轻羽绒带出的程度。或缝纫线经过润滑处理，有效减少机缝过程中的摩擦，降低对面料的破坏，减小针洞
	机缝线较粗，或面、底线不匹配，使针洞过大，出现钻绒	尽量使用细线、细针，避免针孔过粗现象

续表

分类	钻绒成因	处理方法
生产管理	线迹较紧，缝纫线产生张力，造成面料纱线移动收缩，针洞变形、变大，造成钻绒	绗线时，面、底线调松，减轻线的张力
	衣片四周胆布固定线、合缝线的针距偏稀，或部件边缘固定线不够牢固，羽绒从缝份处钻出	四周胆布固定线不少于 14 针 /3cm，缝份（0.8 ~ 1）cm。合缝线（1 ~ 1.2）cm 做准，每条缝份需锁边处理，所有边缘部位需有加固线
	衣片存在刀口，刀口处没固定好，刀口处钻绒，或充绒口缝份处夹带羽绒	羽绒不可在开口处外露，所有缝份不可夹带羽绒，封充绒口时注意充绒口干净
	三层、四层结构的羽绒服，充绒时操作不当，没有充到指定胆布之间，由于面布没有防钻绒性，产生钻绒	多层结构中，充绒口处需先单层胆布与面布机缝固定，再与第二层胆布绗线、充绒，避免羽绒误充其他夹层之间
	排料裁剪时，没避开胆布布边的针孔，针孔在衣片内，造成钻绒；或因生产不当，尖锐器具造成胆布破损而钻绒	排料时，需避开布边针孔，同时在生产中加强对尖锐器具的管理
	衣服夹层之间有浮绒，没有处理干净，造成钻绒	翻里布前，需先经吸风机清理浮绒，生产时车间做好清洁工作
款式工艺设计	绗缝菱形格，绗线斜向拉伸，受线迹张力收缩的影响，针孔间隙变大，造成钻绒	采用光洁度较高的丝光缝纫线、小号小圆头针机，使用适当的绗线方式，一侧先绗线后充绒，另一侧充绒后绗线，以减轻绗线处堆积羽绒的程度。对于小面积的绗缝衣片，可采用绗线平行于面料的经纬线，尽可能避免绗缝线与面料经纬线斜向交叉
	绗线较密，出现钻绒现象	加大绗线间距，减少线迹密度；小面积的衣片，内部填充物改用喷胶棉
	绗线、充绒的先后顺序不同，会影响钻绒程度。先充绒再绗线方式，羽绒在针孔处堆积较多，机缝时缝线把羽绒顺势带到表面，增加钻绒的概率	优先使用先绗线再充绒工艺，结合面料透气性、纱支柔软回复性、绗线间距大小，合理控制充绒机的压力
		若因款式必须先充绒再绗线，则使用高品质羽绒，机针、缝线、合适的机缝速度配合使用
	线迹结构不合适	采用链式缝纫机，面、底线交叉在底部，线迹弹性较好，强力高，造成的针洞小，对针孔处钻绒有一定的堵塞、改善作用 链式线迹

续表

分类	钻绒成因	处理方法
缝制材料与设备	机针过粗，针孔留下的痕迹过大，羽绒从针洞钻出	绗绒部位使用7#、8#机针，配合粗细适宜的缝线，有效堵塞针孔
	生产过程中，普通机针易磨损，产生毛刺，造成面料断纱，针孔变大，羽绒勾出	绗缝机针需每4小时更换一次，并在生产过程中加强抽检，及时检查机针磨损情况与缝口针洞情况，产生损伤的机针要及时更换，缝口针洞轮廓要清晰，小而齐整。采用小圆头机针，以减少机针的偏移、摩擦，减低穿透力，减少对物料的损坏 机针磨损，产生毛刺　小圆头机针
	针板孔过大，磨损严重，使机针不能很锋利穿透面料，针孔增粗	及时更换变大、变形的针板，保持机针与针板孔的匹配 机针、针板孔的匹配
	压脚材料粗糙、压脚压力不足，线迹起皱及针孔增多、增大，羽绒从针孔内钻出；或压脚压力过大，引起缝口面料上有送布牙的压痕，使面料破损，羽绒钻出	使用贴"特氟龙"的压脚，缝制时更顺滑，同时，正确调整压脚对面料的压力
	送布牙过粗，影响机缝顺滑，造成面料起皱及针洞增大，产生钻绒现象	使用密度较高且牙齿较细的送布牙 不同粗细送布牙

附录三　棉服、羽绒服熨烫、检验、包装

服装生产过程的最后阶段是后整理，主要在后整理车间进行熨烫、检验、包装等工作。

一、棉服、羽绒服熨烫

棉服、羽绒服的产品特点为蓬松饱满，所以要根据面料特性，采取合适的熨烫设备（附图 3、附图 4）、熨烫方法与熨烫温度，对产品的表面、内部接缝、边口、褶裥等进行熨烫。

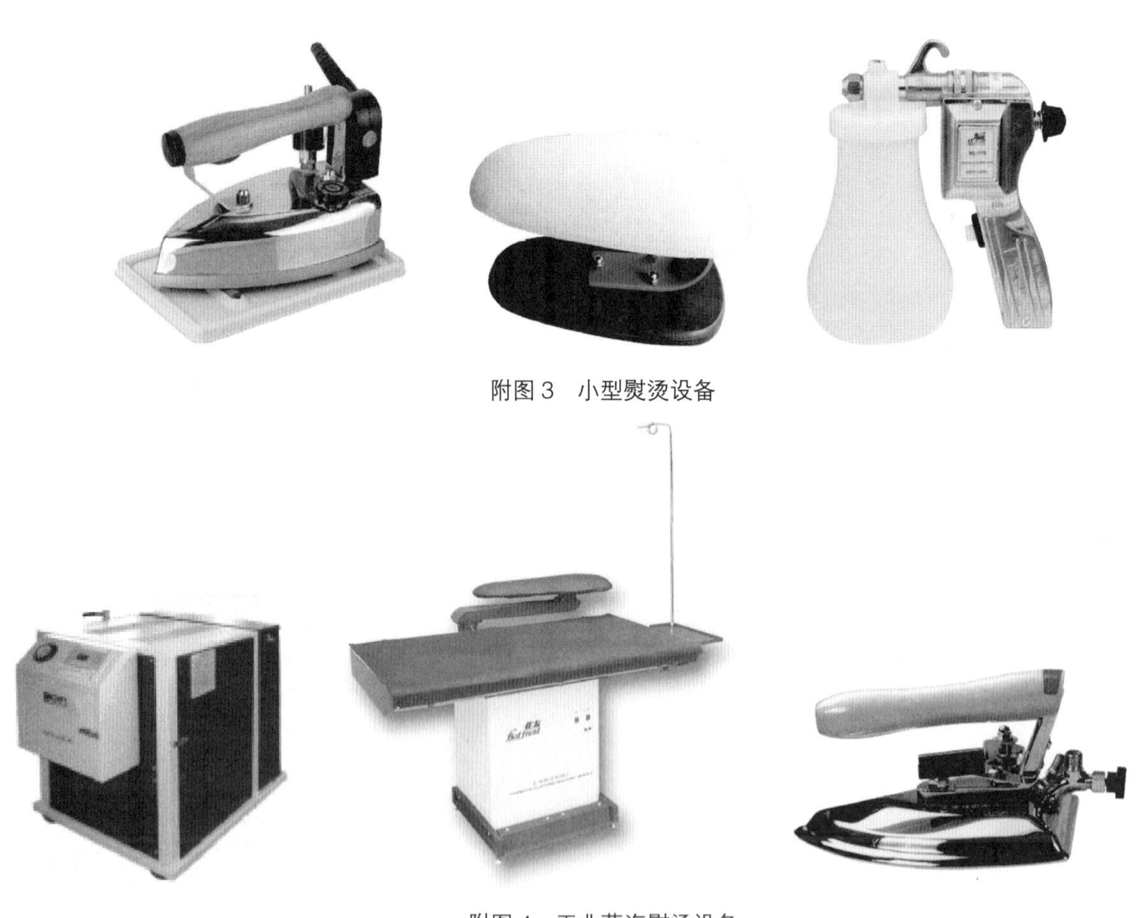

附图 3　小型熨烫设备

附图 4　工业蒸汽熨烫设备

（一）零部件、半成品熨烫

以普通电熨斗为主，配以烫枕、喷水壶等，常用于机缝车间，主要对成衣的零部件、半成品进行熨烫。

（二）成品熨烫

由锅炉（或蒸汽发生器）、吸风烫台、蒸汽熨斗组成全套整烫设备。利用锅炉或蒸汽发生器产生蒸汽，并通过熨斗底板喷到服装面料上，从而进行熨烫，再由吸风烫台吸风干燥定型。特点是质量稳定、生产效率高。

（三）熨烫操作方法

对门襟拉链不平整或其他部位面料有压皱现象，通常采取“活烫”。即熨斗离开织物适当的距离，打开喷汽开关，用适当的温度对所需熨烫的部位进行喷汽。喷汽后双手迅速拉平，进行吸风定型。不直接对衣服施加压力，防止降低喷胶棉、羽绒蓬松度（附图 5）。

对于经“活烫”光泽会消失的特殊面料，则不可熨烫，仅在生产时控制好成衣的平整度，后期不再处理。

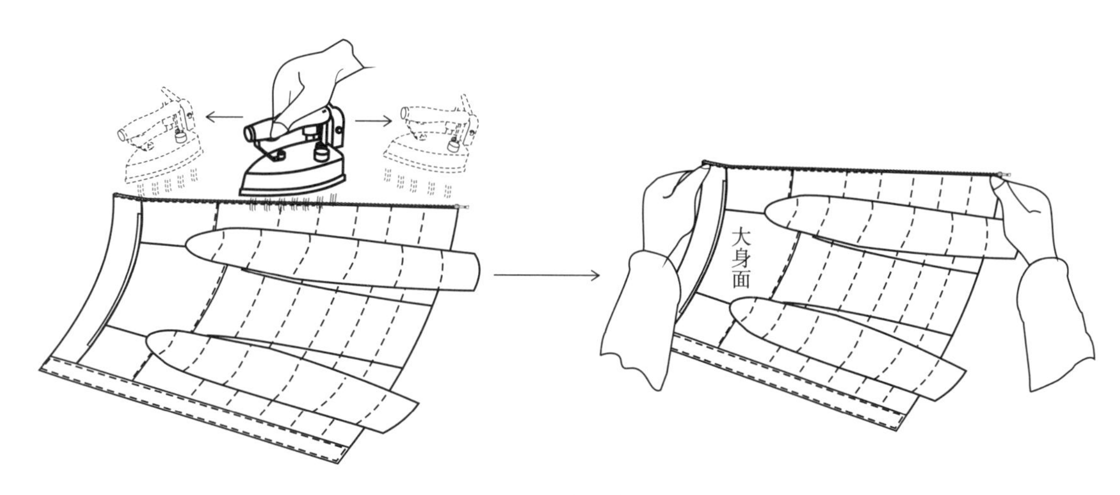

附图 5　熨烫操作方法

（四）熨烫操作要求

各部位要平整，不可有烫皱、起泡、变色、极光、死痕、发白、烫焦、水渍、色泽不一、产品缩小、面料损坏等不良现象；绗绒、绗棉部位饱满、自然平服；内里缝份平服，倒向符合要求；黏合衬部位不可脱胶、渗胶、起泡、变色及起皱等现象；门襟顺直，拉链平服不拱起。

熨烫后要悬挂产品，通风晾干，保证不留有水汽，通常 6 小时后方可包装，必要时送抽湿房抽湿，以快速干燥。

二、棉服、羽绒服检验

在棉服、羽绒服生产过程中，从物料准备到成衣完成，每个环节都要检验，主要由生产质检部门完成，内容包括：面料、辅料、裁片的检验，缝制过程半成品的检验，后整理前的成品检验，成品出厂前的检验。

（一）常用国家、行业产品执行标准

棉服、羽绒服的产品执行标准，主要涉及以下内容（附表 7）。

附表 7 常用棉服、羽绒服产品标准

国家标准	当前版本	标准名称	行业标准	当前版本	标准名称
GB/T 2662	2008	棉服装	FZ/T 64003	2011	喷胶棉絮片
GB/T 14272	2011	羽绒服装	FZ/T 80002	2008	服装标识、包装、运输和贮存
GB 18383	2007	絮用纤维制品通用技术要求			
GB/T 17685	2016	羽绒羽毛			

（二）面料、辅料内在质量测试项目

内在质量是指物料或成衣本身所具有的物理化学属性，通常情况不能用肉眼直接判断，而要通过相关的实验仪器检测才可得知结果。棉服主要涉及面料、里料、絮棉等，羽绒服主要涉及面料、里料、羽绒、充绒量、防钻绒性能等。

（1）面料、里料的主要检测项目：纤维含量、甲醛、pH 值、可分解芳香胺染料、色牢固（耐光、耐皂洗、耐水洗、耐汗渍、耐摩擦）、纰裂等。

（2）絮棉的主要检测项目：平方米质量偏差率、幅宽偏差率、蓬松度（比容）、压缩率、回复率、保温性、耐水洗性、破边、纤维分层、破洞、油污斑渍、漏胶、甲醛、pH 值、异味。

（3）羽绒的主要检测项目：含绒量、绒子含量、杂质、清洁度、耗氧量、水分率、蓬松度、残脂率、气味、微生物（嗜温性需氧菌、粪链球菌、亚硫酸还原的梭状芽孢杆菌、沙门氏菌）。

（4）羽绒服成衣检测项目：充绒量、成衣防钻绒性能。

（三）相关质量检验要求

1. 面料、辅料

（1）材质：面料、辅料颜色材质和确认色卡一致，缸差不得偏离色卡，无疵点。

（2）色差：成衣表面部位色差不低于四级，无褪色、沾色及拼接互染。

（3）缝线颜色：缝纫线与面料颜色一致，或比面料颜色深半级，不可偏浅。

（4）缝线质量：线质好，不得有剥皮、断线现象。

2. 填充物

（1）绒重：充绒克重正确，整件充绒量偏差不超过充绒工艺单规定充绒量的“–5%”。

（2）绒质：羽绒含绒量符合工艺标准。无受潮、异味、灰尘。

（3）钻绒：无面料钻绒，无明显针眼钻绒。

（4）喷胶棉不可有破损、单位平方米质量误差在 ±5% 以内。

（5）填充物内不可有其他杂质及尖锐危险物在内。

3. 配饰

（1）绣花、印花：线头、反面衬纸修剪干净，印花要求不露底、不脱胶。

（2）镶毛边领：毛面大小、颜色、光泽不低于样品质要求。

4. 规格尺寸

规格尺寸允许的误差范围如附表 8 所示。

附表 8　规格尺寸允许的误差范围

单位：cm

裤		上衣	
部位	误差	部位	误差
裤长	±1.5	衣长	±1.5
臀围（全围）	±1.5	胸围（全围）	±2.5
腰围（全围）	±1.2	总肩宽	±1
膝围（半围）	±0.5	袖长	±1
脚口围（半围）	±0.5	领围	± 1
裤长两边差	± 0.5	上衣门襟长两边差	± 0.3
口袋两边高差	± 0.2	袖窿	± 1
前裆	± 0.5	袖长两边差	± 0.5
后裆	± 0.8	袖口围	± 0.5

5. 成衣生产

（1）缝制部位：平整，无起皱、跳针、浮线、断线、不可修复的针眼、脏污、抽纱等；止口部位不反吐、左右宽窄一致，表面无接线、虚线外露，无线头；绗线针距均匀，（12 ~ 13）针 /3cm。绗绒底、面线松紧适宜，绗绒厚薄均匀。前后片接缝对齐。绗线针眼钻绒、钻棉丝需在可接受范围内。

（2）缝份：各部位标准缝份（1 ~ 1.2）cm；胆布四周固定线缝份（0.8 ~ 1）cm，合缝后固定线不外露。各部位缝制线路顺直、整齐、平服、牢固、起落针要回针；进行合缝处强力测试，成衣合缝处用手拉，合缝处无开裂，能满足实际穿着需要。

（3）修剪：门襟边、领边、袋盖、门襟等小部件，无明线时缝份修至 0.8cm 宽。羽绒服半成品修剪及锁边不允许把衣片边缘固定线和合缝线切断。

（4）锁边：羽绒服合缝处不缉缝明线部位，先合缝后锁边；领口、门襟、下摆、袖口单片锁边；里布合缝处需要锁边；下摆、袖口包边工艺，需先锁边再包边。棉服绗棉合缝处不需锁边。所有合缝处不使用五线锁边机锁边，需先平缝机合缝后再锁边。

（5）门襟：应顺直、平服、长短一致，门襟宽窄一致，内门襟不能长于外门襟，有拉链嵌线的应平服、均匀、不起皱、不露齿。拉链布生产前需拔烫，成品拉链要宽度均匀、顺直、布带面平整，上下拉合顺畅。

（6）绱袖：吃量均匀、两袖长短差不大于 0.3cm；袖口大小、宽窄一致，袖襻高低、长短、宽窄一致。

（7）绱领：吃量均匀、无起皱、无松散；领嘴大小一致，驳头平服、两端整齐，领窝圆顺、领面平服、松紧适宜、外口顺直不起翘、领座不外露。

（8）肩部：肩缝顺直、平服、两肩宽窄一致、合缝缝份对称。

（9）背部：缝位顺直、平服，腰带襻水平、左右对称，松紧适宜。

（10）下摆：底边圆顺、平服、橡筋带、罗纹边宽窄一致，罗纹要对条纹缉缝，下摆、袖口边包弹力布止口无滑针。

（11）袋：两袋进出高低互差不大于0.3cm；袋口方正、平服、无露口毛脱；袋盖方正平服，前后、高低、大小一致。

（12）里料：各部位里料大小、长短应与面料相适宜、不吊里、不吐里；若从袖里封口的款式，封口长度不能超过10cm，封口用来回针缝牢，0.1cm边止口线整齐。

（13）打套结：根据面料特性，一般在受力部位打套结，如插袋口、开衩处。

（14）毛向：面料有绒（毛）的、绒（毛）的倒向应整件同向。

（15）对条、对格：对条、对格、对称图案及对称点，按照客户、工艺要求做准。面料有明显条、格在1cm大小及以上的产品，常规对称及互差要求如附表9所示。

附表9　对条对格规定

部位	对条、对格规定	备注
左右前身	条料对条，格料对横条，误差≤0.3cm	格子大小一致，以前身1/3上部为准
袋、袋盖与前身	条料对条，格料对横，斜条料左右对称，误差≤0.3cm（阴阳条格除外）	格子大小一致，以袋前部中心为准
领角	条格左右对齐，误差≤0.3cm	阴阳条格以明显条格为主
袖子	两袖左右顺直，条格对称，以袖山头为准，两袖互差不大于1cm	
裤侧缝	侧缝袋口下10cm处对横，误差≤0.5cm	
前后裆缝	条料对条，格料对横，误差≤0.5cm	

注　特别设计不受此限。

（16）罗纹：有橡筋线的一面靠人体，下摆处罗纹要顺直。

（17）四合扣：位置准确、弹性良好，无脱落，不变形，不转动。

（18）尼龙织带、橡筋绳：用电热剪裁断。

（19）布襻、扣襻类：受力较大，要用回针加固。

6. 后处理

（1）清洁：成衣表面清洁、无油污、脏污、粉印、笔印；线头、毛头、绒丝等清除干净，无残留。

（2）整烫：成衣表面无整烫水印、极光、烫黄。

（3）异物：成衣内无漏检的贴纸、胶带、剪刀等。

（4）检查标识：合格证上的面里料成分、款号、色号、尺码信息商品编码、ERP条码、检号、灰白绒标识要正确，并与洗标上的款号、面里料成分等标识保持一致；羽绒服还需注明含绒量与充绒量；尺码标上的尺码与成衣实际尺寸一致。

（四）成品外观检验实例

成品外观质量检验内容涉及广泛，根据实际操作步骤，通常检验的顺序为：整体外观→前大身→门襟→领子→帽子→左袖→右袖→后大身→内里→夹层→品质判定，可参考以下检验步骤及方法（附表10）。

附表 10　成品检验步骤及方法

序号	检查内容与图示	检查方法
1	整体外观 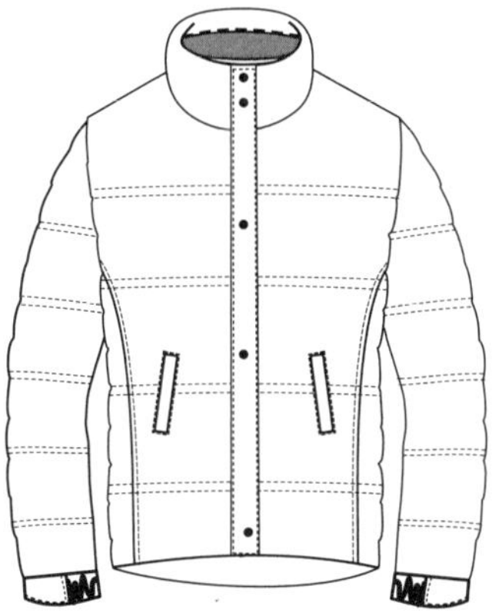	（1）抓住服装肩部或将服装套在人台上，查看服装整体效果 （2）查看整件服装颜色是否一致，有无明显色差现象，核对面料、里料及其他配料、配饰是否正确 （3）成衣无异味、布疵、色差、油渍、污渍、搭色、起毛、起球、变形等，有倒顺毛、图案、条格的面料是否达到要求 （4）检查四合扣、纽扣等是否牢固，不可脱落、变形、掉色、损坏、错位或漏钉等 （5）检查面布长短、宽窄是否适宜，无吊里、露里、里布扭曲不平等 （6）内部填充物克重、颜色是否正确，填充物是否均匀、平服，是否有钻绒、钻棉现象 （7）机缝线松紧是否适宜，规格是否符合要求 （8）整烫是否平服，无变形、死痕、烫焦、烫黄、漏烫等
2	前幅大身 	（1）正面平摊，检查前幅有无布疵、色差、污渍等，有毛向、条格、图案的面料是否达到工艺要求 （2）检查下摆是否平服，下摆左右两侧缝位置是否对称；拉链是否平顺；门襟在下摆位置不能有尖角 （3）如有印花、绣花、烫钻、钉珠等，检查位置、线色是否正确，轮廓是否完整，品质效果是否达到标准 （4）如有罗纹，检查前中下摆纹路是否顺直，颜色一致 （5）检查口袋左右位置是否对称，袋口长短、嵌线宽窄是否一致，袋口是否爆口、毛角，袋盖与袋口是否相吻合，是否按要求打套结，拉链开合是否顺畅，袋布是否固定 （6）五指张开，检查左右袋布是否有漏底、爆缝，袋布大小、深度是否合适，袋内是否藏有垃圾等
3	门襟拉链、门襟 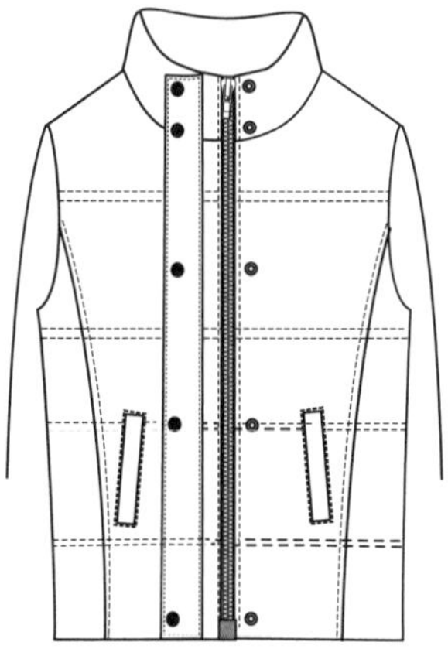	（1）前胸拉链试拉几次，检查开合是否顺畅、顺直、有无波浪 （2）检查拉链外露、边线宽窄是否一致，拉链齿有无掉牙、褪色等，大身吃量均匀，左右两边对位是否准确 （3）检查纽扣开合是否异常，有无过松、过紧、变形、损坏、脱落、掉色等，上下对位是否准确，是否有在单层布料上钉纽扣的情况，图案方向是否正确 （4）检查纽洞大小是否与纽扣吻合，不可倾斜、错位、遗漏、跳针、抛线、散口、线色错误等 （5）如有其他金属辅料，检查是否牢固、位置准确，不可松动、变形、损坏、脱落、遗漏、掉色等 （6）检查门襟是否宽窄一致，长短是否与大身吻合，门襟是否居中，里襟不可外露

续表

序号	检查内容与图示	检查方法
4	领 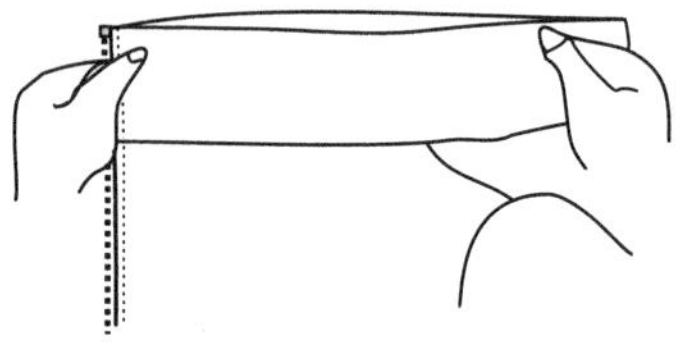	（1）穿在人台上，检查领、领圈是否平服，领外缘是否圆顺，领面布、领里布是否服帖，是否错位、起扭 （2）检查领丝缕是否顺直，压线宽窄是否一致，边止口是否反吐等 （3）左右领叠合，检查左右领宽窄是否一致，是否变形等，两肩缝位置是否对称，主标是否居中 （4）如有罗纹，检查纹路是否顺直、是否起波浪 （5）如有填充物，检查领内填充物是否均匀，有无外透或色差
5	帽绳、绳扣 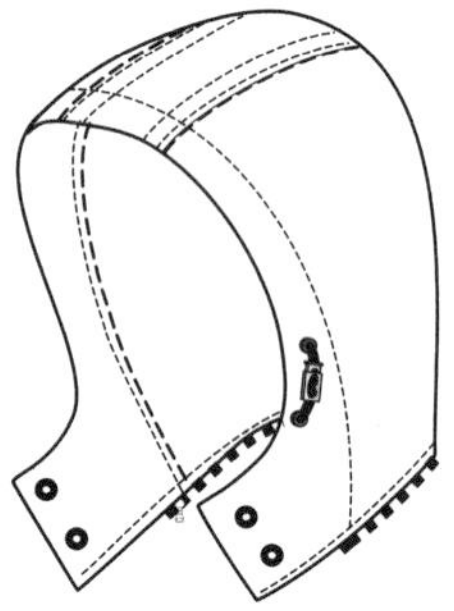	（1）轻拉弹力绳，检查定位是否牢固，帽绳长度是否达以要求，松紧度要适宜 （2）检查绳扣方向是否正确，有无损坏、变形等 （3）检查气眼是否牢固、变形、掉色，有无填充物渗出等，魔术贴工艺、位置是否符合要求。检查帽拉链开合是否顺畅、平服，位置是否准确，外露是否均匀一致
6	帽面布、帽里布 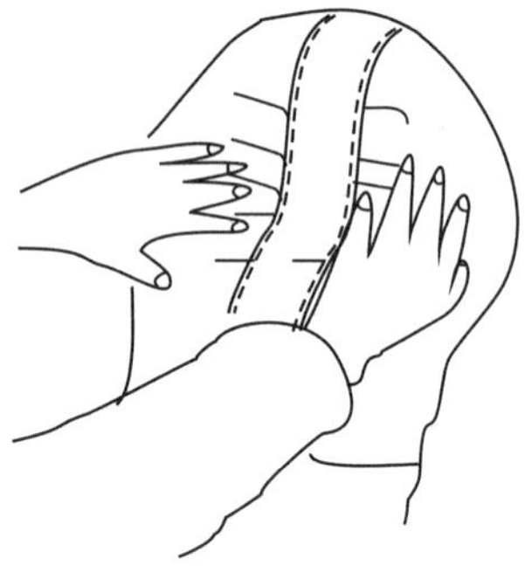	（1）轻拉帽面布、帽里布合缝位，检查有无爆缝、断线、针孔、散口等，帽中位置的帽面布、帽里布牵带是否牢固，有无起吊起扭、脱落现象 （2）面料有毛向或图案、条格，检查是否达到要求 （3）如有填充物，检查是否均匀、平服，不可外露或夹有杂物 （4）检查帽面布与帽里布是否吻合
7	左肩缝、袖窿 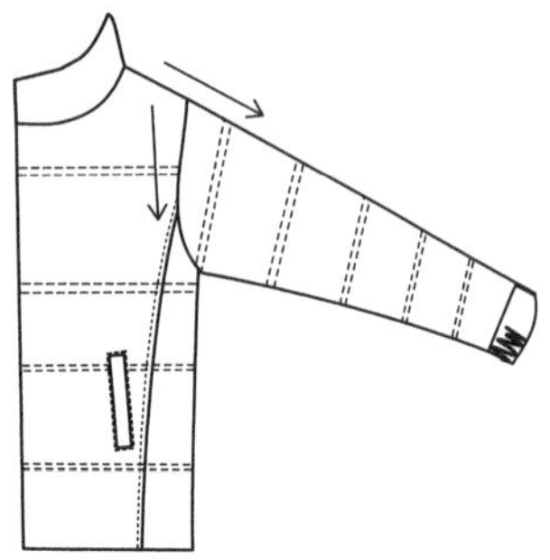	（1）检查肩缝、袖窿合缝是否顺直圆顺，压线宽窄是否一致 （2）检查袖山及袖底缝对位是否准确，左右袖是否对称 （3）如有里布，确定内缝是否有加牵带固定 （4）检查肩缝、袖窿是否尺寸一致，不可变形

续表

序号	检查内容与图示	检查方法
8	左袖身 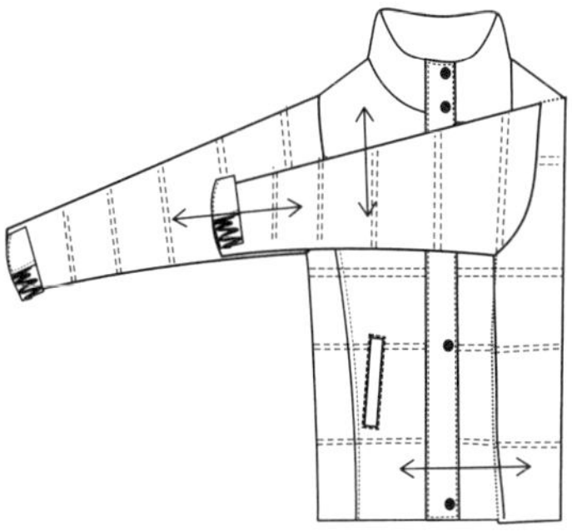	（1）将袖子反转，检查袖子前后幅是否平服，袖窿缝合是否顺直，压线宽窄是否一致 （2）袖子与衣身顺向摆放，检查袖子与衣身是否有色差、布疵等 （3）有毛向、条格或图案的产品，检查袖子与大身是否一致（特殊要求除外） （4）检查机缝线，有无爆缝、断线、断纱、针孔、跳针、滑针等现象 （5）检查对称部位是否一致
9	左袖口 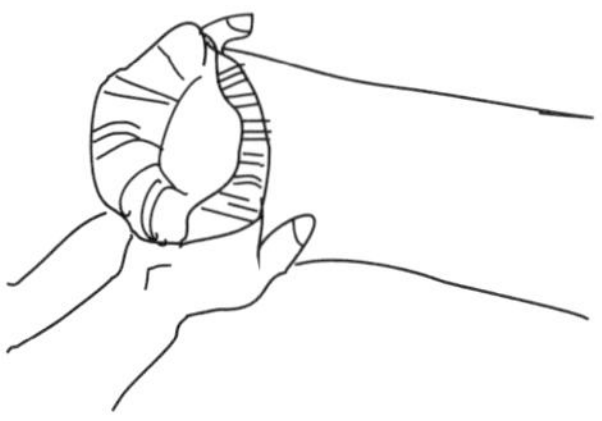	（1）检查袖口合缝处是否顺直，有无爆缝、断线、断纱、针孔、跳针、滑针等，袖口大小、压线宽窄是否一致 （2）如有罗纹，检查纹路是否顺直、颜色一致 （3）翻转袖口，查看袖口面布与里布合缝处有无爆缝、断线、跳针等 （4）检查袖衩，要平服，左右宽窄、长短一致，扣位要准确，左右对称
10	左袖窿底 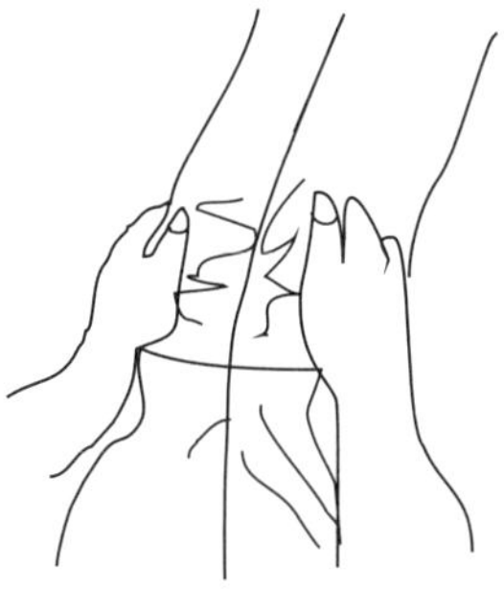	（1）将袖子向上翻起，轻拉侧缝位，检查是否有爆缝、断线、跳线、针孔等 （2）检查袖窿底十字缝对位是否准确
11	右肩缝、袖窿 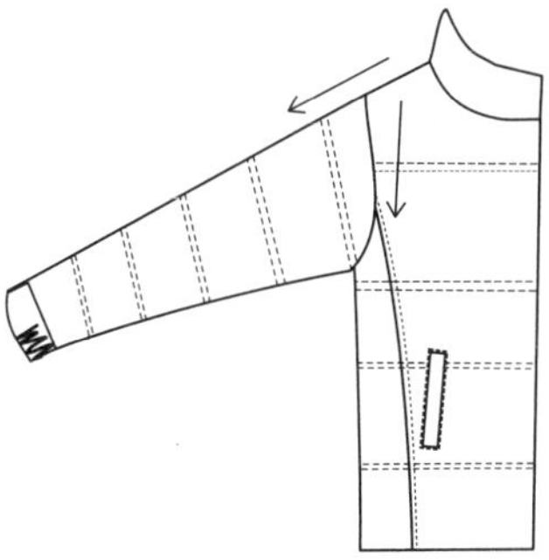	（1）检查肩缝、袖窿拼缝是否顺直，压线宽窄是否一致 （2）检查袖山及袖底缝对位是否准确，左右袖是否同一顺向 （3）如有里布，确定内缝一定加牵带固定 （4）检查肩缝、袖窿是否尺寸一致，不可变形

续表

序号	检查内容与图示	检查方法
12	右袖身 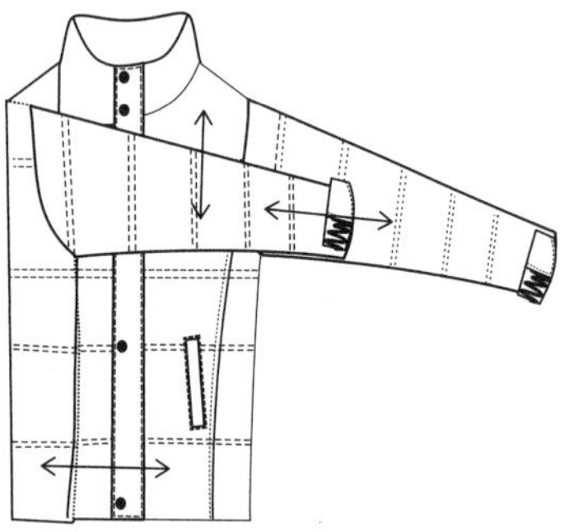	（1）将袖反转，检查袖前后幅是否平服，袖窿缝合是否顺直，压线宽窄是否一致 （2）袖与衣身顺向摆放，检查袖子与衣身是否有色差、布疵等 （3）有毛向、条格或图案的产品，检查袖与大身是否一致（特殊要求除外） （4）检查机缝线，有无爆缝、断线、断纱、针孔、跳针、滑针等现象 （5）检查对称部位是否一致
13	右袖口 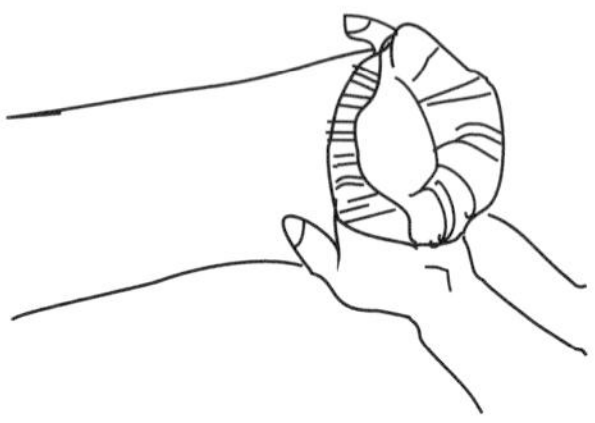	（1）检查袖口合缝处是否顺直，有无爆缝、断线、断纱、针孔、跳针、滑针等，袖口大小、压线宽窄是否一致 （2）如有罗纹，检查纹路是否顺直，颜色一致 （3）翻转袖口，检查袖口面布与里布合缝处有无爆缝、断线、跳针等 （4）检查袖衩，要平服，左右宽窄、长短一致，扣位要准确，左右对称
14	右袖窿底 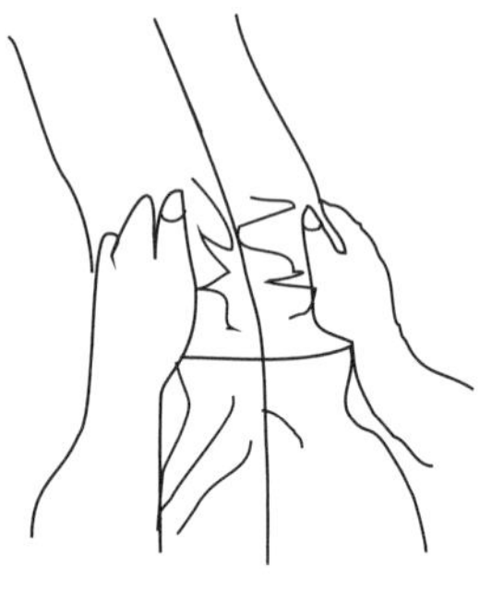	（1）将袖子向上翻起，轻拉侧缝位，检查是否有爆缝、断线、跳线、针孔等 （2）检查袖窿底十字缝对位是否准确
15	后幅 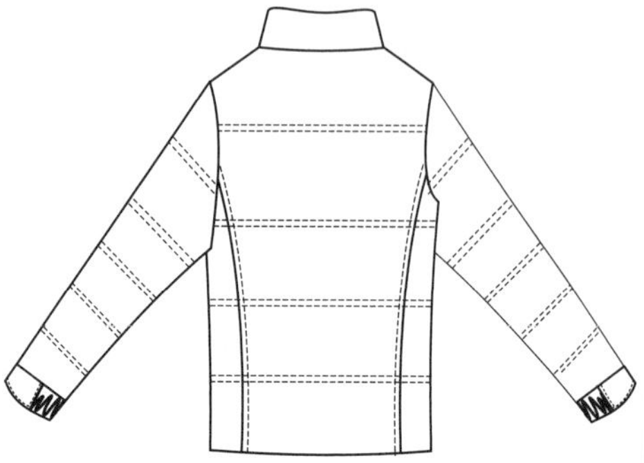	（1）将衣服翻转到后幅并平铺，检查后幅是否平服、整洁，是否有爆缝、断线、针孔、色差、污渍、布疵等 （2）有毛向、条格，图案的产品，检查整件是否一致（特殊要求除外），条格面料后身与前身是否对齐 （3）有印花、绣花、烫钻、钉珠等，检查位置、线色是否正确，轮廓是否完整，品质效果是否达到标准

续表

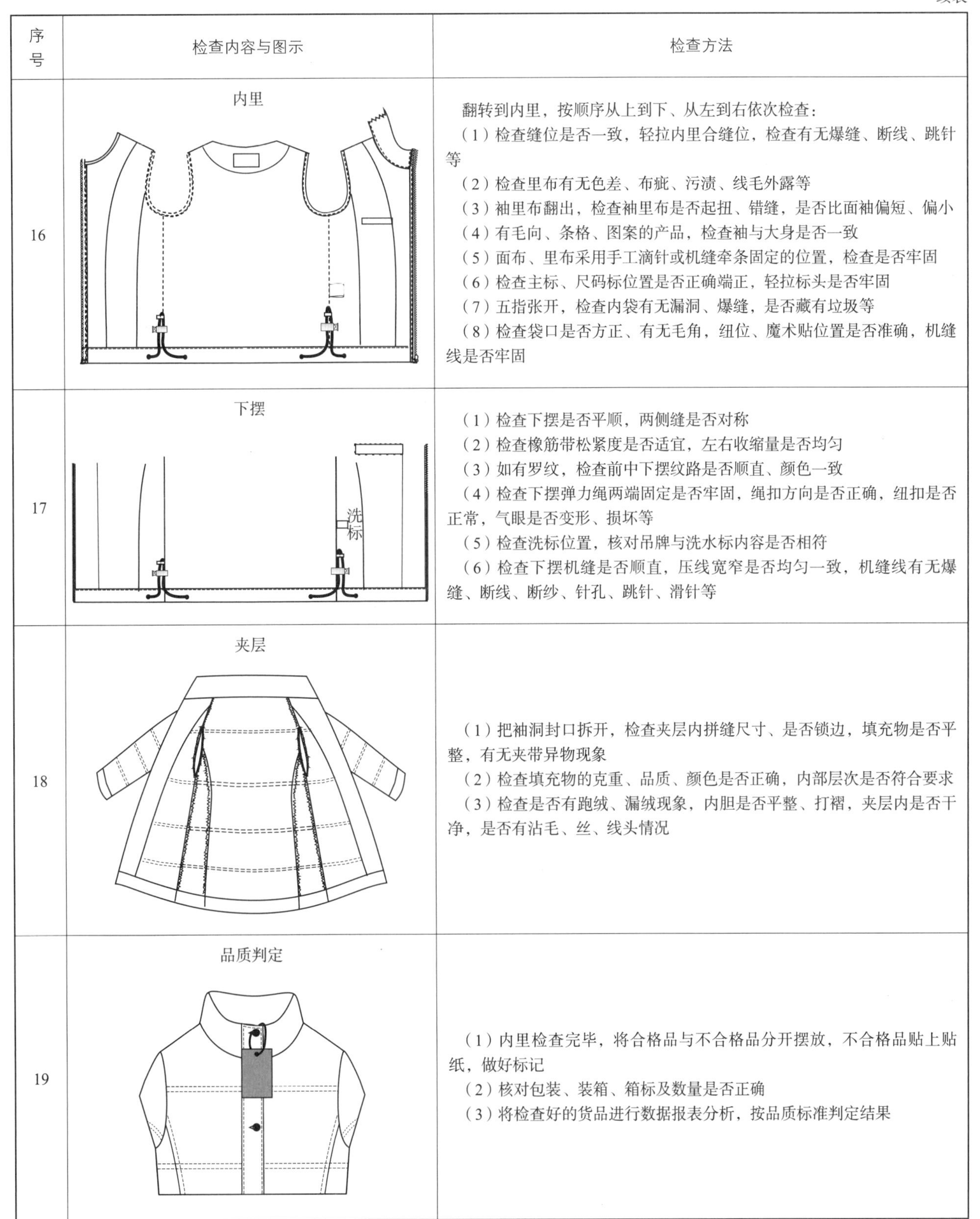

序号	检查内容与图示	检查方法
16	内里	翻转到内里，按顺序从上到下、从左到右依次检查： （1）检查缝位是否一致，轻拉内里合缝位，检查有无爆缝、断线、跳针等 （2）检查里布有无色差、布疵、污渍、线毛外露等 （3）袖里布翻出，检查袖里布是否起扭、错缝，是否比面袖偏短、偏小 （4）有毛向、条格、图案的产品，检查袖与大身是否一致 （5）面布、里布采用手工滴针或机缝牵条固定的位置，检查是否牢固 （6）检查主标、尺码标位置是否正确端正，轻拉标头是否牢固 （7）五指张开，检查内袋有无漏洞、爆缝，是否藏有垃圾等 （8）检查袋口是否方正、有无毛角，纽位、魔术贴位置是否准确，机缝线是否牢固
17	下摆	（1）检查下摆是否平顺，两侧缝是否对称 （2）检查橡筋带松紧度是否适宜，左右收缩量是否均匀 （3）如有罗纹，检查前中下摆纹路是否顺直、颜色一致 （4）检查下摆弹力绳两端固定是否牢固，绳扣方向是否正确，纽扣是否正常，气眼是否变形、损坏等 （5）检查洗标位置，核对吊牌与洗水标内容是否相符 （6）检查下摆机缝是否顺直，压线宽窄是否均匀一致，机缝线有无爆缝、断线、断纱、针孔、跳针、滑针等
18	夹层	（1）把袖洞封口拆开，检查夹层内拼缝尺寸、是否锁边，填充物是否平整，有无夹带异物现象 （2）检查填充物的克重、品质、颜色是否正确，内部层次是否符合要求 （3）检查是否有跑绒、漏绒现象，内胆是否平整、打褶，夹层内是否干净，是否有沾毛、丝、线头情况
19	品质判定	（1）内里检查完毕，将合格品与不合格品分开摆放，不合格品贴上贴纸，做好标记 （2）核对包装、装箱、箱标及数量是否正确 （3）将检查好的货品进行数据报表分析，按品质标准判定结果

三、棉服、羽绒服折叠包装

对产品进行折叠包装，完成盘点和装箱，做好发货前的准备工作。

（一）折叠

按包装袋、盒、箱的规格，将棉服、羽绒服折叠成一定尺寸的长方形，便于码放。操作要求：折叠后的产品形状平整美观，四周厚薄均匀，主要部位无皱褶，对于易产生折痕、不宜烫平的面料（如仿皮、呢料、空气层组织面料），则需平铺包装；吊牌、商标要在正面，方便观察。

上装、裤的折叠方法如附图6、附图7所示。

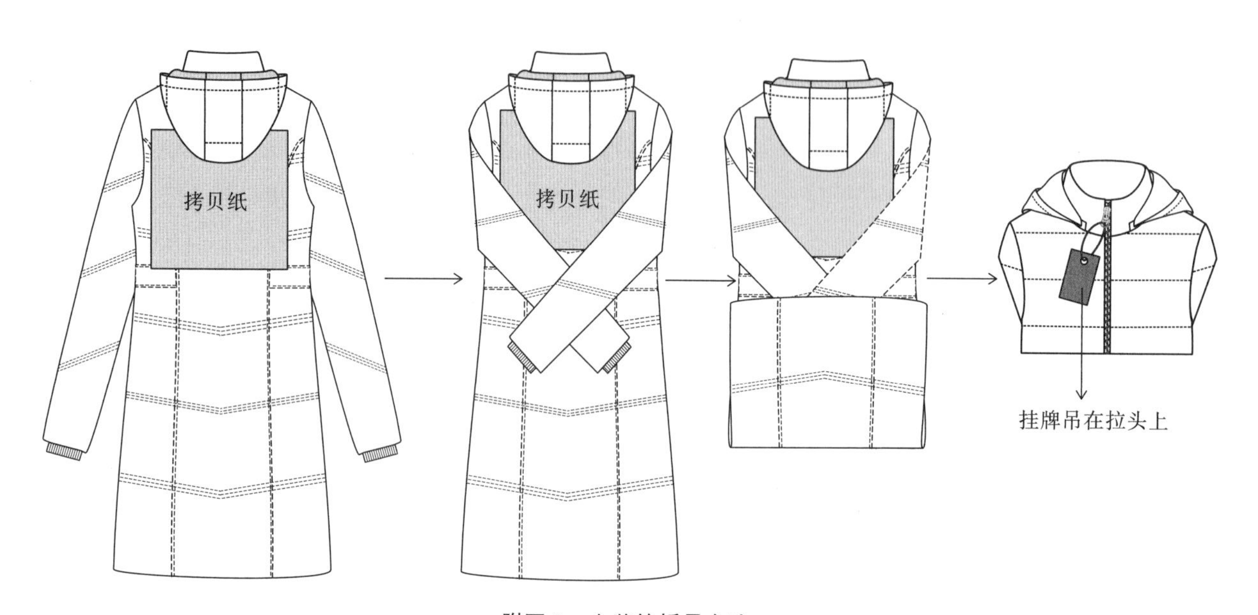

附图6 上装的折叠方法

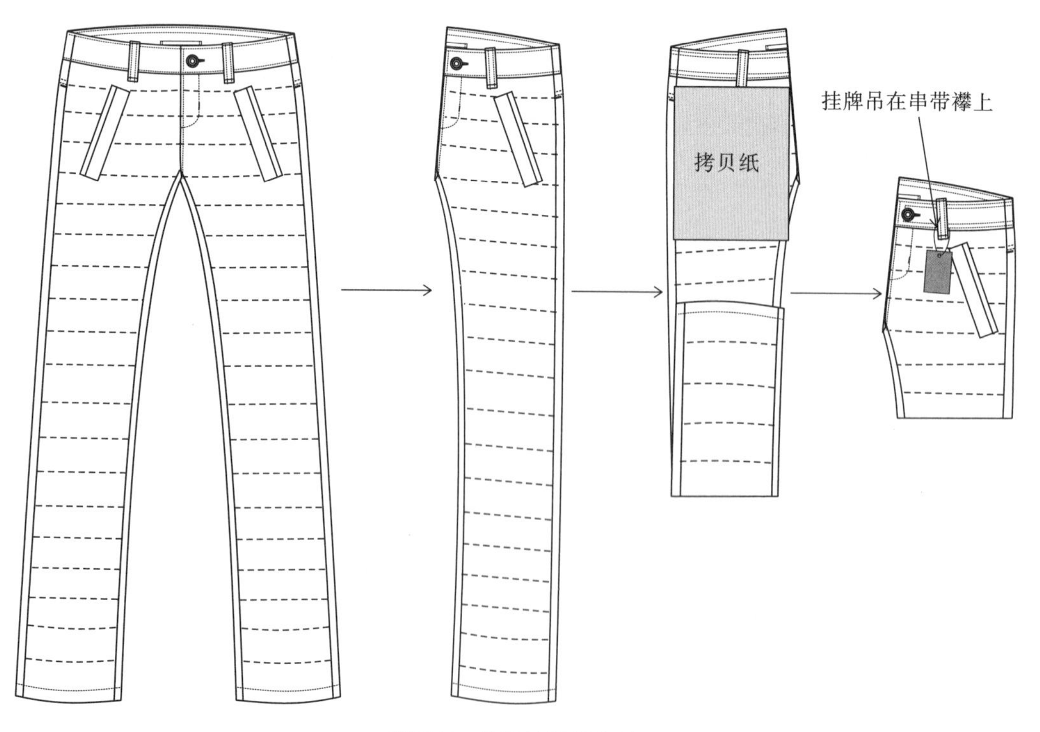

附图7 裤子的折叠方法

先把帽子、袖子折叠在后背，放入拷贝纸，再纵向折叠，通常短款做两折，长款做三折。挂牌通常挂在拉链头或后领中主标上。

先把左右裤腿对折，放入拷贝纸，再纵向折叠，通常长裤做三折。挂牌通常挂在串带襻或后腰主标上。

（二）包装

棉服、羽绒服多为外套类服装，一般采用单件（套）胶袋包装与纸箱包装相结合的方式，除了保护产品外，还便于计数、再组装装箱。

1. 胶袋包装

（1）每件产品入一个胶袋，胶袋上区分规格，以方便识别、储存及盘点。

（2）产品熨烫后不可马上包装，应冷却干燥 6 小时后再入胶袋。袋内要放入干燥剂，避免受潮。

（3）包装材料要清洁、干燥。

（4）撞色面料拼接部位，因不同色相互之间易沾色、色迁移。需加隔离纸，相互隔开。有特殊辅料对面料产生压痕、伤害，或金属类辅料为防氧化，避免污染面料，需加隔离纸，相互隔开。印花部位需加牛油纸隔开。

2. 纸箱包装

（1）短小款式、小码等，在装箱时要错位装箱，避免装箱后纸箱四周有空位。

（2）控制好装箱数量，因为长时间储存会导致产品出现皱痕、填充物不饱满等现象。通常情况下，要求产品叠放起来，在没有外力挤压的高度，情况下，产品叠放高度控制在纸箱高度的 1.3 ~ 1.6 倍为宜。

（3）每一包装箱内的成品品种、等级需一致，颜色、花型和尺码规格应符合消费者或客户要求。装箱通常是单色、单码先装，然后是单色、混码装，最后是混色、混码装箱。

（4）在纸箱正面注明品牌商标、公司名称，纸箱侧面注明品名、款号、单号、箱号、颜色、数量、尺码、纸箱规格、重量、生产单位（国别、区域、地址等）。

（5）纸箱的规格通常各不相同，主要取决于运输与储存的空间条件。较常见的规格有：长 58cm，宽 38cm，高 38cm。

（6）每箱总重量不可超过 25kg，以方便搬运。

（7）为防止在运输和仓储中发霉、风化、变质，在纸箱外要涂防潮油或覆盖塑料薄膜。

附录四　棉服、羽绒服产品标识

按照国家标准 GB5296.4《消费品使用说明　纺织品和服装使用说明》和 GB18401《国家纺织产品基本安全技术规范》，服装通常有商标（也称主标）、合格证（也称吊牌）、洗涤标识（也称洗标）、使用保养提示卡等产品标识。棉服、羽绒服品类特殊，面料、辅料较多，与其他服装相比，要求更高。主要标识如下。

一、商标

通常，在服装明显部位要钉上商标，上面需包含品牌 LOGO、尺码、号型规格等信息。上衣一般使用方形商标，钉于内里后领贴上；裤子一般使用长条形商标，钉于后腰头里（附图 8）。

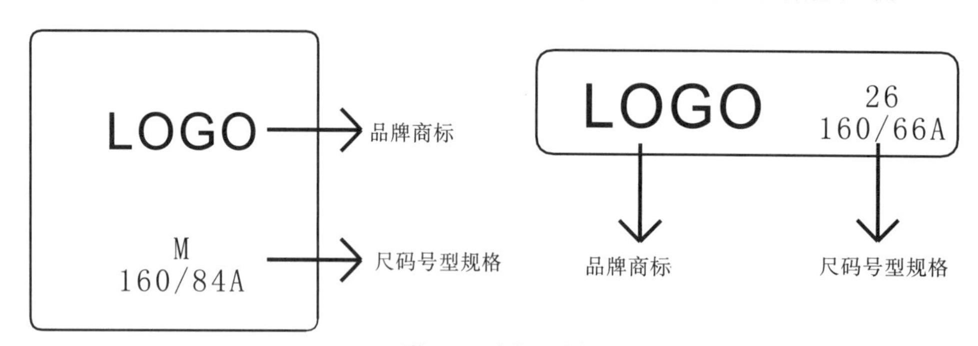

附图 8　商标示例

二、合格证

产品检验合格后，要挂上产品合格证（也称为挂牌），一般与品牌标识结合在一起。

合格证包含：品名、款号、色号、执行标准、安全类别、规格、价格、条码等信息（附图 9）。通常，上衣合格证挂于拉链头或后领内挂襻上；裤子合格证挂于前腰襻上。

执行标准：棉服采用国家标准 GB/T 2662—2008《棉服装》，羽绒服采用国家标准 GB/T 14272—2011《羽绒服装》，其

附图 9　合格证示例

中 2008 和 2011 是这两个产品标准的版本号，若有更新，则要按规定更新版本号。安全类别，通常棉服、羽绒服为非直接接触皮肤穿用的产品，需符合国家标准 GB 18401《国家纺织产品基本安全技术规范》C 类服装要求。

三、洗涤标识

为指导消费者根据服装面料成分及内在填充物种类，合理护理棉服、羽绒服，要在服装适合的位置机缝洗涤标识。通常，上衣洗涤标识机缝于内里左侧缝，距下摆（10 ~ 15）cm；裤子洗涤标识机缝于左侧前中腰头下或内里左侧缝，距腰头下 3cm 处。

洗涤标识包含：面料、辅料成分，洗涤方式。对于棉服、羽绒服，根据国家标准 GB 5296.4《消费品使用说明　纺织品和服装使用说明》、GB/T 2662—2008《棉服装》、GB/T 14272—2011《羽绒服装》，需明确标识填充物，羽绒服还需注意以下三点：

（1）成衣“充绒量”要在标签上显示。

（2）成衣“实际充绒量”与“标识充绒量”偏差不小于 –5%。

（3）羽绒的含绒量明示值不得低于 50%，否则不适用 GB/T 14272—2011（羽绒服装）产品标准。

1. 棉服洗涤标识（附图 10）

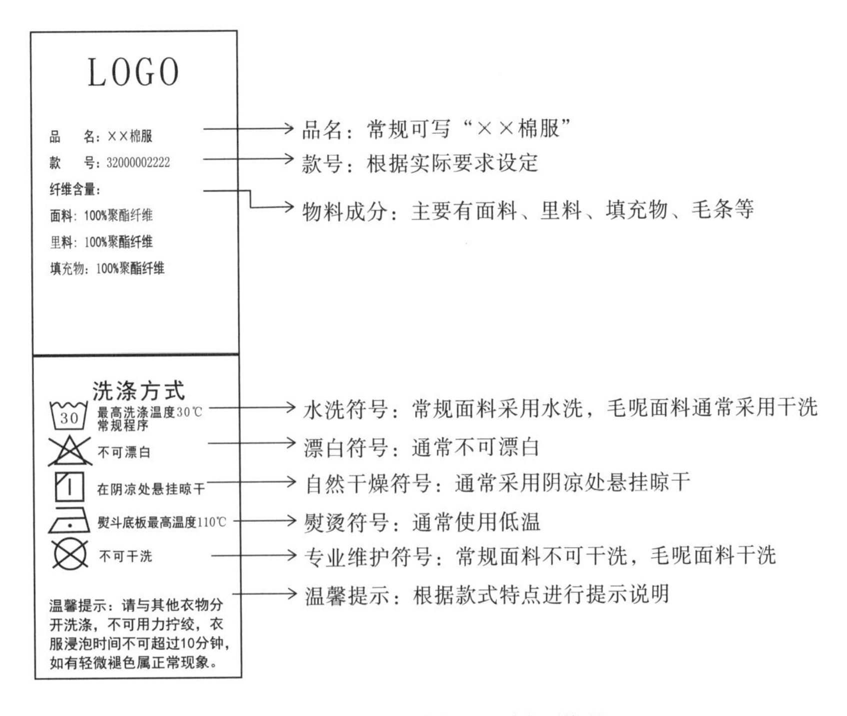

附图 10　棉服洗涤标识示例及说明

（1）面料、辅料成分标示要求：主要涉及面料、里料、填充物等，另外如有毛领、罗纹等也要做出标示，纤维含量标示要符合 GB/T 29862—2013《纺织品纤维含量的标识》的要求。

（2）洗涤方式标示要求：主要涉及水洗符号、漂白符号、干燥符号、熨烫符号、专业维护符号、温馨提示等。以上内容排版格式要按先后顺序排列。

（3）温馨提示语：如附表 11 所示。

附表 11　温馨提示语示例

洗涤前去除…… （如：洗涤前去除配件饰品、帽口毛边、毛领等）	干燥后轻轻拍打
与其他衣物分开洗涤	不可熨烫…… （如：不可熨烫配件饰品、烫钻、钉珠等）
与相似颜色制品一同洗涤	衣服浸泡时间不可超过……分钟
反面洗涤	建议蒸汽熨烫
不可用力拧绞	要垫布熨烫
整形后平摊干燥	储存要保持干燥、阴凉，并放入少量防蛀剂

2. 羽绒服洗涤标识（附图 11）

（1）面料、辅料成分标示要求：填充物类型、含绒量，都要明示。如一款羽绒服，帽、领使用喷胶棉，大身填充羽绒，两种填充物都需明示，且还要表明羽绒的种类与含绒量。

（2）洗涤方式标示要求：通常羽绒服需采用手洗方式，以保持羽绒蓬松效果，避免干洗剂对羽绒油脂的破坏，从而影响羽绒的特性。

（3）温馨提示语：如附表 11 所示。

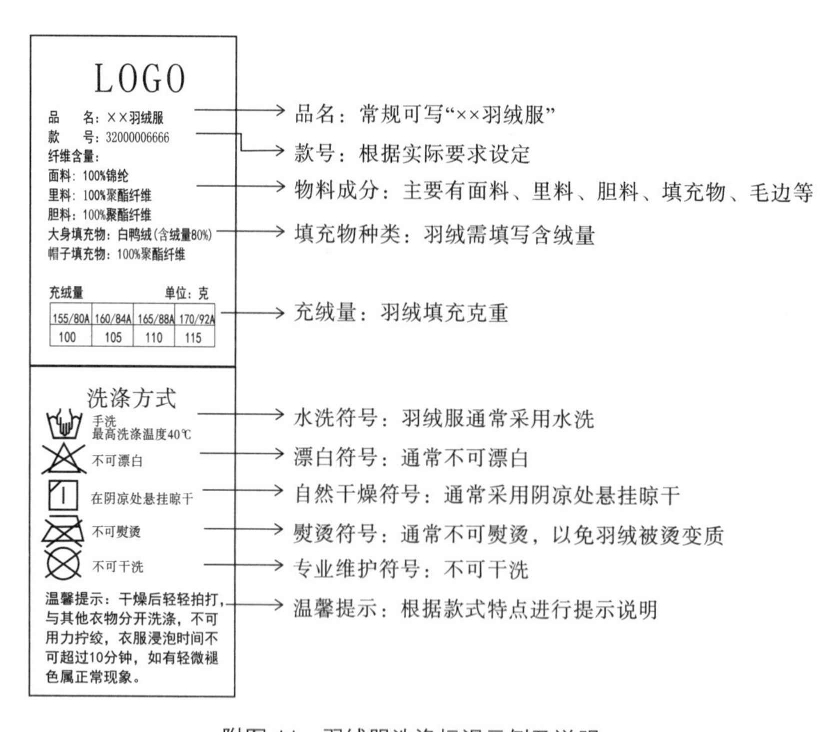

附图 11　羽绒服洗涤标识示例及说明